金传达文集

六 传世贤文

金传达 著

内容简介

本书收录了金传达先生多年来创作的天文历法、气象地理等诸多方面的各类科普作品，主要内容包括星云万象、地球上的风、江淮晴雨、梦幻天空、自然地理、传世贤文、民间寿庆文化等，详细介绍了历法和气象基础知识、各种天气现象的成因和分类、有趣的天气现象、江淮地区天气气候、节气物候和民俗文化等相关知识，内容丰富，通俗易懂，具有很强的可读性，表现了作者对科普传播工作孜孜以求的探索精神和对祖国大好河山、优秀传统文化的热爱之情。

图书在版编目（CIP）数据

金传达文集 / 金传达著. -- 北京 : 气象出版社, 2022.5
ISBN 978-7-5029-7710-8

Ⅰ. ①金… Ⅱ. ①金… Ⅲ. ①古历法－中国－文集②气象学－中国－文集 Ⅳ. ①P194.3-53②P4-53

中国版本图书馆CIP数据核字(2022)第076380号

金传达文集(六):传世贤文

Jin Chuanda Wenji(liu):Chuanshi Xianwen

出版发行:气象出版社
地　　址:北京市海淀区中关村南大街 46 号　　邮政编码:100081
电　　话:010-68407112(总编室)　010-68408042(发行部)
网　　址:http://www.qxcbs.com　　E-mail:　qxcbs@cma.gov.cn
责任编辑:杨　辉　吴骐同　　终　　审:吴晓鹏
责任校对:张硕杰　　责任技编:赵相宁
封面设计:艺点设计
印　　刷:北京建宏印刷有限公司
开　　本:710 mm×1000 mm　1/16　　本卷印张:16.75
本卷字数:280 千字
版　　次:2022 年 5 月第 1 版　　印　　次:2022 年 5 月第 1 次印刷
定　　价:298.00 元

目　录

一

历法·节气

(一)历法基础知识

历书是按一定历法排列年、月、日并提供有关数据和纪事的书。据有关文字记载,历书大约在距今1100多年之前,就已经在我国出现了。古代设有专门掌管观察天象、推算历法的官职。秦汉时有太史令,唐代设太史局,宋、元有司天监,明、清改为钦天监。

我国古时使用的历书,都是"黄历"和"皇历",但它们并不是一回事。"黄历",即黄帝历。考古发现,我国早在4000多年前就开始有了历法,3000多年前就已经有了用甲骨文记载的历书。我国古代使用的历法有黄帝历、颛(zhuān)顼历、夏历、殷历、周历和鲁历六种,其中以传说是由轩辕黄帝创建的"黄历"最为古老。正如唐朝诗人卢照邻《中和乐·歌登封章》说:"炎图丧宝,黄历开璿。"由于古时我国使用"黄历"的区域广阔,影响很深,所以人们习惯把历书称之为"黄历"。

"皇历"是属于"官方"历书。历代皇帝都很重视历法的颁制。从唐朝起,各代王朝开始对历法实行严格的管理,历书成为皇帝的"垄断"品。唐文宗大和九年(835年),唐皇下令编制了我国第一本雕版印刷的历书《宣明历》。《宣明历》对日月、时辰和节令有着详细的记载。当时,为了防止民间滥印历书,唐文宗李昂下令历书必须由皇帝本人审定,并规定只许官方印,不准私人刻印。从此,历书就被称作"皇历"。现存最古老的历书是唐僖宗时(877年)印刻的《中和二年历书》。

历史学家和考古学家研究发现,真正古老的历书产生在唐顺宗永贞元年(805年)。当时在皇宫中出现的是记事日历,共分12册,每册页数和每月天数相等。一天一页,记载日、月、国家、朝廷大事和皇帝言行。后来,发展到把干支、月令、节气等内容都印到日历上去了。

明代的历书叫《大统历》,清代顺治年间改为《时宪历》,到乾隆时因避讳而改为《时宪书》或通书。

历书在民间得以流传和普及是宋代以后的事。据传,宋代有个考官批阅考卷时,发现秀才们大都把日期写错了。一问原因,才知秀才们昼夜读书,只能根据观察天象来计算日期,因此算错一两天是常有的事。于是,他奏明朝廷,请翰林院年年修撰历书,售给秀才们掌握光阴。后来,历书才由宫廷逐渐流传到民间。

随着印刷术的发展和人们日常生活的需要，历书也逐渐普及、更新。在现代，除了印订成册的历书外，还有挂历、台历、年历等。在内容上，现代历书换上了崭新的内容，如政治、经济、科学技术、卫生、文化和家庭生活等各方面的实用知识，成为千家万户的常备之书。

1. 日·月·年

日、月和年是计算时间的单位。

日、月、年的概念，是人们对自然界长期的观察而形成的。

远古时候，我们祖先过着“日出而作，日落而息”的生活，白天跟黑夜不断更替的现象，使人们逐渐地产生了“一天”这个时间单位的初步概念。后来，人们注意到了这种昼夜的变化又是跟太阳的东升西落、西落又东升的现象紧密联系在一起的，于是人们便把这样的一天称作“日”。

在对天体的观察中，人们还注意到了晚上月亮的变化。从不见月亮的黑夜，变到晚上出现了新月，新月又一天天地变成了圆月，月圆之后又变缺，到最后又变到不见月亮的黑夜。完成这一个变化所需的时间比“一天”要长得多，足足有 29 天多。这一个新的较大的时间段落的概念，是跟月亮圆缺变化周期联系在一起的，所以人们便把它称作“月”。

渐渐地，人们对于时间又有了新的认识。人们发现，天气在经过了最冷的那段时间之后，又会渐渐地变得暖和；当它逐渐地变到最热之后，又会渐渐地凉起来，以致最后变得很冷很冷。在气候变化的这个周期中，大地上多数的草本植物都要经历一个从萌发到开花，再到结果，最后到枯萎的周期；多数木本植物也有一个开花结果的周期。气候变化的这个周期正是植物繁衍后代的周期，也就是人们从事农业生产的周期，人们便又形成了一个比日、月更长的时间单位概念，这就是“年”。

人们有了日、月、年的概念之后，就常常用日、月、年来作计算时间的单位。用日、月、年来计算时间的方法，就是人们常说的历法。

我们现在使用的历法有阳历和农历。

2. 元旦

新年的第一天，人们称之为元旦。

“元旦”一词，拆开来讲，“元”本意是“人头”“首”，后引申为“始”“第一”之意；而“旦”字的原意是天亮或早晨。我国在发掘大汶口文化遗物时，就发现过一幅太阳升上山巅，中间云烟缭绕的图画。经考证，这是我国最古老的“旦”字写法。后来，在殷商时代的青铜器铸铭上，又发现了“旦”字被简化成日出地平线的形状。“旦”字上面的“日”字，以圆圆的太阳表示，下面的“一”字表示地平线。“日”与“一”合起来正是：太阳从地平线上升起，“破晓天明”了。南朝文史学家萧子云《介雅》中说“四气新元旦，万寿初今朝”，看来，那时已将元旦为一日之始引申为一年的第一天了。

现在，我国虽然和其他使用公历的国家一样，以阳历每年的1月1日为元旦，但按民间传统习惯，仍然把农历正月初一作为重大民族节日，视为农历的元旦，尽情欢度，胜于其他节日。其实，国外的各国各族人民也不是都把阳历的1月1日作为元旦的，有人统计过，在公历通用前，人类至少已经编制、使用过两百种以上的历法。东方国家的历法很复杂，现今实行的尚有五十余种，其他地区的国家也有不同的历法。

公元前4000年前，埃及人发现，天狼星和太阳从东方地平线上一同升起时，尼罗河便开始涨水，于是把这一天定为元旦。古代的巴比伦和波斯帝国，则是把3月21日“春分”这个“春天的第一天”作为新年的开端。

把阳历的1月1日作为新年的第一天，是起源于儒略历，它是公元前46年由罗马皇帝儒略·恺撒颁布的。到公元1582年，罗马教皇又采用以儒略历为基础修订而成的格里历，岁首仍是1月1日，一直沿用至今，这就是通行的公历。有趣的是：同是阳历，元旦的日子也有差异。20世纪初，希腊和俄国仍沿用儒略历，而不采用改进的公历（格里历），于是其元旦日子就比公历元旦要晚很多天。置闰方法略有出入，公历的精确性高于儒略历，约每400年就有3天。这样就出现了有趣的现象，17世纪时，他们的元旦比公历元旦晚10天，18世纪晚11天，19世纪晚12天，20世纪晚13天。例如伟大的十月社会主义革命，发生在公历1917年11月7日，但是这一天为俄国旧历十月二十五日，所以历史上沿称“十月革命”。这一年他们的元旦，就比公历要晚 13 天。

墨西哥有些地方的传统历法是一年 18 个月，每月 20 天，还有 5 天放在末尾。这 5 天是不准笑的“倒霉日子”，然后便是新年。埃塞俄比亚旧历每年 12 个月，每月 30 天，剩下的 5 天也被放在最后一个月的末尾。这种老是一年 365 天的旧历，与公历比较，每 100 年就相差二十多天。这就是现今埃塞俄比亚传统新年是在公历 9 月份的原因。

现今世界上，不依公历元旦，而仍沿用自己传统新年元旦的国家和民族，依然不少。3 月 21 日春分是古代波斯帝国的年首，也同样是现在的伊朗传统新年。缅甸的“达固”(正月)相当于公历的 4 月，这就是他们最热闹的年节，称为泼水节。泰国的佛历元旦也在公历 4 月份。老挝的佛历新年叫“宋干节”，于公历的 4 月份，要一连庆祝 7 天。

有的地方是把“元旦”定在季节循环一轮之首日。如地处热带的非洲乌干达，每六个月就有雨、旱两季，便以六个月为一年，以雨季到来的第一天为元旦。美洲有些地方的印第安人传统年节的日期是在橡树子成熟之际，通常是在晚夏季节。叙利亚的农村把 9 月里月亮圆的第一天作为新年之始。居于太平洋雅浦岛上的凯拉比达人则在一年中最早的候鸟飞来的时候，欢庆新年。而居住在寒带地区的爱斯基摩人，是以下第一场雪为一年之始。

有的国家把新年定在民族传统节日，如印度新年“和利节”，在阳历 11 月。也有以宗教日来规定新年的，如尼泊尔的新年是在公历 4 月里，当地人称为“光明节”，这是崇拜拉克希朱女神的节日。也有用纪念日来规定元旦的。12 月 30 日是菲律宾民族英雄何塞·黎萨尔的就义日，人们为了纪念他，便把这一天定为新年。日本人原来也沿用农历正月初一为元旦，自明治维新后逐渐改为以公历元旦为新年，并把传统的过年风俗移到公历元旦。而有些日本人则保留古老传统，过了一个阳历年，还要再过一个农历年。

在古代，我国历代“元旦”月日也不尽相同。夏代把正月初一作为一年之始，商代改十二月(腊月)初一为岁首，周代又改十一月初一为年首，秦代和汉初又改十月初一为元旦。汉武帝时又规定正月初一为一年之始，初一名“元旦”，又称为“三元”，即一年之始、一月之始、一日之始，沿用到近代。1949 年 9 月 27 日，中国人民政治协商会议第一届全体会议通过使用公元纪年法，将农历正月初一定称“春节”，公历 1 月 1 日定为“元旦”。

3. 阳历

阳历是现在国际通用的公历。

阳历是根据地球绕太阳公转一周作为一年的历法。地球绕太阳一周，就是一个回归年。例如，从今年春分到明年春分，是一个回归年。一回归年的长度是 365.2422 日，也就是 365 天 5 小时 48 分 46 秒。

我们计算日期，习惯用整数的天数作单位，把 365 天作为一年。实际上，从元旦到 12 月 31 日，日历撕完了，地球还没有围着太阳绕完一圈，还差一些尾数！一年当中，差的尾数是 5 小时 48 分 46 秒。四年一共差 23 小时 15 分 4 秒，这就是接近一天时间了。因此，人们规定：第一年、第二年、第三年都是 365 天，叫平年；第四年 366 天，叫闰年。闰年里多出来的一天放在 2 月。

最初，为了计算简便，人们还规定：4 年一闰。公元年数凡是能被 4 除尽的就是闰年，都是 366 天。但这样一来新问题又来了。因为平年积累 4 年的多余的时间总共只有 23 小时 15 分 4 秒，闰年加了一天之后实际上每年就缺了 44 分 56 秒，相当于 0.0312 天。时间一长，这不足之处就明显了。

所以，在 1582 年，人们提出了每 4 年有一个闰年，但在 400 年内必须减去 3 个闰年。规定逢百年份当年不设闰年。如 2100 年、2200 年、2300 年、2500 年等等，虽然能被 4 除尽，也当作平年。只有逢百年份既能被 4 除尽，又能被 400 除尽的年份，如 2000 年、2400 年、2800 年等年份，方为闰年。这样每 4 个逢百年份中只有一个闰年，其余的 3 个不是闰年。

因为 4 年缺 0.0312 天，隔了 400 年就缺了 3.12 天(74 小时 53 分 20 秒)，再去掉 3 天(72 小时)就使历法更精确了，400 年才产生 0.12 天的误差。

阳历规定每年都是 12 个月，1，3，5，7，8，10，12 月为大月，每月 31 天；4，6，9，11 月为小月，每月 30 天；2 月只有 28 天，到闰年才有 29 天。

4. 大月 · 小月

阳历月份的大小，完全是人为的规定。

现行阳历的前身是埃及历。公元前 46 年，罗马皇帝儒略 · 恺撒仿照古埃及历法，制定现行的阳历。根据当时天文学家索雪琴的建议，规定以365天为一年，一年分为12月。

当时把月份安排得很合理：大小相间，逢单为大月（31天），逢双为小月（30天）。一年中有6个大月和6个小月，合计366天，比历年多出了1天。当时，2月是岁末（以春分所在的3月为岁首）行刑的月份，按罗马人习俗，被认为是不吉祥的月份，于是便在2月减去了1天，成为29天。这样，一年的长度是365天。

儒略·恺撒出生在7月，他为了显示帝王的“尊严”，在制定历法时，别出心裁地把自己的名字作为了7月的月名。后来恺撒死了，他的侄儿奥古斯都继位。奥古斯都在公元前27年修订儒略历时，也仿效恺撒的手法，为了留名万世，把自己出生的月份（8月）冠上自己的名字。但使他伤脑筋的是：8月是一个小月，这和凯撒比较起来，不免相形见绌，有损帝王的“尊严”。于是他又从2月中抽出一天补在8月，把8月改成了大月。不幸的2月，只剩下了28天。

奥古斯都还联想到：7月和8月都为大月，如按原来规定，9月还是大月的话，那就连续有了三个大月，这似乎也太不像话。于是他又决定：在9月以后，改成逢单为小月，逢双为大月。

从这里可以看出，如今阳历月份之所以参差不齐、名实不符，完全是历史上统治阶级人为地造成的，它没有任何天象上的依据。

5. 公元·世纪·年代

公元，就是公历纪元的意思，也即用公历记录年代的开始。

公历是由比较混乱的古罗马历发展而来的。公元前46年，罗马皇帝儒略·恺撒决定修改历法，把一年规定为365天，每4年有个闰年，加一日；一年分12个月，这叫儒略历。

到了公元1582年，罗马教皇格里高利十三，召集学者们讨论仍不够完备的儒略历的改革。改革后的新历，叫作格里历。这就是现行的公历。我国开始采用公历是辛亥革命以后的1912年，但与当时的“中华民国”纪年并行。新中国成立后，才彻底采用了公历，那一年是公元1949年。

格里历的平均日数是365.2425日。而我国古代天文学家郭守敬,在公元1281年制定的授时历,就已规定每年的时间是365.2425日,这比格里历早了300多年。格里历的精度是相当高的,3320年才和真正回归年相差一日。

说来有趣,公元的年份是以传说“基督降生年”作为元年的。在相当于我国南朝梁武帝中大通四年(532年)的时候,外国有个名叫狄奥尼西式的基督教僧侣提出:纪元要从“基督降生”那年算起,并声称“基督降生”在532年以前。这样的纪年法得到了教会的支持,并于公元532年在教会中使用。到罗马教皇制定格里历时,继续采用这种纪年法,由于它精确度高而为国际通用,故称“公元历”。由此,“基督降生”的年份,便称为公元元年,基督降生前的年代称“公元前”,基督降生后的年代是“公元后”,称“公元”。公元元年元旦相当于我国西汉末期汉哀帝元寿二年十一月十九日。

世纪和年代,是计算历史时期的单位。“世纪”这个词源自拉丁文“Centuria”,即一百年,一个世纪就是100年。比如说,某某事件,经历了两个世纪,那便是经历了200年。习惯上,世纪的划分,一般离不开公元。公元第一个世纪是公元第一个一百年,即公元1年至100年,是世纪的起点,叫1世纪;公元101至200年,叫2世纪……1701至1800年,叫18世纪;1901至2000年,叫20世纪。

公元没有0年。我们现在正处在21世纪里。

“年代”是在每一个世纪中以十年为一阶段的称呼。每一个世纪又分10个年代,一个年代包括10年。如20世纪40年代,是指1940年至1949年;20世纪60年代,是指1960年至1969年;20世纪70年代,是指1970年至1979年;20世纪80年代,是指1980年至1989年;从1990年开始,我们就进入20世纪90年代了。

一般称某世纪的10—19年的时候,不称“一十年代”,而称为某世纪的第二个十年;某世纪的最初十年,也不用年代来称呼,而称为最初十年。

我国人们曾把1980年的春天说成“80年代第一春”,如果以此类推,公元2000年1月1日是新世纪的开端。但因为公元没有0年,所以另一种看法认为,2001年1月1日才为21世纪的起始年。

6. “星期”与“礼拜”

“星期”源于科学,“礼拜”出于宗教,二者不是一回事。

“星期”是公历中一种特殊纪日方法，它以7天为一周期，循环往复，无穷无尽。

星期纪日的方法远在公历产生以前就为人们使用了。我们知道，7天为一星期，与月亮从朔到上弦，又从上弦到满月，再从满月到下弦和由下弦到看不见月亮的这四段时间差不多。据考证，我国在周代初期也曾把一个朔望月分为四等份，并分别命名为：初吉、既生霸、既望、既死霸。初吉相当于初一至初八，既生霸相当于初九至十五，既望相当于十六至二十二，既死霸相当于二十三至初一。但是这种纪日法没有流传下来。

明朝末年，当基督教传入我国的时候，星期制也就跟着传入，以至于有的人认为它是西方的产物。其实它的老祖宗是在东方的巴比伦和犹太国一带。公元前2000年前，古代巴比伦人用1日、7日、14日、28日，将一个朔望月分成四部分，每一部分正好是7天。这样分法绝非偶然，它可能就是星期制的雏形。后来巴比伦人把星期制的7天，分别配上一个天体的名字，即星期日对应太阳，星期一对应月亮，星期二对应火星，星期三对应水星，星期四对应木星，星期五对应金星，星期六对应土星。这样，星期也即星的日期的意思，知道某天的对应星，就可以知道是哪天了。有时也把星期叫作“曜日”，如“日曜日就是星期天，月曜日就是星期一”，以下类推。这种纪日方法，犹太人曾把它传到埃及，又由埃及传到罗马。公元3世纪以后又广泛传播到欧洲。直到今天，在欧洲一些国家的语言中，还保留着上述星期命名法。

从以上可知，星期制的产生与月亮的圆缺变化有着密切关系，而“礼拜”则是基督教使用的词。他们相信上帝7天创造了世界、耶稣7天复活的说法，因此，规定第七天举行参拜上帝的宗教仪式，称为“礼拜日”。

公历“星期”的第一日叫“星期日”，是公认的休息日，因为这一天与基督教的“礼拜日”均在同一天。所以，有人将“星期日”也叫“礼拜日”。其实我们星期日休息与基督教徒礼拜日“做礼拜”是毫不相干的。

星期的名称

月亮	火星	水星	木星	金星	土星	太阳
星期一	星期二	星期三	星期四	星期五	星期六	星期日
月曜日	火曜日	水曜日	木曜日	金曜日	土曜日	日曜日

7. 北京时间

在地球上，不同地点的人看到太阳通过天体子午线的时刻(即正午 12 点)，是不一样的。为了统一，天文学家规定东西两地相隔经度 15°，时间就相差 1 小时。地球自转一周为 360°，一天分成 24 小时，所以地球上的每一小时也就等于自转 15°。国际上把地球分为 24 个时区，我国使用的是东经 120°的标准时间，属于东八区。北京时间就是东八区时间。

当北京时间是 23 时的时候，世界上其他主要城市的时间是：东京为 24 时，马尼拉为 23 时，曼谷 22 时，莫斯科 18 时，开罗 17 时，雅典 17 时，华沙 17 时，布达佩斯 16 时，柏林 16 时，罗马 16 时，斯德哥尔摩 16 时，巴黎 15 时，马德里 15 时，伦敦 15 时，华盛顿 10 时。

8. 朔 · 上弦 · 望 · 下弦

我们知道，月亮是个球体，它本身不发光，我们平常所看到的月光，是太阳光照在月亮上面，再从月亮反射到地球上来的光。在同一时间内，月亮只能被太阳照亮一半，而背着太阳的一半是黑暗的。同时，月亮绕地球转，又跟着地球绕太阳转，所以月亮对地球和太阳的位置，也在不断地变动，月亮对着我们照亮的这一面，有时有，有时无，有时多，有时少，这就形成了月亮的圆缺循环。

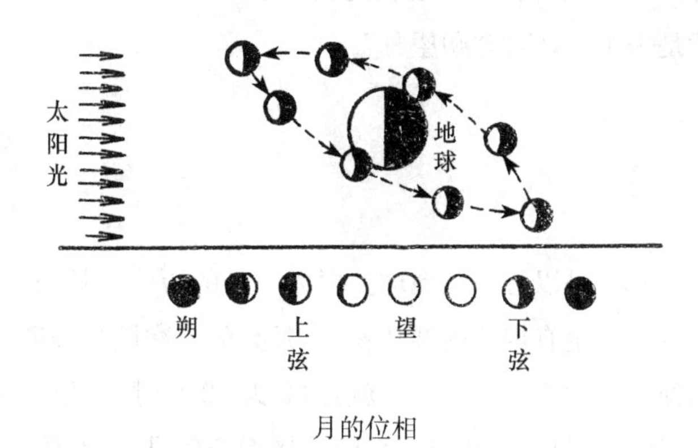

月的位相

当月亮转到太阳和地球之间，这时月亮以背着太阳光的黑暗半球对着地球，我们便看不见月亮了，这叫作“朔”，出现在农历的每月初一。

从朔日后的第一天，太阳一落山，月亮已经在西方地平线上了，往后每隔一天，月亮的位置就向东移一点，而它的形状像一把狭窄的镰刀，一天一天地肥胖起来，到七、八天后，它以明亮半球和黑暗半球各占一半的模样朝向地球，每天太阳一下山，它已是悬挂在天顶的半轮明月了，这叫作“上弦”。其明亮半圆的直边朝向东方，一般出现在农历每月初七或初八、初九、初十。

往后，月亮的明亮部分越来越大，到了地球处在太阳与月亮之间，这时月亮被太阳照亮的半球正对着地球，太阳正当落山时，月亮便从东方升出来，我们整夜可以看到一轮圆圆的明月，这叫作“望”，出现在农历每月十五或十六、十七日。

望日以后，因为这时月亮更向东移动的缘故，月亮上升的时刻，一天比一天推迟，同时月亮的明亮半球朝向地球的部分，看起来也一天比一天少，到了望日后七、八天，月亮又以明亮半球和黑暗半球各有一半朝向地球，又成了一个半圆形，这叫作“下弦”。其明亮半圆的直边朝向西方，一般出现在农历每月二十或二十三、二十四日。这时月亮到半夜才升起来，直到第二天上半天，还可以在太阳的右方天空看到它。

下弦以后，月亮的明亮半圆逐渐向内凹，凹变成镰刀形，而且一天一天逐渐狭窄起来。这时月亮东升的时刻一天一天地接近太阳出来的时刻。最后又回到太阳同一方向，也就是月亮又转到太阳和地球之间，它又以整个黑暗半球朝向地球，又成为无月之夜的朔日了。

月亮从这次“朔”到下次“朔”，或从这次“望”到下次“望”，这就是月亮绕地球转了一周，就是一个月，叫作“朔望月”。

9. 阴历

阴历又叫太阴历，是以月亮绕地球一周为一月的历法。月亮自西向东绕地球转动的同时，月相发生有规律的圆缺变化，月亮的一次圆缺周期称“朔望月”。一个朔望月的时间等于 29.5306 日，也就是 29 天 12 小时 44 分 2.8 秒，长于 29 天，短于 30 天。为了使每一个历月尽可能地接近朔望月，因此阴历设大月和小月，逢单的月是大月30天，逢双的月是小月29天，一年中包含6个大月，6个小月，全年共354天。但12个朔望月的总共时间是354.3667日，也就是比354天要多出8时48分34秒，30年就要多出11天。因此，阴历30年中就要安插11个闰年，每逢闰年就在12个月末尾增加一天。这样阴历的闰年是355天。

这样，阴历每30年中有19个354天，11个355天，平均一年的总时间是354天8小时48分。它的一年比一个回归年短11天多。如果让它一年一年短下去，到第16年就要短170多天，也就是将近半年的时间了。这样，今年过新年在冬天，那么隔16年就要在夏天过新年了！

但是，从阴历上的每一个日期都可以知道月亮的形状，这是这种历法的唯一好处。缺点是阴历月份和四季变化无关，1月份有时候是冬季，有时候却是夏季，会给生产和生活带来很多不方便。

10. 农历

我国传统的历法是农历，旧称夏历，民间俗称阴历。其实农历不是纯粹的阴历，也不是纯粹的阳历，而是阴阳两历并用的历法。它把朔望月的时间作为历月的平均时间，这一点和纯粹的阴历相同，但它运用了设置闰月和二十四节气的办法，使历年的平均长度等于回归年。这样它又有了阳历的成分。所以农历比纯粹的阴历精确。

根据我国历史记载，从黄帝时起到清朝末年这段时间里，一共使用过的102种历法，基本上都是属于阴阳历的性质。这说明，我国劳动人民在三四千年前，就已经把纯粹的阴历和阳历很好地结合起来了。这种兼顾朔望月周期和回归年长度的历法，也是我们祖先的伟大创造。

我国现行的农历，据说我们的祖先远在夏代（公元前17世纪）就已经使用了，所以人们又称它为“夏历”。

农历的历月以朔望月为依据。朔望月周期是29.5306日，也就是29天12小时44分3秒，因此农历也是大月30天，小月29天，但它和纯粹的阴历并不完全一样，因为纯粹的阴历是大小月交替编排的，而农历的大小月是经过推算决定的。农历每一个月的初一都正好是“朔”（即月光在太阳地球中间，且以黑暗的半面对着地球的时候）。有时可能出现两个大月，也可以连续出现两个小月。

由于朔望月稍大于29天半，所以在农历的每100个历月里，约有53个大月和47个小月。

农历基本上以12个月作为一年，但12个朔望月的时间是354.3667日，比回归年为365.2422日两者相差11天左右。这样每隔3年就要多出33天，即多出一个多月。为了要把多余的日数消除，每隔3年就要增加一个月，这就是农历的闰月。有闰月的这一年也叫闰年。所以农历的闰年就有13个月了。

问题是：农历每隔3年插入一个闰月，因为一个月只有29天或30天，而农历每3年比回归年短33天，还差3天左右。怎么办呢？我国古代天文学家早在公元前600年就发现了：若在19个农历年中加入7个闰月，就和19个回归年长度几乎相等。这在历法中称为19年7闰法，比古希腊早发现160余年。

农历在应闰的年份里闰哪一个月是根据那个月中的节气来定的。二十四节气里有节气和中气之分，从立春数起，单数的叫节气，双数的叫中气。农历以12个中气作为12个月的标志，而有闰月的年都有13个月，其中有一个月一般是没有中气的。这个没有中气的月就作为闰月，并以它前一个月的月名作为月名，再加上一个闰字，如前一个月是二月，这个没有中气的月就叫闰二月；如前一个月是三月，这个没有中气的月就叫闰三月。冬至以后，由于地球离太阳近，没有无中气的月份，所以11月、腊月、正月不置闰月。

农历注意到月相盈亏的变化和寒暑节气，便于指导农事活动，为我国民间广泛采用的一种传统历法。

11. 日食·月食·潮汐

公历是国际通用的历法，使用起来方便。使用农历也有方便之处。比如平时，人们看了月亮的圆缺程度，就可以判断农历的日期。另外，使用农历对于预报月食和日食的发生，预测潮汐的大小，都是有帮助的。

到了农历朔望的日子，太阳、地球和月亮的方向是一致的。在这种时候，如果月亮恰好走到地球和太阳中间，遮住了太阳射向地球的光，就发生日食；如果地球走到了太阳和月亮的中间，挡住了太阳射向月亮的光，就发生月食。就是说，日食和月食都是发生在太阳、地球、月亮成一条直线的时候，发生日食，总是在朔日；发生月食，总是在望日。这是一条规律，也是使用农历的一个方便之处。

地球和月亮互相都是有吸引力的。地球上的海水受到月亮的吸引，水位就会升高，倒流入海口、内河，便形成潮汐了。其实太阳对海水也有吸引力，只是太阳离地球太远，引力不像月亮那样大罢了。每逢农历朔望的时候，正是太阳、月亮和地球成一条直线的时候，太阳和月亮的引潮力作用于同一方向，就出现大潮。到了上弦和下弦的日子，月亮和太阳正处在互相垂直的位置，月亮吸引海水的力量被太阳抵消了一部分，所以出现的是小潮。一看农历的日期，就可以知道出现大潮或小潮的日期了。

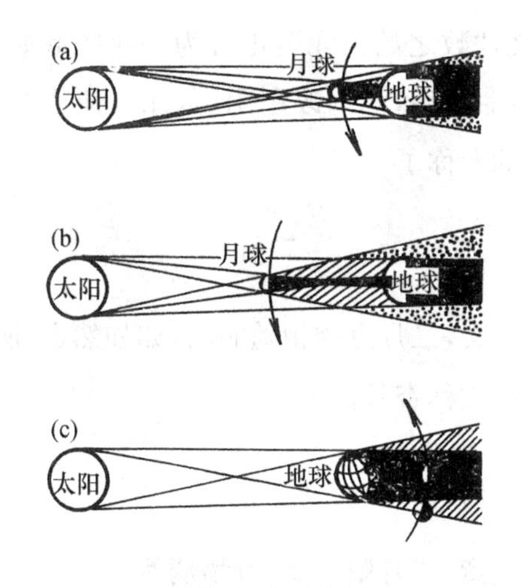

日食、月食示意图

(a)日全食；(b)日环食、日偏食；(c)月全食、月偏食

12. 农历月份的别称

一月

正月：《尔雅》曰："正，长也。"一年的第一个月为十二个月之长，故称为正月。

夏正：我国古代有夏历、殷历、周历，三朝历法分别以农历一月、十二月、十一月为岁首之月，所以又叫三正，即夏正、殷正、周正，现在我国沿用的农历就是夏正。因此，一月又称为夏正。

寅月：古人有“建月”的观念，就是把子丑寅卯等十二支和十二个月份相配，以通常冬至所在的农历十一月配子，称为建子之月，由此顺推，十二月为建丑之月，正月为建寅之月，简称寅月。

端月：在我国封建社会里，为了避讳，不管是书写还是谈话，都不能直接写出或说出君主的名字。秦朝为了避秦始皇（名嬴政）之讳（政、正同音），所以改正月为端月，取一年端始之意。

陬月：陬，即陬訾，是天上的两颗星星，正月里，日月相会于陬訾，因而取名陬。

元月：《辞源》释义，“数之始为元”，正月为一年的起始，故称为元月。古时元与正月通用，辛亥革命之后，我国改用阳历，元月便作为阳历一月的称号，而正月就成为农历一月的专称了。

二月

如月：如，即随从之义，二月万物相随而出，如如然也，所以称如。

杏月：二月杏花开，故称杏月。

三月

炳月：光明、显著之意；三月阳气盛，万物炳然。

桃月：三月桃花盛开，故称桃月。

四月

余月：余，即舒展之意。四月万物舒展，皆生枝叶。

清和月：风和日丽，天地清和。

槐月：四月槐花满枝，故称槐月。

五月

皋月：皋，即高，向上之意。五月阴气生，自下而上，使作物结实，垂于苗顶，故称皋月。

榴月：五月榴花红似火，故称为榴月。

蒲月：五月蒲草萋萋，故称蒲月。

六月

且月：且，即次且，犹豫不决之意，六月阴气渐起，阴气畏阳，尚犹豫次且，不敢前行，所以称且月。

荷月：六月荷花满池，故称荷月。

伏月：一年最热的日子。

七月

相月：相，引导之意。此时，三阴之气，形势渐盛，遂引导而上。

巧月：牛郎织女每年七夕在鹊桥相会。织女是智巧的象征，所以，每当七月初七之夜，人间的妇女们就向织女星乞求智巧，七月由此称巧月。

霜月：自此以后，天气渐寒，露将成霜了。

八月

壮月：壮者，大也。八月阴气大盛，因此得名。

桂月：八月桂花飘香，故称桂月。

九月

玄月：玄色，即黑色。九月万物毕尽，阴气侵寒，其色皆黑，故称玄月。

菊月：九月菊花傲霜，故称菊月。

十月

阳月，此月全是阴气用事，于是嫌其无阳，故以“阳”名之，加以匡正，又叫“小阳春”。

十一月

辜月：辜与故旧之“故”同义，十一月阳气复生，正欲革除故旧以更新。

葭月：十一月葭草开始萌生，故称葭月。

十二月

涂月：“涂”同“除”，即去也，意思是一年将要终结，离尘世而去了。

腊月:腊即腊祭,古人每逢一年终了,要猎禽兽来祭祀祖先,故称腊月。

嘉平月:秦始皇改腊月为嘉平月。据说,有个叫茅蒙的,在华山之中,乘云驾龙,白日升天,并传出一支歌谣,唱道:“神仙得者茅初成,驾龙上升入泰清,时下玄洲戏赤城,继世而往在我盈,帝若学之腊嘉平。”歌谣传进秦始皇耳朵里,秦始皇听了便有寻仙之志,并下令将腊月改为嘉平月。

此外,因古时以孟、仲、季作为兄弟姐妹的排行,孟为大,仲为次,季为三。转而为每季月份的次序:一月为孟春,二月为仲春,三月为季春;四月为孟夏,五月为仲夏,六月为季夏;七月为孟秋,八月为仲秋,九月为季秋;十月为孟冬,十一月为仲冬,十二月为季冬。

至于还有将正月称始春,二月称早春,三月称暮春,其意义是很明白的。下面给出了“季”与“月”的别称表,供有兴趣的读者参考。

“季”与“月”别称表

<table>
<tr><td rowspan="3">春</td><td rowspan="3">青春　青阳
阳春　艳阳
三春　阳节
九春　淑节
春节　韵节
苍灵</td><td>正月</td><td>孟春
寅月</td><td>首春
泰月</td><td>初春
初月</td><td>上春
端月</td><td>春王
元月</td><td>孟阳
陬月</td><td>首阳
孟陬</td><td>元阳
大簇</td><td>青阳
嘉平</td><td>正阳</td></tr>
<tr><td>二月</td><td>仲春
卯月</td><td>酣春
丽月</td><td>大壮
令月</td><td>侠钟
花月</td><td>中和
杏月</td><td>仲阳
如月</td><td>阳中
花朝</td><td></td><td></td><td></td></tr>
<tr><td>三月</td><td>季春
辰月</td><td>晚春
窝月</td><td>暮月
喜月</td><td>杪春
桐月</td><td>春杪
季月</td><td>三春
夬月</td><td>姑洗
蚕月</td><td>花月</td><td></td><td></td></tr>
<tr><td rowspan="3">夏</td><td rowspan="3">炎夏　炎序
清夏　朱律
朱夏　朱明
三夏　长赢
九夏　长夏
昊天　炎节</td><td>四月</td><td>孟夏
巳月</td><td>早夏
余月</td><td>初夏
乾月</td><td>新夏
槐月</td><td>中吕
梅月</td><td>仲吕
清和</td><td>麦秋
槐序</td><td>桃月
正阳</td><td>首夏</td><td></td></tr>
<tr><td>五月</td><td>仲夏
午月</td><td>中夏
蒲月</td><td>蒲节
姤月</td><td>菖节
皋月</td><td>艾节
榴月</td><td>浴兰节
雨月</td><td>蕤宾
景风</td><td>榆月
鸣蜩</td><td>端阳</td><td></td></tr>
<tr><td>六月</td><td>季夏
未月</td><td>晚夏
且月</td><td>三夏
暑月</td><td>天贶
伏月</td><td>林钟
荷月</td><td>精阳
梓月</td><td>溽月
焦月</td><td>溽暑
暮夏</td><td>杪夏
极暑</td><td></td></tr>
<tr><td rowspan="3">秋</td><td rowspan="3">商秋　高商
三秋　商节
九秋　素节
金天　素商
白藏　凄辰
萧长</td><td>七月</td><td>孟秋
申月</td><td>首秋
相月</td><td>初秋
否月</td><td>肇秋
巧月</td><td>兰秋
兰月</td><td>萧秋
瓜月</td><td>夷则
商月</td><td>凉月
冷月</td><td>楝月
新秋</td><td></td></tr>
<tr><td>八月</td><td>仲秋
酉月</td><td>正秋
清月</td><td>中秋
壮月</td><td>桂秋
桂月</td><td>仲商
获月</td><td>迎寒
南吕</td><td>观月
柘月</td><td></td><td></td><td></td></tr>
<tr><td>九月</td><td>季秋
戌月</td><td>秀秋
玄月</td><td>暮秋
剥月</td><td>凉秋
菊月</td><td>秋杪
菊序</td><td>三秋
霜序</td><td>咏月
暮商</td><td>季商
杪商</td><td></td><td></td></tr>
</table>

续表

<table>
<tr><td rowspan="3">冬</td><td rowspan="3">元冬　元英
清冬　元序
三冬　玄英
九冬　安宁
岁余　寒辰
严节</td><td>十月</td><td>孟冬
亥月</td><td>开冬
阳月</td><td>初冬
良月</td><td>上冬
玄英</td><td>应钟
阳春</td><td>小春
坤月</td><td>小阳春
檀月</td><td>吉月</td><td></td><td></td></tr>
<tr><td>十一月</td><td>仲冬
子月</td><td>阳夏
冬月</td><td>霜天
复月</td><td>龙潜
辜月</td><td>黄钟
鸭月</td><td>霜月
畅月</td><td>葭月
枣月</td><td>中冬
寒月</td><td>雪月</td><td></td></tr>
<tr><td>十二月</td><td>季冬
暮冬
萘月</td><td>末冬
暮节
丑月</td><td>残冬
岁杪
腊月</td><td>寒冬
暮岁
腊冬</td><td>严冬
穷年
冰月</td><td>苍冬
穷纪
临月</td><td>三冬
嘉平
余月</td><td>冬杪
大吕
涂月</td><td>杪冬
极月
霭月</td><td>步杪
除月
栎月</td></tr>
</table>

13. 韵目纪日

韵目纪日法是以古诗押韵所用的韵目依序代日并用以纪日的方法。这种纪日法大约是在近代开展电报通信业务后才出现的。

古人作诗填词讲究押韵。同韵的字归到一起，称之为韵部。每个韵部所收押韵的字多少不等。选用同一韵部中的某一个字作代表，并以之为韵部命名，这个字就叫作韵目。

韵目纪日表

日期	韵目	日期	韵目
一日	东、先、董、送、屋	十七日	筱、霰、洽
二日	冬、萧、肿、宋、沃	十八日	巧、啸
三日	江、肴、讲、绛、觉	十九日	皓、效
四日	支、豪、纸、真、质	二十日	哿、号
五日	微、歌、尾、未、物	廿一日	马、个
六日	鱼、麻、语、御、月	廿二日	养、祃
七日	虞、阳、麌、遇、曷	廿三日	梗、漾
八日	齐、庚、荠、霁、黠	廿四日	迥、敬
九日	佳、青、蟹、泰、屑	廿五日	有、径
十日	灰、蒸、贿、卦、药	廿六日	寝、宥
十一日	真、尤、轸、队、陌	廿七日	感、沁
十二日	文、侵、吻、震、锡	廿八日	俭、勘
十三日	元、覃、阮、问、职	廿九日	豏、艳

续表

日期	韵目	日期	韵目
十四日	寒、盐、旱、愿、缉	三十日	陷
十五日	删、咸、潸、翰、合	三十一日	世、引
十六日	铣、谏、叶		

诗韵通常分为阴平、阳平、上声、去声、入声。这五声共106个韵部，当然也就设有106个韵目。这106个韵目依序排列，组成30组，以代表阳历的30天。每一天以固定的韵目来代替，这就形成了韵目纪日法。

将此表内十五日以前的文字竖着看，第一行为阴平韵，第二行为阳平韵，第三行为上声韵，第四行为去声韵，第五行为入声韵。十六日以后的阴平、阳平、入声的韵目极少。

韵目纪日主要应用于电报通信业务中，以求得发收电文的方便。在电报中通常也只应用阴平声的韵目，即最左边的一行字。例如：电报是19日发的，这份电报就简称为“皓电”；9日发的电报为“佳电”；8日发的称“齐电”等。有时，韵目纪日法也被应用到电报通信业务之外的其他方面。1927年5月21日，国民革命军第35军许克祥部在长沙叛变，代表21日的韵目是“马”，所以现代史称这次叛变为“马日事变”。

14. 昼夜时辰

地球自转一周为一昼夜，称为“太阳日”，昼夜的形成即由此。其向阳地面为昼，背阳地面为夜。春分以后，日照北半球渐多，因此北半球夜短昼长，南半球则相反；秋分以后，日照南半球渐多，故北半球昼短夜长，南半球则相反。

一昼夜的划分方法很多。据说，殷代武丁时期曾将一昼夜分为八段；祖甲时期分一昼夜为十个时段。周代又进一步将一昼夜分为十二个时段，即十二时辰（简称十二辰）。到了汉代，一昼夜仍以十二个时辰来算，但以子、丑、寅、卯、辰、巳、午、未、申、酉、戌、亥十二地支来表示了。

殷、周、汉时段表内的名称，是指昼夜时辰在殷、周、汉代的一种通俗叫法。这种俗称就是古人借助一些自然特征和生物特征来计时的方法。“鸡鸣”“人定”，借助于半夜鸡叫和人入睡的特征。“食时”“晡时”，借助吃饭时刻表示时间，古人一日两餐，早饭在日出以后、隅中以前，所以这段时间为“食时”；晚饭在“日昳”（太阳偏西，也称日昃）以后，日入以前，所以这段时间为“晡时”。其余俗称，多半以太阳位置为主要特征来计时。

殷、周、汉时段表

<table>
<tr><td rowspan="2">太阳日 / 昼夜 / 时代</td><td colspan="12">太阳日</td></tr>
<tr><td colspan="7">昼</td><td colspan="5">夜</td></tr>
<tr><td>殷（武丁）</td><td>明</td><td>大采</td><td>大食</td><td>中日</td><td>昃</td><td>小食</td><td>小采</td><td colspan="5"></td></tr>
<tr><td>殷（祖甲）</td><td>明</td><td>朝</td><td>大食</td><td>中日</td><td>昃</td><td>小食</td><td>暮</td><td>昏</td><td colspan="2">妹（昧）</td><td colspan="2">兮（曦）</td></tr>
<tr><td>周</td><td>日出</td><td>食时</td><td>隅中</td><td>日中</td><td>日昳</td><td>晡时</td><td>日入</td><td>黄昏</td><td>人定</td><td>夜半</td><td>鸡鸣</td><td>平旦</td></tr>
<tr><td>汉</td><td>卯</td><td>辰</td><td>巳</td><td>午</td><td>未</td><td>申</td><td>酉</td><td>戌</td><td>亥</td><td>子</td><td>丑</td><td>寅</td></tr>
</table>

与十二时辰并行使用的还有百刻制。这种制度是将一昼夜均分为一百刻，这是使用漏壶计时的产物，其渊源不会早于商代。那时候，白天靠测量太阳的影子，夜晚用漏壶滴水测时。

十二辰制与百刻制并行使用时需要协调和相互换算，但百刻不能被 12 整除，所以，历史上曾经有过改革百刻制的尝试。据史书记载，汉代成帝（刘骜）时，齐忠可提出过将一天分为 120 刻，但仅在汉哀帝（刘欣）建平二年（公元前 5 年）实行过两个月。王莽采用过 120 刻制，但为时也很短。以后，梁武帝（萧衍）天监六年（507 年）和大同十年（544 年），曾分别改用过 96 刻制和 108 刻制，但都只用了数十年就终止了。从陈文帝（陈蒨）天嘉年间（506—566 年）又恢复使用百刻制，一直到清代初期才完全被废除而改用 96 刻制。

96 刻制和十二辰以及现今使用的 24 小时制的关系是，一个时辰相当于八刻、两小时。每刻相当于 24 小时制的 15 分钟。一个时辰，又区分为上四刻（时初）和下四刻（时正）这样两个半辰；每半辰则相当于一小时。

十二时辰与二十四小时对照表

<table>
<tr><td colspan="2">古代十二时</td><td>时辰</td><td>现代时段</td></tr>
<tr><td rowspan="2">夜半</td><td rowspan="2">子</td><td>子初</td><td>23—24 时</td></tr>
<tr><td>子正</td><td>24—1 时</td></tr>
<tr><td rowspan="2">鸡鸣</td><td rowspan="2">丑</td><td>丑初</td><td>1—2 时</td></tr>
<tr><td>丑正</td><td>2—3 时</td></tr>
</table>

续表

古代十二时		时辰	现代时段
平旦	寅	寅初	3—4 时
		寅正	4—5 时
日出	卯	卯初	5—6 时
		卯正	6—7 时
食时	辰	辰初	7—8 时
		辰正	8—9 时
隅中	巳	巳初	9—10 时
		巳正	10—11 时
日中	午	午初	11—12 时
		午正	12—13 时
日昳	未	未初	13—14 时
		未正	14—15 时
晡时	申	申初	15—16 时
		申正	16—17 时
日入	酉	酉初	17—18 时
		酉正	18—19 时
黄昏	戌	戌初	19—20 时
		戌正	20—21 时
人定	亥	亥初	21—22 时
		亥正	22—23 时

另外,我国古代还有报更(又叫打更)的计时法。把夜间分为五更:相当于现代的晚上 7—9 时为一更,9—11 时为二更,午夜 11—1 时为三更,凌晨 1—3 时为四更,凌晨 3—5 时为五更。

五更和二十四小时对照表

夜间时段	对应名称		相当时间(小时制)
	五更	五夜	
黄昏	一更	甲夜	19—21 时
人定	二更	乙夜	21—23 时
夜半	三更	丙夜	23—1 时
鸡鸣	四更	丁夜	1—3 时
平旦	五更	戊夜	3—5 时

在欧美国家，昼夜分为 24 小时，每小时分为四刻，又可分为 60 分，每分为 60 秒。由于计时器即钟表仅有 12 小时，只合一昼夜之半，于是以上午下午来辨别，以夜 12 时（即 24 时）正为 0 时，夜（上午）1 时为 1 时，以正午 12 时为 12 时，下午 1 时为 13 时，下午 6 时为 18 时，下午 11 时为 23 时。

一昼夜的起讫时间，有两种不同的算法，欧美的 24 小时自 0 时算起，即自夜 12 时起算。在夜 12 时以前为前一日，夜 12 时以后为次日。我国的十二时辰以子时为首，由夜 11 时起至夜 1 时为子时，在夜 11 时以前为前一日，夜 11 时以后为次日。

15. 一刹那

人们有时用“一刹那”（或刹那间）这个名词来形容时间的短暂，一般认为是“时间很短”“瞬间”的意思，那么，它到底是多长时间呢？

《辞源》（旧版）有这样注释，“或云壮士一弹指间，有六十刹那”；又引《吕氏春秋》的注释“二十瞬为一弹指”。按照这种说法，一瞬当为三刹那。可是所谓一瞬，只是指眼睛眨巴一下而已，那么“一刹那”究竟有多久，还是不清楚。

实际上，“刹那”来自古代印度，是印度古代梵语“格希楞”（瞬间）一词的音译，根据古代梵典《僧只律》的记载：“一刹那者为一念，二十念为一瞬，二十瞬为一弹指，二十弹指为一罗预，二十罗预为一须臾，一日一夜有三十须臾。”

以此与现代时间对比，一天一夜 24 小时有 480 万个“刹那”，有 24 万个“瞬间”，有 12000 个“弹指”，30 个“须臾”。如果用秒来计算，一天一夜有 86400 秒，那么，“一须臾”等于 2880 秒，“一罗预”等于 144 秒，“一弹指”等于 7.2 秒，“一瞬间”等于 0.36 秒，而“一刹那”只等于 0.018 秒了，足见“一刹那”（刹那间）是如何短促。

16. 斗柄回寅又一春

在我国，每年 3—4 月，在晴天夜晚 7 点钟的时候，可见北斗的斗柄总是指向东方“寅”这个方位。这意味着春天的到来。

我们祖先在两千多年前就发现了这个规律。汉代曾有书载：“斗柄指东，天下皆春；斗柄指南，天下皆夏；斗柄指西，天下皆秋；斗柄指北，天下皆冬。”就是以黄昏时的斗柄指向来推定四季的。

北斗由七颗亮星组成，我国古代又叫它“北斗七星”。七颗星分别是天枢、天璇、天玑、天权、玉衡、开阳和摇光。其中的斗柄三星称为“杓”，斗身四星称为“魁星”，即传说中的“文曲星”（主管文学的神）。

北斗七星的排列像个“勺斗”，但是汉初大文学家司马迁在《史记·天官书》中则把它看成是帝王的车子，说是“斗为帝车，运于中央，临制四乡”。东汉时山东武梁祠的石刻中，就有一幅专门描绘北斗七星为帝王之车的云车图。奇怪的是，古代的阿拉伯人也把北斗星看成是车的形象。武梁石刻用斗身四星构成云车车身。阿拉伯人把它们当成车轮，而把斗柄三星算成拉车的三头牲口。更有趣的是，武梁石刻和阿拉伯人都注意到了第六颗开阳的伴星。武梁石刻上刻着一个长着翅膀的小人腾空献舞，右手托着这颗名叫“辅”的小星。阿拉伯人把这颗星叫作“试验”。相传古代阿拉伯人征兵时就用这颗星来测验新兵的眼力，凡能看到这颗辅星的，证明他的眼力很好。

古代的希腊人，认识北斗七星也很早。但他们只是把它看作是熊的形象。相传月神兼狩猎女神狄维娜的侍女中，有一位美貌非凡的卡力斯托，她被众神之王宙斯所爱，生下了儿子阿卡斯。这件事引起了神后希拉的嫉妒，就用神法把这个美女变成了熊。随着岁月的推移，少年阿卡斯长大了。一天，他在林中狩猎，给卡力斯托看见了。她忘了自己是熊身，张手前去，想拥抱亲爱的孩子。阿卡斯却举起了标枪。这时候，宙斯在天上看见了，就把阿卡斯变成一只小熊，并把它们母子摄引上天，成了大熊座、小熊座。小熊的尾尖是北极星。

北极星坐镇北天，“众星拱之”。星星都绕着它回旋。你顺着天旋至天枢，按这两星连线距离向前延伸5倍，就可找到北极星。它位于地球运转轴的延长线上，因此它永远标志着正北方向。如果你在夜间迷失了方向，可利用北极星找到预定的目标。

最有趣的是北斗七星的运动。七星中有五个星以相同的高速度朝同一个方向“飞行”，天枢和摇光则朝几乎相反的方向“飞去”。这速度比飞机、火箭要快得多。因此，在长时间后，星星组成的图形就会发生变化。现在看到的北斗七星是一把“勺子”，在20万年后，就可能会变成“铲子”了。

17. 三垣二十八宿

二十八宿是我国古代天文学家观测天象及日、月、五星(金、木、水、火、土)在天空中运行的标志。它创始于战国初年。

二十八宿是指28个较大范围的星区或称作星座(古称星宫),而每一个星区又包含若干较小范围的星区(或称为星座、星宫)。总计起来,二十八宿包括207个星座,早期确认1136颗星,随着时代的前进,又增加了1316颗星,这样,总星数为2452颗。

二十八宿分成四大星区,用相应的吉祥灵兽命名,叫作四象。这四象,以北斗柄所指的角宿为起点,由西向东排列,其名称是:东方苍龙、北方玄武、西方白虎、南方朱雀。可见,四象的"象",即表示星区的形象。每象分七宿。宿,即一撮星的宿舍之意。

北斗之南、轸翼二宿之北,为太微垣;房心二宿东北,为天市垣;北斗以北,为紫微垣,是为三垣。二十八宿与三垣结合在一起,排成我国古代划分的天区。

月亮在星空之间绕地球的轨道从西向东移动时,差不多每天停留在一宿里。二十八宿的用途,就是间接参照月亮在星空中的位置,来推算太阳到达的位置,并由此测定一年中的季节。在现代天文学体系没有形成之前,二十八宿在编制历法、计算二十四节气,乃至计算金、木、水、火、土五大行星、流星、彗星的位置等多方面,起到了不可替代的作用。

18. 几龙治水、几牛耕田、几人分饼、几日得辛

(1)几龙治水

旧历书上,总画有几条龙,叫作"龙治水图",认为"龙多靠,龙少涝,五龙六龙,风调雨顺",意思是说,龙越少,水越多;龙越多,水越少;五龙六龙,不多不少是最好的。哪一年为几龙治水,是根据"六十甲子法"推算出来的。从农历正月初一数起,数到正月十二,共十二天,也就是我们平时所说的子丑寅卯辰巳午未申酉戌亥十二属,其中"辰"属便是"龙"。如果"辰"字排在初九,当年就是九龙

治水。排在初二就是“二龙治水”。

(2)几牛耕田

旧历书里有所谓几牛耕田的说法。旧历书上的日子是用干支记载的，每天都有一个干支代表它，这样每十二天里便有一个丑日。从正月初一数起为第一天，哪一天排上“丑”字，便为几牛耕田。初一逢“丑”是一牛耕田，初二逢“丑”是二牛耕田……十二逢“丑”就是十二牛耕田了。并以此来判断当年耕种和收成的好坏。

(3)几人分饼

几人分饼也是这样，即在有干支纪日的历书里，每十天里便有一个丙日，从正月初一起为第一天，哪一天排上“丙”字，便定为几人分饼（“饼”和“丙”同音）。初一逢“丙”是一人分饼，初二逢“丙”是二人分饼，初十逢“丙”是十人分饼。并以此推算年景的收成。

(4)几日得辛

另外，旧历书里还有几日得辛的说法，也是从正月初一起为第一天，哪一天排上“辛”字，便定为几日得辛。初一逢“辛”是一日得辛，初二逢“辛”是二日得辛，初十逢“辛”是十日得辛。辛，与“金”谐音，几日得辛就是哪一天能得到金的意思。

19. 黄道吉日

地球一年绕太阳公转一周，人们从地球上看成太阳一年在天空中移动了一圈，太阳这种移动的路线叫作黄道，是天球上假设的一个大圆圈，即地球轨道在天球上的投影。

“黄道吉日”也叫黄道日，是迷信的人认为宜于办事的好日子。也就是说人们认为日子有吉有凶。不吉利的日子叫“黑道凶日”。旧皇历将“建、除、满、平、定、执、破、危、成、收、开、闭”十二个字，分别注在每个日期的下方。凡与除、危、定、执、成、开六个字对应的日子，是“黄道吉日”；与建、满、平、破、收、闭六个字对应的日子是“黑道凶日”。

过去的人，不管做什么事，从婚丧嫁娶、盖房上梁、出远门甚至剃头、洗澡，都要看皇历，选个“黄道吉日”，显然没有科学根据，也是很误事的。可以看出，几龙治水、几牛耕田、几人分饼、几日得辛、黄道吉日的说法都是人为设定，依照想象推断的，因此是不可信的。

(二)四季、物候和节气

1. 四季变化

一年四季,寒来暑往,冬去春来。四季变化是人们最为熟悉的自然现象。

为什么会有春夏秋冬四季的循环变化呢?

这得从地球的公转谈起。地球在自转的同时,还绕太阳公转。公转一周,就是一年。在公转过程中,地轴和公转轨道面有 66°33′的倾斜。而且地轴的倾斜方向是不变的,北极始终指向北极星附近。这样,太阳有时直射在南半球,有时直射在赤道上,有时直射在北半球,太阳光的直射点总是在南、北回归线之间来回移动。当太阳直射时,太阳光线所通过的大气层较薄,丧失热量较小,而且照射的地面较窄,热量集中,增温迅速,气温就高;当太阳斜射时,情况则完全相反,气温变低。于是,形成了春夏秋冬四季。

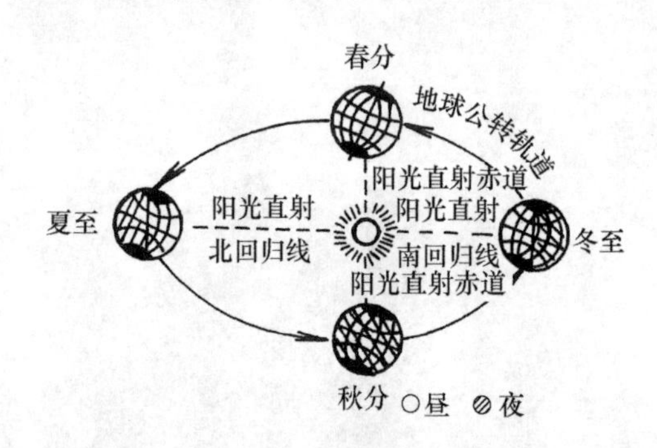

四季成因

地球沿着公转轨道运行,到达夏至日(6 月 22 日)时,太阳光直射北回归线,北半球得到的热量最多,白天最长,气候炎热,处于夏季。而这时候,南半球恰恰相反,正处于寒冷的冬季。

地球继续运行,太阳直射点逐渐向南移动。到了秋分日(9 月 23 日前后),太阳光直射在赤道上。这时候,北半球和南半球所得到的太阳热量相等。昼夜平分,温度适中,北半球是秋季,南半球是春季。

地球继续向南运行,太阳直射点继续向南移动,到了冬至日(12 月 22 日前后)，太阳光直射在南回归线上，这时候，北半球得到的热量最少，白天最短，气候寒冷，处于冬季。南半球刚好相反，正处于夏季。

地球继续向前运行，太阳直射点开始向北移动，到达春分日(3 月 21 日前后)，太阳光又直射在赤道上，这时候，北半球是春季，南半球是秋季。

地球不停地运行，太阳直射点继续向北移动，由春分日又回到了夏至日。如此周而复始，一年又一年，地球上的四季不断地转换着。

2. 四季的划分

人们对春夏秋冬四季的划分方法很多，大概有这么三种：

第一种是从历法的安排方便出发，把全年 12 个月作四等分，每季 3 个月，农历正、二、三月为春季，四、五、六月为夏季，七、八、九月为秋季，十、十一、十二月为冬季。欧洲则以阳历 1、2、3 月为第一季。

第二种是以季节的天文因素为依据，按照太阳和地球在空间的位置关系来划分的。

我们知道，地球的公转轨道是一个椭圆，这样，它和太阳的距离就有远有近，地球公转的速度也就有快有慢。每年 1 月 3 日前后，地球通过近日点，这时太阳与地球的距离最近(只有 1.4708 亿千米)，而地球公转的速度却最大(约为每秒 30.3 千米)；每年 7 月 4 日前后，地球通过远日点，这时太阳与地球的距离最远(为 1.5192 亿千米)，地球公转的速度最小(约每秒 29.3 千米)。也就是说，地球公转的速度是冬季快、夏季慢。地球从冬至点公转到春分点，大约只需 89 天，而从夏至点公转到秋分点，大约需要 94 天。因而出现了四季不等长的现象：春季(春分点至夏至点)约 92 天，夏季(夏至点至秋分点)约 94 天，秋季(秋分点至冬至点)约 90 天，冬季(冬至点至春分点)约 89 天。所以，欧洲就以春分、夏至、秋分、冬至作为四季的开始。在我国，农历则以立春、立夏、立秋、立冬作为四季开始，这比欧洲划分的方法更切合实际。

第三种是以月份为基础的，既考虑季节的天文情况，又考虑季节的气候情况。通常以阳历 3—5 月为春季，6—8 月为夏季，9—11 月为秋季，12—2 月为冬季。这样划分的季节，能大致反映一定特征的天气气候情况。在进行气候资料的统计、整理方面，也较方便简单、统一。气象部门和国民经济部门常常采用它。

四季划分表

阳历		节	令	夏历	
四季	每季时间			四季	每季时间
春	共92日19时	春分	立春	春	共90日17时
夏	共93日15.2时	夏至	立夏	夏	共94日1时
秋	共89日19.6时	秋分	立秋	秋	共91日21时
冬	共89日0.2时	冬至	立冬	冬	共88日15时
	（365日6时）	春分	立春		（365日6时）

中国各地四季分配表

地区 \ 月数（个） \ 季节	冬季	春季	秋季	夏季
东北北部	8	4（春秋相连）		0
东北南部	6～7		2	1～2.5
新疆	5～6	2～3	2	2
黄河上游、内蒙古	5.5～6.5	2～3	1.5～2.5	1～3
黄河中游、下游	4.5～5.5	1.5～2	1.5～2	3～4.5
长江上游	2.5～3	2.5～3	2.5～3	3.5～5
长江中游	3.5	2～2.5	2～2.5	4～4.5
长江下游	3.5～4.5	2～2.5	2	3.5～4
福建北部	2	3	2.5	4.5
福建南部	0	6～7	（秋春相连）	5～6
云南	2～3	9～10	（春秋相连）	0
广东、广西	0	4～6	（秋春相连）	6～8

以上这些划分四季的方法，虽然简单易记，但是都不能够真实地表示出各个地区的气候情况。我国幅员辽阔，南方和北方的气候有着很大差别。在2月初（立春），华南已经花红柳绿了，而华北仍会大雪纷飞；到了3月中（春分），合肥、南京、上海一带虽然春意正浓，北京、天津却在寒潮威胁之下。再往北去，黑龙江水还冻着冰呢！这样看来，无论是用立春、用春分，或者用其他的任何一天，作为春天的开始，就都是不可靠的了。

因此，在气候学上，人们利用候平均温度，也就是连续五天的平均温度来划分季节。当候平均温度达到10 ℃以上而低于22 ℃时，就算作春天；候平均温度大于22 ℃算作夏天，10～22 ℃之间算作秋季，小于10 ℃算作冬天。

这种气候上的四季，由于以温度为标准，能和每一个地方的具体情况相符合，因而对于人们的生产活动和日常生活的关系密切。它虽然随时间不同而有变化，但总的来说，受纬度和地形的影响最大。我国南北相隔5500多千米，地形复杂，因而气候多样：南海诸岛，终年皆夏；广东、广西、福建、台湾和云南南部，长夏无冬，秋去春至；黑龙江省、内蒙古自治区和长白山区、天山、阿尔泰山山地以及青藏高原外围地区，长冬无夏，春秋相连；西藏羌塘高原一带，常年皆冬；其余大部分地方是冬冷夏热，四季分明。

3. 大自然的号角

"离离原上草，一岁一枯荣。野火烧不尽，春风吹又生。"

唐代诗人白居易《赋得古原草送别》这首诗中指出了：芳草的荣枯，有一年一度的循环；芳草荣枯的循环是随着气候为转移的，每年春风一到，芳草就苏醒了。

植物是这样，动物又何尝不是如此呢！候鸟（雁、燕等）的南来北往，就是一例；农谚云"人不知春鸟知春"，说明了鸟类对气候的反应要比人来得敏感。

自然界中植物的荣枯盛衰，候鸟的来往迁徙，以及见霜、下雪、结冰、打雷等现象，统称为物候，把观测的物候现象记录下来，进而研究自然界的植物、动物和环境条件（气候、水文、土壤等）的周期变化之间相互关系的科学，叫作物候学。

物候现象，好似是"大自然的号角"，起着指示农时农事的作用。远在创定二十四节气（约为战国时期）以前，我们的祖先主要是依靠观察草木鸟兽的活动变化来指示农业生产活动的。在这以后，许多物候知识，有的作为经验记载在农书中，有的被诗人引入诗歌文章中。如南宋陆游《鸟啼》诗中描写的"野人无历日，鸟啼知四时。二月闻子规，春耕不可迟。三月闻黄鹂，幼妇悯蚕饥。四月鸣布谷，家家蚕上簇。"描述了我国古代农村观察农时的情景。有的经学者采访搜集，分析研究，收集在医书里。李时珍《本草纲目》中就有"阿公阿婆，割麦插禾"的句子，这是用布谷鸟叫来指示收麦插秧时间的。

在民间，还流传着很多物候方面的农谚。如：华北地区的“枣发芽，种棉花”“柳毛开花，点豆按瓜”；四川地区的“雁鹅过，棉快播”；安徽地区的“知了（蝉）叫，割早稻”；等等。这些都是用物候来作为指示农时农事的依据。由于物候现象是各年天气气候条件的反映，节气是每年在某一固定日期不变的，所以，按物候掌握农时，比单纯依靠节气农谚来预测农时，更为确实可靠。

我国从汉代起，就有“七十二候”的物候。但作物的生长因地而异，各年也有不同。所以，古代的月令还不能解决问题。如果在同一地区选择一些代表性的植物和动物，把它们在不同时期的主要活动变化记录下来，并和气象台的温度记录、节气及主要农事活动结合起来，经过多年积累就可以编成该地区的“自然历”，即季节现象前后连续发生的过程。参看自然历，可预先知道各年季节来临的早迟，这对农业生产有着一定的指导作用。

物候的观测研究工作不仅仅是为了预报农时，在很多方面都有用处。目前，划分四季的方法很多，有天文的、气候的，还有习惯的划法。用物候划四季，叫作“物候季”。用物候季指导农业生产，较为实用。

4. 七十二候

一年分二十四节气，每节气有三候，每候以一种物候现象的出现为代表。这是汉代《逸周书》中首先确定的。根据这种规定，全年二十四节气共七十二候。

到了公元5世纪的北魏时期，在一般的历书里不仅载有“节气”，并开始载有“候应”。候应就是每候应时而生的物候现象。每个节气分三候。如立春：东风解冻，蛰虫始振，鱼陟负冰；雨水：獭祭鱼，候雁北，草木萌动。

这样，一年二十四节气分七十二候，就通过历书基本固定下来，并逐渐普及到人民大众中去了。从此以后，自隋、唐起，直至宋、元、明、清各个朝代，历书中都沿用着二十四节气七十二候，对指导农业生产起了重要作用。

由于物候随地区而异，南北寒暑不同，同一物候现象的出现期可以相差很远。所以由二十四节气而来的七十二候，难以适合全国各地。另外，在七十二候中，如“鹰化为鸠”“田鼠化为鴽”“腐草化萤”“雀入大水为蛤”“雉入大水化蜃”等候应，是不合乎科学实际的。这一些，我们必须去伪存真，并不断发展提高。

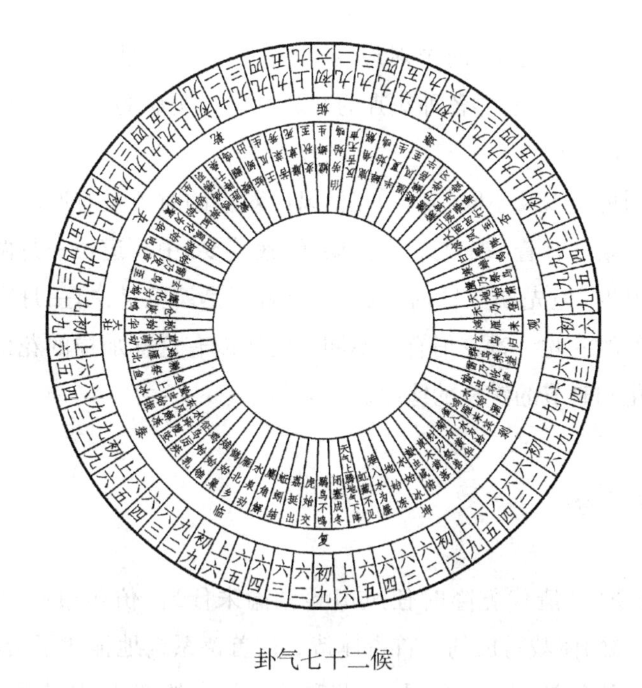

卦气七十二候

5. 二十四番花信风

“二十四番花信风”记述于宋代。《荆楚岁时记》称：“始梅花，终楝花，凡二十四番花信风。”

冬去春来，万物复苏，风和日丽，花粲馥郁，传送着季节的变化。自小寒起直到谷雨止，共八个节气、一百二十日、二十四候，每候以一花应之。明朝焦竑撰《焦氏笔乘》记载：

> 小寒，一候梅花，二候山茶，三候水仙；
> 大寒，一候瑞香，二候兰花，三候山矾；
> 立春，一候迎春，二候樱桃，三候望春；
> 雨水，一候菜花，二候杏花，三候李花；
> 惊蛰，一候桃花，二候棠棣，三候蔷薇；
> 春分，一候海棠，二候梨花，三候木兰；
> 清明，一候桐花，二候麦花，三候柳花；
> 谷雨，一候牡丹，二候荼蘼，三候楝花。

以上这些花对应时节，时节对应花，展示了一幅绚丽多姿的春景画卷。这说明，时节的迟早与自然界各种花卉的开放有比较明显的关系，所以古人有“风不信，则花不成”之说。

其实不同地区以及不同年代的花信风所对应的时节是有所差异的，这与地理条件和气候条件有着一定的联系。梁元帝《纂要》中写道：“一月两番花信，阴阳寒暖各随其时，但先期一日，有风雨微寒者即是。”就是说，一月有两番花信，这和上面所说的一候一番花信有所不同。之所以有这样那样的花信风，都是因为气候的变化和时节的转换的缘故。

6. 海东月令

《海东月令》是清代乾隆时任凤山县教谕朱仕玠，仿照康熙时钮玉樵《觚賸·广东月令》的体裁写成的一首古体诗。这首诗系统地描述了台湾地区正月至十二月特有的鸟兽、虫鱼、花果、蔬菜和信风的自然变化，给人们展示了一幅美丽的画卷，同时揭示了台湾气候变化的一般规律和特点，成为一部农事历。

《气象知识》1981 年 4 月号发表刘经发译《海东月令》，全文如下：

正月　献岁菊含苞，蚯蚓穿泥蠕动，燕子归来，萤火虫夜出，冬瓜牵藤。（献岁含英，歌女鼓脰，鷾鸸来巢，丹鸟悬辉，冬瓜蔓生。）

二月　树上蝉鸣，贝多罗花开，苋菜生长，刺桐花炫彩，青缽瓜上市。（春蜩送响，贝多罗秀，马齿争吐，刺桐炫彩，青鉄上市。）

三月　四英花含蕾，红桃花怒放，鲨鱼化为鹿[①]，夏叶鱼游来，早冬稻收割。（四英含蕊，三月浪开，鲨跻陆化鹿，夏叶来，早冬收。）

四月　捕捞白带鱼，斑支花结实成棉，栀子花开放，牝鹿受孕，麻虱目鱼吐沫如雨。（白带出水，斑支成棉，薝蔔花六出，鹿始孕，麻虱目虱雨。）

五月　桄榔树子熟，白蛏含浆液，番木瓜开花，月桃花方开，菠萝成熟了。（桄榔子熟，白蛏含浆，番木瓜始华，虎子插髻，凤梨初熟。）

六月　番檨[②]上盘，鱼介游于海面，龙眼熟荔枝来[③]，六月菜尝新，七里香花

---

① 民间传说：台湾的鹿是鲨鱼演变来的。

② 番檨：有香檨、木檨和肉檨三种，木檨和肉檨可食。

③ 当时台湾只出产龙眼，成熟时大陆荔枝运到。

结实。（番樣登盘，鳞介浮于海面，荔奴朝主，辣芥荐齿，七里香实结。）

七月　槟榔树果熟，迎春花又开，海鱼远去，占城稻[1]竞秀，台风时起。（槟榔实成，玉兰再华，海鱼远逝，尖仔竞秀，飓母见。）

八月　红纱鱼游水面，早花生成熟，仙丹花如朝霞，中秋月饼赏月，番石榴荇熏臭。（红纱浮水，鸳鸯种收，仙丹霞烂，月饼书元，梨仔茇腾臭。）

九月　杰鱼跃于淡水，米豆收获，乌榕树换新叶，西北风初起，沱连豆荚垂。（甲鱼跃于淡水，九月白收，乌榕更荣，九降风至，沱连垂荚。）

十月　西瓜进贡[2]，蟋蟀在田野，金鸭到来，涂魠鱼齐集水中，到清明都有播种。（万寿果成，蟋蟀在野，金鸡至，涂魠集，布种。）

十一月　鳊鱼敲门，蜣螂孵化停止，水涸洲堵露出，乌鱼从东海来，紫菜生于海中。（涂刺款门，蛣蜣停化，海渚出，乌鱼大上，子菜生。）

十二月　乌鱼又归去，过腊鱼上市，海鹳飞来，雷声时响，蚂蚁不冬眠。（乌鱼归，过腊上市，海鹳至，雷声间作，元驹不蛰。）

7. 二十四节气的由来

我国劳动人民，在长期的农业生产实践中，积累和掌握了农事季节与气候变化规律的丰富经验。立春、雨水、惊蛰、春分、清明、谷雨、立夏、小满、芒种、夏至、小暑、大暑、立秋、处暑、白露、秋分、寒露、霜降、立冬、小雪、大雪、冬至、小寒、大寒这二十四个节气，便是这项经验的一项重要结晶。

从很早的古代起，我国劳动人民从实际生活经验中，就认识到了一年里昼夜长短和正午太阳高度的变化，并用测量日影长短和黄昏时北斗七星的位置来定出节气。据记载，春秋时期（公元前 770—前 476 年）已有“二分”（春分、秋分）、“二至”（夏至、冬至）四个节气。战国末期（公元前 239 年）又增加了“四立”（立春、立夏、立秋、立冬），连同“二分”“二至”，共八个节气。以后逐渐补充，到 2100 多年前的秦、汉时代就完备起来。公元前 139 年（西汉时期），《淮南子·天文训》里就记载了和现在同样的二十四节气了。

---

① 占城稻，优良稻种名。

② 台湾的西瓜，十月成熟，从康熙时起，每年于万寿节前送到北京进贡，故又名万寿果。

二十四节气，是由于地球绕太阳公转一周（即一年）的轨道位置，以及地球自转一周（即一天）轴和公转轨道面斜交成的角度，并且公转时自转轴的方向保持不变而形成的。二十四节气就是表示地球在公转轨道上到达的24个不同的位置。由于一年内地球在公转轨道上的位置不同，就有不同的太阳高度和昼夜长短，从而引起太阳照射和季节变化。3月21日前后，太阳直照地球赤道，这时叫"春分"。春分这天，南、北半球各相等纬度地区的太阳高度角相同，昼夜平分，以后太阳直照位置北移。北半球昼渐长，夜渐短；到6月21日前后，太阳直照北回归线，这是"夏至"，是北半球白昼最长的一天。以后太阳直照位置又南移。到9月23日前后，又回到赤道上，这是"秋分"，也是昼夜平分。以后太阳再南移，北半球的昼渐短，夜渐长。到12月22日前后，太阳直照南回归线，这是"冬至"，是北半球白昼最短的一天。在这"二分""二至"四个节气之间，分别排列着"立春""立夏""立秋""立冬"四个节气。这"四立"是表示春、夏、秋、冬的开始。在这"二至""二分"和"四立"八个节气中间又各加两个节气，这样就合成二十四节气。

地球绕太阳的运动是无法直接察觉的。在人们的视觉上倒是太阳在星空中以一年为周期作环绕地球运动。太阳的这种运动路线，也就是地球轨道扩展到星空的投影，叫作黄道。黄道圆周是360°。太阳每在黄道上移行15°就定为一个节气，一年恰好是二十四个节气。

二十四节气中每个节气开始的日期，在阳历里几乎年年不变，最多相差一两天。这也正是因为节气和阳历一样，都是按照地球一年绕太阳公转一周作为依据的。所以对应在阳历每月各有一个节气（简称为"节"）与一个中气（简称为"气"）。一般说来，上半年的节气总是在每月6日前后，中气总是在21日前后；下半年节气总是在每月8日前后，中气总是在23日前后，有这样一首歌诀：

春雨惊春清谷天，夏满芒夏暑相连，

秋暑露秋寒霜降，冬雪雪冬小大寒。

上半年来六、二十一，下半年来八、二十三。

这首歌诀可以帮助你记住二十四节气的顺序和日期。

二十四节气中，立春、立夏、立秋、立冬和春分、夏至、秋分、冬至八个节气是预示季节转换的。小暑、大暑、处暑、小寒、大寒、白露、寒露、霜降八个节气是反映气温的；前五个节气表示天气炎热和寒冷的时间、过程。后三个节气表示天气转凉、空气中水汽的不同凝结状况。雨水、谷雨、小雪、大雪四个节气是预示降雨、降雪时期和程度的。至于惊蛰、清明、小满、芒种四个节气，则反映了生物受气候变化影响而出现的生长发育现象和农事活动情况。

8. 二十四节气含义

立春(2 月 4 日前后) 立是见，春是蠢动，是植物开始有生气的意思。按天文学的标准划分，这一天是春天的开始，但在气候学上，则把候(每五天为一候)平均气温在 10～22 ℃之间作为春天。我国幅员辽阔，地形复杂，各地气候差异很大，因此，各地春天起始的时间和持续长短不一致。例如，广州的春天始于头年的 11 月，武汉开始于 3 月中旬，北京开始于 4 月份，沈阳则开始于 5 月 1 日前后。我国南方的春天约有六七十天，而北方一般只有五十来天。

雨水(2 月 19 日前后) 入春后，暖湿的东南风开始登陆，雨水逐渐增多，这个节气就叫“雨水”。由于雨水多，太阳光照射到地面上的少，而雨水蒸发又要吸收地面和附近空气中大量的热，所以此时空气温度降低，有时会出现“春寒”的天气。

惊蛰(3 月 5 日前后) 立春之后，天气转暖。到春雷开始震响，蛰伏在泥土里冬眠的动物(如蛇、蜈蚣等)被惊动而苏醒过来，开始出土活动。在这个时期，过冬的虫卵也开始孵化。过了这个节气，我国大部分地区便进入了春耕季节，所以农谚说:“过了惊蛰节，春耕不停歇。”

春分(3 月 20 日前后) 分，就是半，春季三个月的一半，叫春分。这一天，太阳直射赤道，白天和夜晚的时间差不多一样长。这以后，太阳直射的位置向北转移，北半球昼渐长，夜渐短。

清明(4 月 4 日前后) 清明，清洁明朗的意思。这个时期气候温暖，草木繁茂，百花竞开，一切都充满了生机。

谷雨(4 月 20 日前后) “谷雨”取的是雨生百谷的意思。从这时期起，雨量明显增加，正是农田里禾苗需要大量水分的时期。

立夏(5 月 5 日前后) 我国习惯上把立夏作为春季的结束，夏季的开始。从立夏到立秋前一天为夏季，这是天文学上的划分标准。但是气候学上的夏季的到来，一般要比立夏迟 25 天左右，通常以气候炎热的 6、7、8 月为夏季。

小满(5 月 21 日前后) 大麦、冬小麦等夏收作物到这时虽未成熟,但籽粒已生长盈满,所以叫“小满”。

芒种(6 月 5 日前后) 芒,指一些谷实尖端的细毛。种,是种子的意思。芒种表明大麦、小麦等有芒作物种子已经成熟,可以收割作种了。而这时晚谷、黍、稷等夏播作物也是播种最忙的季节。所以,农谚中有“芒种忙种”的说法。

夏至(6 月 21 日前后) 至,是极的意思。夏至这一天,日影短到极点,是一年中白昼最长的一天,约占 13 小时又 43 分钟,夜晚只有 10 小时又 17 分钟。在这一天,太阳直射在北回归线。从这一天起,太阳逐渐向南转移,昼渐短,夜渐长,气温更加升高,变得炎热起来。在这个时候,有些农作物完全成熟,可以收割。

小暑(7 月 7 日前后) 暑,是炎热的意思。小暑就是天气较炎热,但还没有达到最热的时候。

大暑(7 月 23 日前后) 一年中最热的时期。按照民间的说法,如果大暑不炎热,则这年的冬天一定雨多雪多;大暑炎热,农作物才会茁壮成长,获得好收成。

立秋(8 月 7 日前后) 这是秋季的开始。气温由最热逐渐下降。但按照候平均温度划分季节,须 5 天的平均温度在 22 ℃以下才算是秋天。所以这时许多地区实际上还没有进入秋天。“秋”是庄稼快成熟的意思。

处暑(8 月 23 日前后) 处,是结束的意思。处暑就是炎热的天气将于这一天结束。

白露(9 月 7 日前后) 时序到了仲秋,夜晚凉意袭人,近地面水汽凝结为露,色白,是天气开始转凉的意思。俗话说:“白露身不露。”就是说,此时天气转凉,特别是早晚必须有适当的衣服保暖,不该再赤身露体了。

秋分(9 月 23 日前后) 此时是秋季 90 天的一半。这一天太阳几乎直射赤道,白天和黑夜几乎一样长;此后,北半球昼渐短、夜渐长。

寒露(10 月 8 日前后) 此时天气由凉转冷,人如接触夜雾或晨露,深感寒意沁心,故叫“寒露”。

霜降(10 月 23 日前后) 寒露过后,天气较冷,露水开始结成薄霜,故曰“霜降”。霜降时有霜,说明天气晴好,便于收割,减少损失。所以农谚说:“霜降见霜,米谷满仓。”

立冬（11月7日前后） 从立冬到立春的前一天称为冬季，这是天文学上的划分标准。在气候学上的冬季，要推迟25天左右，一般以气候寒冷的12月、1月、2月为冬季。

小雪（11月22日前后） 气温下降，在黄河流域开始下雪，但雪还不多，所以叫作“小雪”。下雪时，天空寒云密布，阻碍地面热力发散，同时水汽凝成雪，不会放出大量的热，所以地面温度不一定很低。降雪以后，雪要吸收大量的热才会化成水，接近地面的空气也就变冷。因此，往往下雪时不冷、化雪时较冷。

大雪（12月7日前后） 这时候，我国北方广大地区温度降到0 ℃以下，天寒地冻，大雪纷飞，故称“大雪”。俗话说：“瑞雪兆丰年。”积雪可以使土壤中蕴藏的热量不易发散，保持土壤温度，对作物生长有利。在融雪结冰期间，又可使土中的害虫冻死。积雪融化后，土壤里有充足的水分，可促进作物生长发育的需要。

冬至（12月21日前后） 这一天太阳直射南回归线，北半球日影长至极点，白昼最短，夜晚最长，此后白昼一天长似一天。从这时起，天气渐入严寒。

小寒（1月5日前后） 冷气积久而寒，进入寒冬，但还没有达到最冷的时候，故曰“小寒”。

大寒（1月20日前后） 这时已到一年中最寒冷的时候。按“冬至起数九”计，大寒正在“四九”。

9. 二十四节气的划分

二十四节气是表示地球在公转轨道上运动时到达的位置。地球绕着太阳公转的圆周是360°，在这个圆周上取一个固定点——春分点，作为起点的0°，每转过15°就定为一个节气。也就是把这个圆周等分为二十四个等分点，两个等分点之间为15°。当地球转到这些等分点位置时就叫作“交节气”。由于地球在公转轨道上的位置时时刻刻在变化着，地球运转到“交节气”的位置的时刻只是一瞬间，所以在农历上的二十四节气都刊载有某月某日某时某分。实际上，这是天文学上划分的节气。

农民为了掌握农时进行农业生产，需要按节气来安排农事活动，像“清明下种，谷雨插秧”（南方）、“白露早，寒露迟，秋分种麦正当时”（北方）等农谚中说的

"下种""插秧"和"种麦"等，但这不是指这些农事活动，必须在交节气的那一天内完成。生产上指的节气，是一段时间，不是指交节气的那一天。目前划分节气时间的方法一般有两种：一是交节气的那一天开始，到交下一个节气的前一天，作为这一个节气。二是以交节气那一天的前后几天为那个节气。

在我们日常生活中，也把节气看作一段时间。如"大暑"和"大寒"是表示一年中最热和最冷的日子，但实际上最热和最冷的日子并不是只在交节气那天，而是在交节气的前后几天里。

二 岁时佳节

(一)岁时杂节

1. 春社和秋社

春社日和秋社日，通称为社日，原是我国古代农民祭祀土地神的节日。春社是在立春算起第五个戊日(指干支纪日的天干戊)，是当时农民向土地神祈求一年丰收的祭祀日；秋社是在立秋起第五个戊日，是农民报谢秋收的祭祀日。

春社之名在我国先秦古籍《礼记》中就有记载，可能在西周以前就有这种风俗了。秋社是后起的，可能因春祈秋报而另立了秋社。秋社之名曾散见唐人诗中，可见在唐代民间已盛行秋社节日了。

实际上，春社、秋社分别在春分和秋分前后，也有人把他们作为节气看待。在古代靠天吃饭的生产水平下，人们在开始春耕之时和秋收之后，为祈祷和感谢“天”“地”的恩赐，敬祀土地神是很自然的。现在早已不用社日了。

2. 入梅和出梅

每到春末夏初之交，我国江淮流域直至日本南部的广大地区，就该进入“黄梅时节”了。

梅实迎时雨，苍茫值晚春。
愁深楚猿夜，梦断越鸡晨。
海雾连南极，江云暗北津。
素衣今尽化，非为帝京尘。

这是唐代诗人柳宗元的咏“梅雨”诗。这说明，早在一千多年以前，我国古人对东亚的梅雨天气就已颇有认识了。的确，每年的黄梅时节，照例是云层密布，降雨频繁，连绵淅沥的雨老是下个不停，偶尔还夹着一阵阵暴雨，常常是10～20天少见阳光，有时竟一连下雨一个多月！

这种连阴雨天气刚巧是出现在江南梅子黄熟的时期，所以称它为“梅雨”或

"黄梅雨"。又因为这时期的气温逐渐升高,空气湿度大,宜于霉菌滋长,地里的庄稼和家里的衣物极易发生霉烂,所以也称梅雨为"霉雨"。正如明代李时珍在《本草纲目》中曾经记述的:"梅雨或作霉雨,言其沾衣及物,皆出黑霉也。"可见,梅雨对我国人民的日常生活影响也很大。

1991—2000 年入梅、出梅的日期表

年份	芒种		入梅		小暑		出梅	
	月/日	日干支	月/日	日干支	月/日	日干支	月/日	日干支
1991	6/6	丁未	6/15	丙辰	7/7	戊寅	7/12	癸未
1992	6/5	壬子	6/9	丙辰	7/7	甲申	7/18	乙未
1993	6/6	戊午	6/14	丙寅	7/7	己丑	7/13	乙未
1994	6/6	癸亥	6/9	丙寅	7/7	甲午	7/8	乙未
1995	6/6	戊辰	6/14	丙子	7/7	己亥	7/15	丁未
1996	6/5	癸酉	6/8	丙子	7/7	乙巳	7/9	丁未
1997	6/5	戊寅	6/13	丙戌	7/7	庚戌	7/16	己未
1998	6/6	甲申	6/8	丙戌	7/7	乙卯	7/11	己未
1999	6/6	己丑	6/13	丙申	7/7	庚申	7/18	辛未
2000	6/5	甲午	6/7	丙申	7/7	丙寅	8/12	辛未

也许你曾在历书上看到过"入梅"和"出梅"的日期吧?那是从天文上计算出来的:以芒种节以后逢丙日入梅,小暑后逢未日出梅。

一般说来,华中和华东地区,以芒种后逢壬日入梅,小暑后逢辰日出梅,前后相差 4~5 天。从入梅到出梅大约三十多天,即从 6 月上旬到 7 月上中旬。这种计算方法,时间固定下来,因此与实际情况出入很大。

在气象学上,一般把平均气温升高达 23 ℃、湿度猛升、在一次比较明显降雨后无连续性晴天 4 天以上的,作为入梅开始;把气温高于 28 ℃、一次较大降雨过后湿度明显减小、之后有一段较长时间晴天,作为出梅,即盛夏开始;也有的把最高气温猛升至 30 ℃或 33 ℃并连续 3 天左右,雨季结束,称为出梅。从气象因素上判断出来的入梅出梅日期,东南沿海和华东比天文上的时间要早些,而华北一带则晚些。

在时令进入初夏之前,也有不少年份会出现阴雨连绵天气,俗称"春汛"或"迎梅雨"。而进入盛夏之前,如果有一段明显的阴雨天气出现,可称作"倒黄梅"。个别年份不出现阴沉多雨的天气,称为"空梅"或"少梅"。

梅雨是怎样形成的呢？春末夏初，太平洋副热带高压送出的湿热空气，挟带了丰富的水汽，从东南沿海涌进江南的原野；北方冷高压送出的干冷空气，力量也还不弱，从华北直伸到长江北岸。这两种冷热空气差不多势均力敌，就沿着江淮流域一带顶撞起来，暖湿空气比干冷空气轻，它一面紧紧追着冷空气跑，一面沿着冷空气的斜坡向上滑升，同时逐渐变冷。在暖湿空气滑升到一定高度后，多余的水汽就凝结出来，形成一层层浓厚的云层，这种云很不容易消散，云中含有大量的水分，能不断下雨。初夏时的梅雨就是这样形成的。

长期以来，我国劳动人民不仅对梅雨有了一定的认识，而且积累了丰富的看天经验。例如谚语“春暖早黄梅，春寒迟黄梅”，指出了春天气温与梅雨来临早迟的关系；“春雪一百二十天雨”，意思是春雪(立春后下的雪)后的120天(6月初)有雨下；“发尽桃花水，必是旱黄梅”，意思是桃花盛开时节的雨水特别多，梅雨就不会出现了。这些谚语，至今仍为人们参考使用。当然随着科学技术的发展，现在气象工作者还要利用天气学、统计学、动力学的天气预报方法，并根据天气图分析以及卫星、雷达、电子计算机等先进技术来进行预报，以适应人民生产生活的需要。

梅雨季节，雨水丰盛，温度又高，最适宜于农作物特别是水稻的生长。但是，梅雨来去有早有迟，持续时间有长有短，雨量有多有少。梅雨过早，会造成对麦收的危害，过迟会影响夏种和田间管理。梅雨总量可达1000毫米以上(如1954年沿江江南地区)，梅雨期间产生的连续性大雨和暴雨可持续4天以上(如1953、1964、1969年等)，因此梅雨季节常造成严重的水涝灾害。而梅雨季节的推迟，甚至出现空梅或少梅(如1958、1959、1978年等)，就又会造成干旱现象。所以，在梅雨期间，既要注意疏通沟渠，以利排水，又要保蓄水源，以防干旱。

梅雨期间的天气暖热高湿，水稻、棉花害虫容易繁殖，要注意及时预防。这时候，一般的物品也易霉烂变质，仓库、商店和家庭都要做好防霉工作。

3. 莳

“莳”又称时，是指夏至后的15天。过去江南地区在这期间晚稻莳秧，因而把莳当时，这里莳、时通用。人们为了便于农业生产活动的安排，把这 15 天分为“头莳”“中莳”“末莳”三个阶段，故称“三莳”。明朝徐光启《农政全书》记载：“至(夏至)后半月为三莳，头莳三日，中莳五日，末莳七日。”这是三四百年前上海一带农村关于三莳的习惯说法。头、中、末三莳所含的天数，往往因各地情况不同，习惯不同，说法也不相同。随着现在农业科学生产的发展，用莳来安排农活已不适用了。

4. 三伏

盛夏时节，人们常说：“热在三伏。”“伏”是隐伏起来避暑的意思。热在三伏反映了我国盛夏时节气温变化的大概情况，包含着许多科学道理，与农业生产和我们的日常生活有着密切关系。

三伏的日期是按干支纪日来确定的。夏至日起第三个“庚”日为初伏(头伏)，第四个“庚”日为中伏(二伏)，立秋日起第一个“庚”日为末伏(三伏)，合起来叫“三伏”。“庚”就是十天干中的庚，庚日与庚日相隔是 10 天，而阳历一年是 365 天(闰年多一天)，不是 10 的整倍数，所以每年的庚日的日期都不相同，因而初伏的日期也就不相同。但初伏日期一定在 7 月份。另外还有这样一些规律：相连两年的初伏日期，当两年都是平年或第一年是闰年而第二年是平年时，则下年的初伏日期比上一年提前或向后 5 天；当第一年是平年而第二年是闰年时，则下一年的初伏日期比上一年提前 6 天或向后 4 天。如 1990 年的初伏日期是 7 月 14 日，1991 年为 7 月 19 日，1992 年为 7 月 13 日，1993 年为 7 月 18 日。初伏到中伏的时间固定为 10 天。中伏到末伏的时间，由于末伏日期是定在立秋日起第一个庚日，所相隔的天数不固定，夏至到立秋之前有四个庚日时，则中伏到末伏的间隔为 10 天；夏至到立秋之前有五个庚日时，则中伏与末伏的间隔为 20 天。

三伏天一般都出现在小暑至立秋后，即阳历 7 月中旬到 8 月中旬的一个月里。三伏天气温最高，天气最热，根据我国各地多年旬平均气温资料统计，北京、长春 7 月中旬气温最高，南京、汉口 7 月下旬气温最高，南昌、长沙 8 月上旬气温最高，而广州则以 8 月中旬为最高，差不多都在三伏天里。

三伏与庚日的关系

1999年(农历己卯年)				
公历日期	农历日期	纪日干支	庚日	伏名
6月22日	五月初九日	乙巳	(夏至)	
6月27日	五月十四日	庚戌	夏至后的第一个庚日	
7月7日	五月二十四日	庚申	夏至后的第二个庚日	
7月17日	六月初五日	庚午	夏至后的第三个庚日	初伏第一天
7月27日	六月十五日	庚辰	夏至后的第四个庚日	二伏第一天
8月6日	六月二十五日	庚寅	夏至后的第五个庚日	
8月8日	六月二十七日	壬辰	(立秋)	
8月16日	七月初六日	庚子	立秋后的第一个庚日	三伏第一天
8月25日	七月十五日	己酉		三伏最后一天

三伏天最热,这是因为,地面的热量是逐渐积聚起来的,气温也是逐渐升高的。在北半球的大多数地方,夏至这一天白昼最长,阳光照射最厉害,初看起来,好像夏至这天最热,其实不是的。因为夏至后,在一个相当长的时期里,白天还是比黑夜长,阳光照射仍然很强烈,地面收入的热量仍大于支出的,地面继续聚热增温。直到夏至后一个来月,地面积聚的热量达到最高峰,再加上来自太平洋上的副热带暖高压的影响,天气也就最热了,这时也正是三伏天。

三伏炎热给粮棉作物的生长发育创造了极为良好的环境。正如农谚所说"要穿棉,热冒烟""三伏要热,五谷才结""伏天热得狠,丰收才有准"。但是,在三伏天,要注意防暑降温,农田要及时灌溉,长江中下游地区还要注意预防经常发生的"伏旱"。

三伏天反映了夏季气候的常年状况。由于每年的冷暖空气活动早迟和势力强弱不同,往往"伏中有秋,秋中有伏",伏天的炎热程度不完全一样。因此,在了解三伏的一般特点和推算规律的基础上,还必须注意当年的具体天气情况。

5. 夏至数九

我国古代,曾流传着一种"夏至起数九"的记日方法,反映了夏季的气候变化,只是了解和使用的人不如"冬至起数九"普遍。

“夏至起数九”又称“夏九九”，以夏至日作为第一天，每九天算作一段，叫作“一九”“二九”……一直到“九九”八十一天结束，这已经是白露了，天气开始转冷了。

在北方农村流传的《夏九九歌》是：“一九至二九，扇子不离手；三九二十七，冰水甜如蜜；四九三十六，汗湿衣服透；五九四十五，树头清风舞；六九五十四，乘凉勿太迟；七九六十三，夜眠莫盖单；八九七十二，当心莫受寒；九九八十一，家家找棉衣。”流传在江南一带的《夏九九歌》是：“一九二九，扇子勿离手；三九二十七，冰水甜如蜜；四九三十六，拭汗如出浴；五九四十五，头戴揪叶舞；六九五十四，乘凉弗入寺；七九六十三，上床寻被单；八九七十二，思量盖夹被；九九八十一，家家打炭墼。”

20世纪80年代，人们在湖北省老河口市一座禹王庙正厅的榆木大梁上，发现了用松墨草书写的《夏至九九歌》。歌词是：“夏至入头九，羽扇握在手；二九一十八，脱冠着罗纱；三九二十七，出门汗欲滴；四九三十六，卷席露天宿；五九四十五，炎秋似老虎；六九五十四，乘凉进庙祠；七九六十三，床头摸被单；八九七十二，子夜寻被儿；九九八十一，开柜拿棉衣。”

这些“夏九九歌”，都是用人们对冷暖的感受和活动等，生动形象地反映了天气由热到最热又到冷的过程。它比“冬九九”适用范围更广。因为我国南北温差冬季大、夏季小。以广州与长春相比，最冷的1月平均气温，分别为13.4 ℃、−17 ℃，两地相差竟达30.4 ℃；最热的7月平均气温，分别为28.3 ℃和22.9 ℃，两地相差只有5.4 ℃，说明“夏九九歌”在我国大部分地区都适用。从夏至日数起，九九八十一天而暑尽，要准备秋冬生活的安排了。

6. 冬至数九

“冬至起数九”又叫“冬九九”，反映了我国冬季气温变化的大概情况。“冬九九”一般从冬至那天开始，也有的地方从冬至后一天数起，每九天算作一段，叫作“一九”“二九”“三九”……一直到九九八十一天结束，这就快到第二年的春分，天气快暖和了。

“冬九九”一般都出现在冬至到惊蛰期间，即阳历12月22日到3月12日前后。这时期我国除华南等局部地区外，基本上都受冷高压控制，随着北方寒潮冷空气一次次爆发南下，一场场风雪伴随而来，气温猛降，天寒地冻，就是所谓的“数九寒天”了。

数九寒天，“冷在三九”。“三九”正好在1月中旬的小寒和大寒期间。这期间，秦岭、淮河以北地区平均气温都在0 ℃以下，东北地区可达－30～－10 ℃，冻土有两三米深。长江流域约在0～10 ℃之间，就是广东、广西，这时的平均气温也只有10～15 ℃。若从历年出现的最低气温来看，在这个期间的东北地区可达－40～－30 ℃，华北地区在－20～－10 ℃，长江流域为－10～－5 ℃，华南可能出现0 ℃左右的低温。

“三九”天最冷，原因和“三伏”大致相同，但情况相反。就是入冬后，地面热量逐渐散失，气温逐步下降。在北半球，到冬至这一天，白昼最短，太阳光斜射得最厉害，初看起来，好像冬至这天最冷，其实不是。这是因为在冬至以前的很长时期里，地面积聚了不少的热量，这时在继续散失着，所以冬至这一天不是最冷。冬至以后，虽然太阳位置逐渐北移，白天变长了，但地面每天吸收的热量还是少于散失的热量，入不敷出，气温继续下降，天气一天冷似一天，再加上这时候常有寒潮冷空气爆发南下，所以，到了冬至以后一个来月的“三九”前后，就出现了一年当中最冷的天气。

大约从“五九”开始，随着太阳位置继续北移，地面每天得到的太阳光热大于散失的热量，地面和近地面气温开始回升。过了“九九”，天气渐渐转暖，春天的脚步就开始从祖国的南疆向北方踏去了。

数九期间，天气的冷热是逐渐变化的。我国民间流行的“冬九九歌”就很好地说明了这个问题。华北地区的“九九歌”说：“一九二九，泻水不流；三九四九，冻破石臼；五九四十五，飞禽当空舞；六九五十四，篱笆出嫩刺；七九六十三，行路把衣袒；八九七十二，黄狗躺阴地；九九八十一，犁耙一齐出。”流传在长江流域的“冬九九歌”词是：“一九二九不出手，三九四九冰上走，五九六九河开冻，七九八九沿河看柳，九九加一九，耕牛遍地走。”这说明，从华北到长江流域，当“九九”结束的时候，也就是春耕大忙的季节开始了。

数九寒天会给人们的生活带来某些不便，但却给农业生产创造了一定的有利条件。例如连续的低温，使冬小麦能顺利通过“春化”发育阶段，冻死害虫卵和病菌孢子，土壤一冻一融，可以加速养分的释放。农谚说“三九要冷，三伏要热；不冷不热，五谷不结”，就是这个原因。当然，“九九”期间要注意预防和克服不利的因素。“九九”开始时要增施“腊肥”，修补好栏圈，保护越冬作物和家禽家畜安全越冬；“九九”期间，要结合冬季积肥和农田水利建设，注意清除田边杂草，消灭越冬害虫卵；“九九”后期则要抓紧准备春耕下种。“春种一粒粟，秋收万颗子”，人们是很熟悉这个道理的。

7. 九九消寒图

我国民间有广为流传的“冬九九歌”，也有“九九消寒图”，以此来记录冬至起数九的进度，计算冬季由较冷到最冷又转暖的日子。

过去常见的消寒图是一棵梅树，树上有九朵梅花，但每朵花不是五个花瓣，而是九个花瓣。人们从冬至日起，每天用红笔涂满一瓣，等到九朵梅花全部涂满，已是节交惊蛰，到了春耕时节了。

也有的是画一种“九九消寒表”，来计算寒尽暖来的日子。这一幅表是九行八十一格，上阴下晴，左风右雨，雪当中，格满则寒消。涂的方法是阴天涂上半部，晴天涂下半部，其他天气变化各涂其位。九九尽便得一张完整的气象图，隆冬天气一目了然。

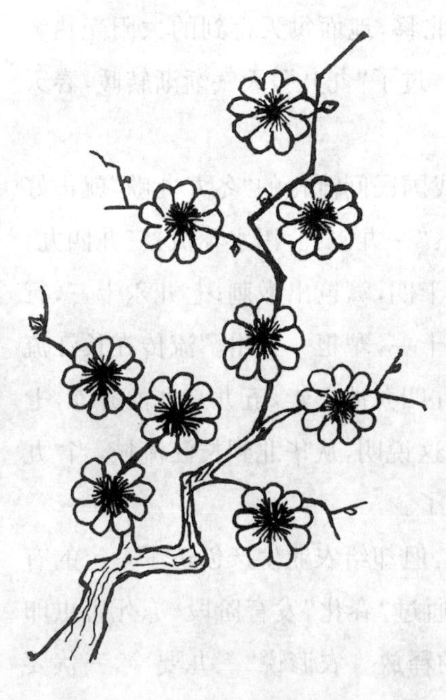

九九消寒图

有趣的是“九九消寒句”。例如在“亭前垂柳珍重待春风”这句词里，每个字都是九笔，共用九个字组成。把它们都先描成空心字体，从冬至日起，每天涂一笔，九字填完，就是九九消寒，春风送暖了。

更富有诗意的是“九九消寒联”。例如：“故城秋荒屏栏树枯荣；庭院春幽挟卷草重茵。”上下联的每个字都是九画，形象生动地勾画了从秋风寒霜枯枝落叶，到寒消春至绿草如茵的整个过程，描绘得惟妙惟肖。

古人画“九九”和写“九九”的墨迹，对今天的科学研究仍有一定价值。如在开放的明清皇家档案中，就展出过一幅清代皇帝画的消寒图，图案是一个吉祥的葫芦，线条由工整小楷诗文构成，每九有四句诗，九尽诗文完。特引述诗文如下：

头九初寒才是冬，三皇治世万物生，
尧汤舜禹传桀事，武王伐纣列国分。
二九朔风冷难当，临潼斗宝各逞强，
王翦一怒平六国，一统江山秦始皇。
三九纷纷降雪霜，斩蛇起义汉刘邦，
霸王力举千斤鼎，弃职归山张子房。
四九滴水冻成冰，青梅煮酒论英雄，
孙权独占江南地，鼎足三分属晋公。
五九迎春地气通，红拂私奔出深宫，
英雄奇遇张忠俭，李渊出现太原城。
六九春分天渐长，咬金聚会在瓦岗，
茂公又把江山定，秦琼敬德保唐王。
七九南来雁北飞，探母回令是彦辉，
寅夜母子得相会，相会不该转回归。
八九河开绿水流，洪武永乐南北游，
伯温辞朝归山去，崇祯无福天下丢。
九九八十一日完，闯王造反到顺天，
三桂令兵南下去，我国大清坐金銮。

在这首"九九消寒诗图"中，诗的内容除有反映每一九的气候特点外，还把我国历史编在其中，从"三皇治世"开始，直至"大清坐金銮"止。全诗完，九尽，图成。构思巧妙，形式别致，图案精美，这对研究历史气候、物候、节令活动，以及古代民俗、风情和宫廷生活，都有参考价值。

8. 天干地支

天干地支，简称为"干支"。

干支原意相当于树干的枝叶。它们是一个相互依存、相互配合的整体。我国古代以天为“主”,以地为“从”,“天”和“干”相联叫作“天干”;“地”和“支”相联叫作“地支”,合起来就是“天干地支”。

天干有十个字,依次顺序是甲、乙、丙、丁、戊、己、庚、辛、壬、癸,总称为“十天干”。

地支有十二个字,依次顺序是子、丑、寅、卯、辰、巳、午、未、申、酉、戌、亥,总称为“十二地支”。

因为天干地支原是取意于树木,所以,对于它们的原始意义,有这样有趣的说法。

(1)天干

甲 像草木破土而萌,阳在内而被阴包裹。又认为,甲者铠甲也,指万物冲破其甲而突出了。

乙 草木初生,枝叶柔软屈曲伸长。乙者,轧也。

丙 炳也,如赫赫太阳,炎炎火光,万物皆炳然著见而明。

丁 壮也,草木成长壮实,好比人的成丁。

戊 茂也,象征大地草木茂盛。

己 起也,纪也,万物抑屈而起,有形可纪。

庚 更也,秋收而待来春。

辛 金味辛,物成而后有味。又有认为,辛者新也,万物肃然更改,秀实新成。

壬 妊也,阳气潜伏地中,万物怀妊。

癸 揆也,万物闭藏,怀妊地下,揆然萌芽。

(2)地支

子 孳也,草木种子,吸土中水分而出,为一阳萌生的开始。

丑 纽也,草木在土中出芽,屈曲着将要冒出地面。

寅 演也,津也,寒土中屈曲的草木,迎着春阳从地面伸展。

卯 茂也,日照东方,万物滋茂。

辰 震也,伸也,万物震起而长,阳气生发已经过半。

巳 起也,万物盛长而起,阴气消尽,纯阳无阴。

午 仵也,万物丰满长大,阳气充盛,阴气开始萌生。

未　味也，果实成熟而有滋味。

申　身也，物体都已长成。

酉　老也，緧也，万物到这时都緧缩收敛。

戌　灭也，草木凋零，生气灭绝。

亥　劾也，阴气劾杀万物，到此已达极点。

这种有趣的天干地支，据说其发明者是四五千年前上古轩辕时期的大挠氏。例如北宋刘恕在《通鉴外纪》中就引古书说："（黄帝）其师大挠，……始作甲子。"大挠作甲子虽是传说，但从殷商的帝王的名字叫天乙（即成汤）、外丙、仲壬、太甲等看来，干支的来历必早于殷代，即在距今三千五百年之前便已出现了。

起先，我们祖先仅是用天干来纪日，因为每月天数是以日进位的；用地支来纪月，因为一年十二个月，正好用十二地支来相配。可是随之不久，人们感到单用天干记日，每个月里仍然会有三天同一天干，所以便用一个天干和一个地支分别依次搭配起来的办法来记日期，如《尚书·顾命》就有"惟四月哉生魄，王不择。甲子，王乃洮顺水，相被冕服，凭玉几"的记载，意思是说，四月初，王的身体很不舒服。甲子这一天，王才沐发洗脸，太仆为王穿上礼服，王依在玉几上坐着。后来，干支纪日的办法就被渐渐引进了纪年、纪月和纪时了。

9. 天干地支诀

天干阴阳之分
- 甲丙戊庚壬：为阳
- 乙丁己辛癸：为阴

地支阴阳之分
- 子寅辰午申戌：为阳
- 丑卯巳未酉亥：为阴

天干五行
- 甲乙同属木　甲为阳木　乙为阴木
- 丙丁同属火　丙为阳火　丁为阴火
- 戊己同属土　戊为阳土　己为阴土
- 庚辛同属金　庚为阳金　辛为阴金
- 壬癸同属水　壬为阳水　癸为阴水

地支五行
- 寅卯属木　寅为阳木　卯为阴木
- 巳午属火　午为阳火　巳为阴火
- 申酉属金　申为阳金　酉为阴金
- 子亥属水　子为阳水　亥为阴水
- 辰戌丑未属土　辰戌为阳土　丑未为阴土

天干方位
- 甲乙东方木
- 丙丁南方火
- 戊己中央土
- 庚辛西方金
- 壬癸北方水

地支方位
- 寅卯东方木
- 巳午南方火
- 申酉西方金
- 亥子北方水
- 辰戌丑未四季土

天干四季
- 甲乙属春
- 丙丁属夏
- 庚辛属秋
- 壬癸属冬

地支四季
- 寅卯辰为春
- 己午未为夏
- 申酉戌为秋
- 亥子丑为冬

天干合化
- 甲己合化土
- 乙庚合化金
- 丙辛合化水
- 丁壬合化木
- 戊癸合化火

地支六合
- 子丑合土　寅亥合木
- 卯戌合火　辰酉合金
- 巳申合水
- 午与未合 午为太阳 未为太阴 合而为土

地支配月建:正月建寅,二月建卯,三月建辰,四月建巳,五月建午,六月建未,七月建申,八月建酉,九月建戌,十月建亥,十一月建子,十二月建丑。故一、二为木,四、五为火,七、八为金,十、十一月为水,三、六、九、十二月为土。正月建寅,就是正月为寅月,正月建寅,是因北斗星斗柄指在寅位。

10. 六十花甲子

天干地支作为计算年、月、日、时的方法,就是把每一个天干和每一个地支按照一定的顺序不重复地搭配起来,用来作为纪年、纪月、纪日、纪时的代号。把“天干”中的一个字摆在前面,后面配上“地支”中的一个字,这样就构成一对干支。如果“天干”以“甲”字开始,“地支”以“子”字开始按顺序组合,就可以得到下表。

六十年甲子表

1 甲子	2 乙丑	3 丙寅	4 丁卯	5 戊辰	6 己巳	7 庚午	8 辛未	9 壬申	10 癸酉
11 甲戌	12 乙亥	13 丙子	14 丁丑	15 戊寅	16 己卯	17 庚辰	18 辛巳	19 壬午	20 癸未
21 甲申	22 乙酉	23 丙戌	24 丁亥	25 戊子	26 己丑	27 庚寅	28 辛卯	29 壬辰	30 癸巳
31 甲午	32 乙未	33 丙申	34 丁酉	35 戊戌	36 己亥	37 庚子	38 辛丑	39 壬寅	40 癸卯
41 甲辰	42 乙巳	43 丙午	44 丁未	45 戊申	46 己酉	47 庚戌	48 辛亥	49 壬子	50 癸丑
51 甲寅	52 乙卯	53 丙辰	54 丁巳	55 戊午	56 己未	57 庚申	58 辛酉	59 壬戌	60 癸亥

这六十对干支，天干经六个循环，地支经五个循环，正好是六十，就叫作“六十干支”。按照这样的顺序每年用一对干支表示，六十年一循环，叫作“六十花甲子”。如1989年是己巳年，1990年是庚午年，1984年是甲子年，到2044年又是甲子年。这种纪年方法就叫作“干支纪年法”。

干支纪日和纪年一样，也按前面表上的顺序排列。

干支纪月是用地支来记。地支十二个字正好记十二个月，称十一月为子月，十二月为丑月，正月为寅月，二月为卯月……

干支纪时也是用十二地支来记。一昼夜分为十二个大时辰，每一个地支代表一个大时辰。这用现在的时间概念来说，每个大时辰恰好等于两个小时。所谓“小时”，就是“小时辰”，也就是“半小时辰”的意思。这样，今天的23时到明天凌晨1时就叫子时，1—3时叫丑时……也有0—2时叫子时，2—4时叫丑时的。

这里，我们把一个钟点称为一个小时，这是为了区别于一个地支代表的一个时辰。

11. 十二生肖与属相

我国古代用十天干（甲、乙、丙、丁、戊、己、庚、辛、壬、癸）和十二地支（子、丑、寅、卯、辰、巳、午、未、申、酉、戌、亥）相配的六十花甲子来记载年的次序，叫作干支纪年。

大约在汉朝，人们为了便于记忆，又把“干支纪年”的十二地支同十二种动物的名称搭配起来，成为：子鼠、丑牛、寅虎、卯兔、辰龙、巳蛇、午马、未羊、申猴、酉鸡、戌狗、亥猪。这十二种动物名称就是十二属相。每年用其中的一种动物来作为这一年的属相，每十二年一个循环。在推算年份的时候，凡是带有“子”字的年份，如“甲子”“丙子”“戊子”“庚子”“壬子”等年，子属鼠，就是“鼠年”，其余类推。十二生肖，是指某人所生的那年的属相，如鼠年出生人，便是属鼠的，其余类推。用生肖推算年龄也比较方便，例如 1991 年（农历辛未年）春节后属羊的儿童是 4 岁。未加 12 年，就知道属羊的少年是 16 岁，依次加 12 年属羊的青年人是 28 岁，中年人是 40 岁，老年是 52 岁……

六十年花甲五行生肖对照表

干支	甲子 乙丑	甲戌 乙亥	甲申 乙酉	甲午 乙未	甲辰 乙巳	甲寅 乙卯
五行	金	火	水	金	火	水
生肖	鼠 牛	狗 猪	猴 鸡	马 羊	龙 蛇	虎 兔
干支	丙寅 丁卯	丙子 丁丑	丙戌 丁亥	丙申 丁酉	丙午 丁未	丙辰 丁巳
五行	火	水	土	火	水	土
生肖	虎 兔	鼠 牛	狗 猪	猴 鸡	马 羊	龙 蛇
干支	戊辰 己巳	戊寅 己卯	戊子 己丑	戊戌 己亥	戊申 己酉	戊午 己未
五行	木	木	火	木	土	火
生肖	龙 蛇	虎 兔	鼠 牛	狗 猪	猴 鸡	马 羊
干支	庚午 辛未	庚辰 辛巳	庚寅 辛卯	庚子 辛丑	庚戌 辛亥	庚申 辛酉
五行	土	金	木	土	金	木
生肖	马 羊	龙 蛇	虎 兔	鼠 牛	狗 猪	猴 鸡
干支	壬申 癸酉	壬午 癸未	壬辰 癸巳	壬寅 癸卯	壬子 癸丑	壬戌 癸亥
五行	金	木	水	金	木	水
生肖	猴 鸡	马 羊	龙 蛇	虎 兔	鼠 牛	狗 猪

在十二生肖中，老鼠排行第一，猪处于末尾。为什么这样排列呢？有两种说法。

一种说法是：古代，一昼夜分为十二个时辰，那时候的一个时辰等于现在的两个小时。例如：半夜为子时，日出为卯时，中午为午时，日没为酉时。古人根据他们对动物出没活动时间的认识，把十二个时辰配了十二种动物。

子：子夜23时到第二天1时，据说天地就生成于子时，生之初，没有破隙，气体跑不出来，物质无法利用，被老鼠一咬，出了破隙，才使气体跑出来，物质能够利用。老鼠有打开天地之神通，“子”就同鼠搭配了。

丑：凌晨1—3时。老鼠打开天地之缝后，吃足了草、还在“倒嚼”的牛，准备凌晨出来耕耘大地，所以“丑”就同牛搭配了。

寅：凌晨3—5时，据说此时老虎最凶猛。又传说人生于寅，“寅”字有敬畏之意，人最怕老虎。因此，“寅”就同虎搭配了。

卯：早晨5—7时。这时候太阳还没有露脸，月亮（又叫玉兔）还在照耀大地，所以卯同月宫神话中的动物玉兔相搭配。

辰：龙是神话中的动物，传说早上7—9时正是群龙行雨的时候，辰时自然就属龙了。

巳：蛇常常隐蔽在草丛，传说巳时（9—11时）蛇不在人行走的路上游动，不会伤人，这样巳时就属蛇。

午：11—13时，太阳当头，据方士的说法，午时阳气达到极限，阴气将产生，马跑离不开地，是“阴”类动物，午时就属马了。

未：13—15时，羊吃了这时候的草，据说并不影响草的再生，未时就属羊了。

申：15—17时，将晚未晚的时候，猴子喜欢在这时候啼叫，所以猴同申搭配了。另说，猴子善于伸屈攀援树木，伸和申谐音。

酉：17—19时，傍晚来临，鸡开始归窝，酉时就同鸡联系在一起。

戌：19—21时，黑夜来临，狗开始“工作”，看家、守夜。戌时就属犬。

亥：21—23时，夜渐渐深了，万籁俱寂，猪憩睡得更熟。亥时就同猪相配了。

另一种说法是：十二地支各配以一个相应的动物名称，是按照阴、阳来确定的。因为地支是天干之下，所以取各动物的足爪，并从阴阳上加以区分。旧说子、寅、辰、午、申、戌这六个地支属阳，所以用身上奇数特征的动物代号来表示，而配以足爪为奇数的动物，如鼠、虎、龙、猴、狗都有五趾，马是单蹄，都是奇数；

而丑、卯、巳、未、酉、亥这六个地支属阴，所以用身上有偶数特征的动物作代号来表示，而配以足爪为偶数的动物，如牛、兔、羊、鸡、猪都是四爪，蛇虽无足，它的舌头却是两叉，也归于偶数一类。这样，十二地支就与十二动物相配组成十二生肖了。

据说，"子"虽属阳，但也有阴的一面。因为子时是昨夜十一时到今晨一时，昨夜属阴，今晨属阳。这样一来，子是阴阳俱有，必须具有阴阳具备的动物来相配。由于老鼠的前足是四爪，为偶数属阴；老鼠的后足有五爪，为奇数属阳。于是小小的老鼠身兼阴阳，正好与地支"子"身兼阴阳相匹配。所以鼠就占在十二生肖中最先了。

属相纪岁法与干支纪年法的关系，在我国藏族使用的藏历中也有明显的反映。藏历也用干支纪年法，但它更换了一下形式，它用金、木、水、火、土代换十干，甲乙为木，丙丁为火，戊己为土，庚辛为金，壬癸为水。它又用鼠、牛、虎等十二生肖代换十二地支，这样，农历的甲子年，藏历叫木鼠年；农历的癸亥年，藏历叫作水猪年。干支 60 年一循环，藏历中叫作"迴登"，"迴登"是藏语，即木鼠的意思，表示 60 年的循环是从木鼠年开始计算的。

十二生肖在其他国家也有，只不过大同小异罢了。如印度有鼠、牛、狮子、兔、龙、毒蛇、马、羊、猕猴、金翅鸟、犬、猪；希腊有牡牛、山羊、狮子、驴、蟹、蛇、犬、鼠、鳄、红鹤、猿、鹰；埃及的十二生肖除以猫代替希腊十二生肖的鼠之外，其他与希腊的全然相同。

在欧美国家，人的属相的命名基本上是天文学黄道带的十二星座（即白羊、金牛、双子、巨蟹、狮子、室女、天秤、天蝎、人马、摩羯、宝瓶、双鱼），周期不是以年计，而是按跨月份的月周期计。十二星座依月序排列，12 月 22 日—1 月 19 日出生的人属摩羯座，其余顺序类推。

12. 五行八卦

(1)太极八卦

八卦是中国儒家经书《周易》（大约形成于殷周之际）中的八种基本图形。八卦中心的太极图，是两条鱼首尾相抱的圆形图案，一黑一白，象征着一阴一阳。其旁书有整线“——”（阳爻）和中断线“— —”（阴爻）符号，用两个这样的符号组成八种符号，叫作八卦。其名称为乾（☰）、坤（☷）、震（☳）、巽（☴）、坎（☵）、离（☲）、艮（☶）、兑（☱）。这八种符号分别代表天、地、雷、风、水、火、山、泽。八卦经排列组合可得六十四卦，而至于无穷。

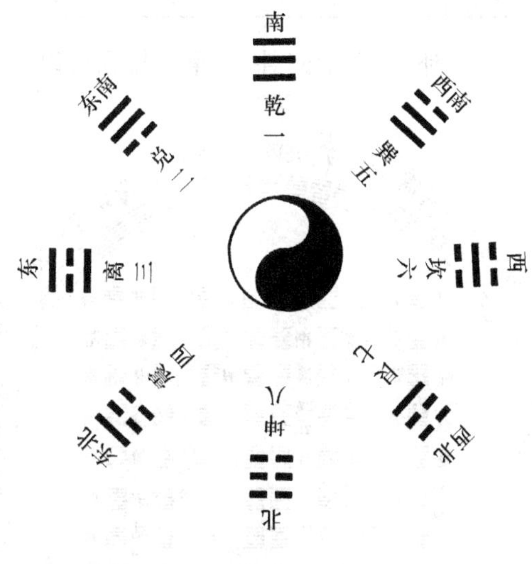

八卦太极图

此乾一、兑二、离三、震四、巽五、坎六、艮七、坤八为先天数。

关于从太极到六十四卦的演化情况，我们可以参考太极八卦图。太极八卦图上：图中央的圆圈叫太极，太极里的黑白部分鱼形叫两仪，或叫白黑回互，叫阴阳鱼（阴鱼和阳鱼互咬尾巴）。围绕着太极的是八卦。太极的上下左右分别为乾、坤、离、坎四卦，这四个卦形的内层两条叠线为四象。

对于古人流传下来的这幅图，我们可以更简明的方式表现出来。

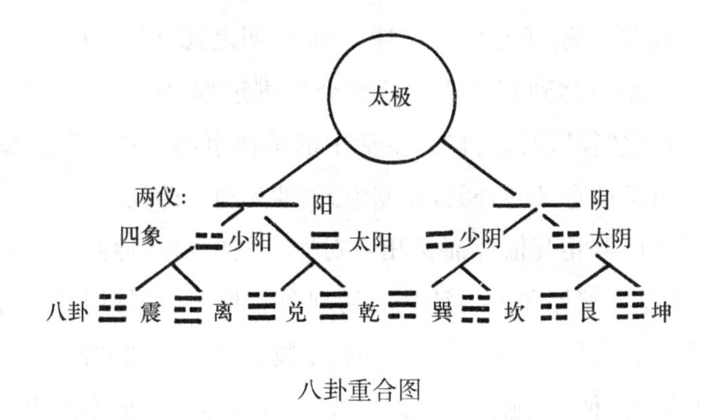

八卦重合图

太极八卦表

太极	太极							
两仪	阳				阴			
四象	太阳		少阳		少阴		太阴	
八卦	乾	兑	离	震	巽	坎	艮	坤

八卦变而生出五十六卦，共六十四卦，其重复排列可以以下图表示。

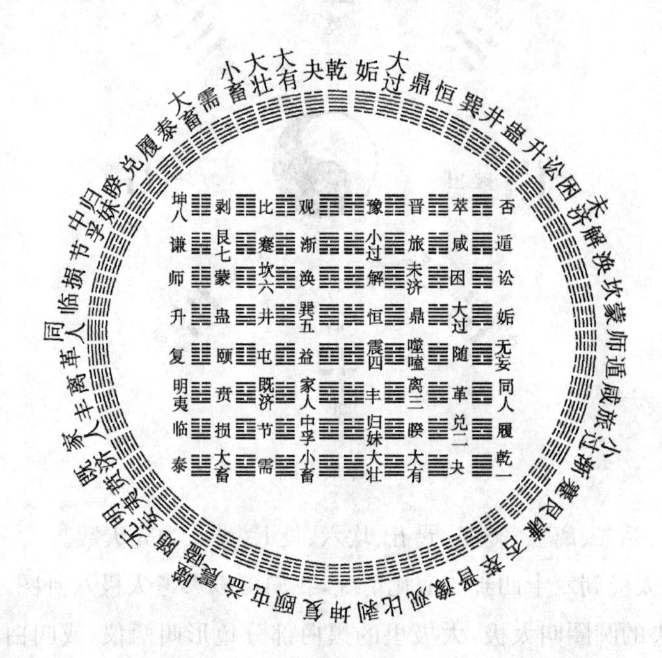

六十四卦方圆图

最早的八卦，据说是包羲氏（又作伏羲氏）创制的。《周易．系辞下传》说："古者包羲氏之王天下也，仰则观象于大，俯则观法于地，观鸟兽之文，与地之宜，近取诸身，远取诸物，于是始作八卦，以通神明之德，以类万物之情。"这段话阐述了古人从观察万物到制成八卦的整个思维过程，即"观物取象"的创作特征。其中所"观"之"物"，乃是自然、生活中的具体事物；所"取"之"象"，则模拟这些事物成为有象征意义的卦象，如乾为天、坤为地等即是。

八卦中的每两卦相互依存而又相互对立。其中，乾、坤两卦占有特别重要的地位，被认为是自然界和人类社会一切现象的根源。据《周易·说卦传》载，八卦曾被用来代表人伦、人体、颜色、方向、事物。如在自然方面，乾、坤、震、巽、坎、离、艮、兑分别象征天、地、水、火、雷、风、山、泽，这是组成客观世界的基本要素，也是八卦的基本意义。还有在人伦上，分别为父、母、夫、姑、兄、女、男（兑卦缺）；在社会地位上，乾为君，坎为众，离为公侯等。到了《象传》和《说卦》，卦象的意义又被大发展了。比之于禽兽，为马、牛、豕、雉、龙、鸡、狗、羊；比之于人身，为首、腹、耳、目、足、股、手、口；比之于方位，为西北、西南、北、南、东、东南、东北、西；比之于季节，为秋末冬初、夏末秋初、正冬、正夏、正春、春末夏初、冬末春初、正秋；比之于人伦，为父、母、中男、中女、长男、长女、少男、少女；比之于行为德行，为刚健、柔顺、险、明察、运、逊、止、悦；还有比之于器具、颜色、植物、政治、生物状态等。军事家用八卦阵，武术家有八卦掌，诸葛亮还有八卦先天图等。八卦正是以正反两方面的对立矛盾来反映宇宙万物的发展和变化的。这是我们祖先的伟大创造，是先民智慧的结晶。

八卦与天文、地理、方位配伍表

卦形		☰	☷	☳	☵	☶	☴	☲	☱
卦名		乾	坤	震	坎	艮	巽	离	兑
含义		天	地	雷	水	山	风	火	泽
方位	先天	南	北	东北	西	西北	西南	东	东南
	后天	西北	西南	东	北	东北	东南	南	西
季节		立冬	立秋	春分	冬至	立春	立夏	夏至	秋分
时间		亥初	申初	卯中	子中	寅初	巳初	午中	酉中
		初夜	午后	早晨	半夜	平旦	午前	中午	夕晚
八风	(1)	万风	凄风	滔风	寒风	炎风	熏风	巨风	风
	(2)	丽风	凉风	条风	寒风	炎风	景风	巨风	风
	(3)	不周风	凉风	明庶风	广莫风	融风	清明风	景风	阊阖风
天九（中央钧天）		幽天	朱风	天	玄天	变天	阳天	赤天	成天
九野（同上）		幽天	朱天	苍天	玄天	变天	阳天	炎天	颢天
人体		头	腹	足	耳	手 手指	股	目	口舌
口诀		乾三连	坤六断	震仰盂	坎中满	艮覆碗	巽下断	离中虚	兑上缺

在东汉时，八卦学说就开始被引入自然科学，用以探讨气功的原理，指导炼丹术。到了宋代，原始的八卦学说又得到了发展，绘制成伏羲八卦和六十四卦方位图、次序图以及包含八卦内容的太极图，并从此被进一步用于气功和中医理论的研究。

八卦学说在 14 世纪传入阿拉伯，16 世纪传入欧洲。西方学者以务实的治学态度去研究它，认识它。它涉及数学的复杂推演。据说，17 世纪德国大数学家莱布尼茨创立的二进位制数学，就受到了太极八卦的启迪。

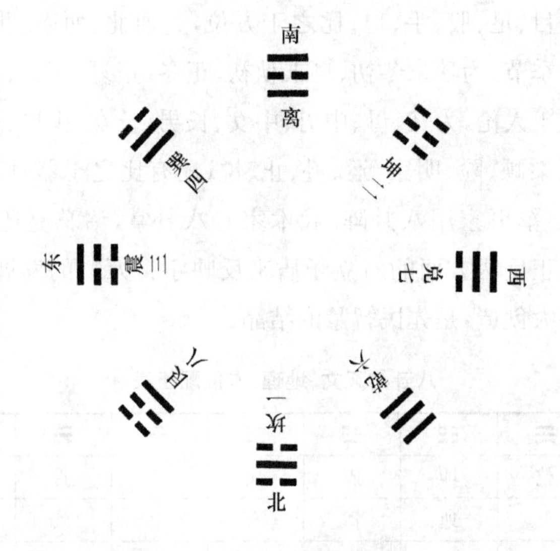

后天八卦方位图

后天八卦方位图上，坎一、坤二、震三、巽四、乾六、兑七、艮八为后天数。

六十四卦方圆图据《周易本义》，图内方外圆，均含六十四卦卦形，圆于外者为阳，方于中者为阴，圆者动而为天，方者静而为地。蕴义是把六十四卦排成圆、方两种图式，指示天地阴阳的生成发展规律。

(2)阴阳五行

阴阳学说是我国古代劳动人民，通过对各种事物和现象的观察，把宇宙间的万物万象，分为阴与阳两大类而建立起来的一种朴素的唯物论和辩证法思想。

关于阴阳观念的产生，有人认为早在夏朝就已经形成，因为《易经》八卦中阴爻(⚋)和阳爻(⚊)出现在夏朝的占书《连山》中。而且我国最古老的古籍之一《山海经》中有："伏羲得河图，夏人因之，曰《连山》。黄帝得河图，商人因之，曰《归藏》。列山氏得河图，周人因之，曰《周易》。"但《连山》也好，《归藏》也好，后人谁也未见过。据此认为阴阳学说产生于夏，理由不够充分。

其实，早在原始母系氏族社会，我们的祖先就看到：人有男女之分，动物有雌雄之别；下有黄土，上有青天；日出月落，昼明夜暗；寒来暑往，岁尽年还；山川纵横，草木荣枯；苦乐悲欢，生死聚散……一切似乎都是成双成对的。这种现象，世世代代在人们头脑中映现、沉积，逐渐形成了“阴阳”观念：女、雌、母、牝，为“阴”；男、雄、公、牡，为“阳”。后来随着人们认识的不断提高，天地、日月、水火、上下、明暗、寒暖、表里、左右、刚柔、动静等，无不可用阴阳加以概括。其中透露出自发的辩证思想，并用于解释个别的事物和现象，如西周末年伯阳父用来解释地震，春秋时期秦国医生用来说明病因。

数理之五行气表

数	五行	天干	地支	方向节气	色	味	五常	五气	五管	五脏	八卦	九星	人象	五音	病原
一、二	木	甲乙	寅卯	东春	青	酸	仁	风	眼	肝	震	三碧	长男	牙音	神经痛、不眠症、胃肠、肝脏
											巽	四绿	长女		
三、四	火	丙丁	巳午	南夏	赤	苦	礼	热	舌	心	离	九紫	中	舌音	眼病、脑疾、心脏病、头痛
													女		
五、六	土	戊己	辰丑戌未	中央四季	黄	甘	信	湿	身	脾	艮	二黑五黄八白	母	喉音	消化器、子宫、脾骨、腹胃
											坤		小男		
七、八	金	庚辛	申酉	西秋	白	辛	义	燥	鼻	肺	乾	六白	父	齿音	智齿痛、烦闷、肺炎、脱肛
											兑	七赤	小女		
九、十	水	壬癸	子亥	北冬	黑	咸	智	寒	耳	肾	坎	一白	中男	唇音	腰痛、肾脏生殖器病

到了春秋末期，思想家老子第一次把阴阳升华为哲学范畴：“万物负阴而包阳。”万物都包含有阴阳这两个对立的方面。他还提出了我国历史上第一个宇宙生成图式：道(一)——阴阳(二)——宇宙万物(三)。

战国时期的庄子在《天下》篇里明确指出：《易经》的思想核心是阴阳学说：“《易经》以道阴阳。”后来，解释《易经》的《易传》(大约形成于战国后期)更提出了“一阴一阳之谓道”的命题，朴素地表达了“发展是对立面的统一”这一辩证法的原理。

阴阳可以互相转化，同时二者又是互相依存的。就是说阴与阳的每一个侧面都是以另一侧面作为自己存在的前提的。没有阴，阳不能存在；没有阳，阴也不能存在。正如没有乾，就没有坤，没有天，也就没有地一样。阴阳是互相依存，互相为用的。

阴阳还是互相消长的。就是说，事物和现象中对立着的两个方面，是运动变化的，其运动是以彼消此长的形式进行的。如由白天变黑夜，由黑夜变白天；天气由热变冷，由冷变热；等等。这是事物发展变化的规律。由于阴阳两个对立的矛盾，始终处在彼消此长，此进彼退的动态平衡之中，才能保持事物的正常发展变化。当阴阳的消长达到一定程度时，就可引起质的变化，即实现转化。

虽然阴阳具有彼此对立、互相依存、彼此消长、互相转化等种种特性，但它们的基本属性都是基本固定的。即阴阳具有两种相反的不同属性，并且是既不能任意指定，也不能颠倒，它是按照一定规律归类的。例如，阳为刚、为君、为夫、为上、为外、为表、为动、为进、为起、为仰、为前、为左、为德、为施、为开，阴则为柔、为臣、为妻、为妾、为财、为下、为内、为里、为止、为退、为伏、为俯、为后、为右、为刑、为藏、为闭。

五行学说为我国人民所独创，同阴阳学说一样，在其早期也是朴素而唯物的。

“五行”观念也起源于原始母系氏族社会，但其产生要晚于“阴阳”。人们最早只能数一和二，不知经过多少年，才会数三、四、五，这大概还是沾了五个指头的光。古人在漫长的岁月中，逐渐从与生活关系最为密切的生产实践中认识到自然界存在着五种基本的物质元素：“一曰水，二曰火，三曰木，四曰金，五曰土。”（《尚书·洪范》）

最早记载五行的《尚书·洪范》还归纳了五行的特性：“水曰润下，火曰炎上，木曰曲直，金曰从革，土爰稼穑。润下作咸，炎上作苦，曲直作酸，从革作辛，稼穑作甘。”就是说，水具有寒冷、向下的特性，五味为咸；火具有炎热、向上的特性，五味为苦；木具有生发、条达的特性，五味为酸；金具有清静、收杀的特性，五味为辛；土具有长养、化育的特性，五味为甘。古人认为，天地万物都是由金、木、水、火、土五种基本物质构成的，这五种基本物质的运动变化，构成了丰富多彩的大千世界。

古人进一步探讨了五行之间的关系，从植物能生火，火后有灰烬（土），土中埋金属，金属能冶炼成液体（水），水能滋润植物等现象中，逐渐形成了“木生火，火生土，土生金，金生水，水生木”的“五行相生论”；又从水能灭火，火能熔金，刀斧斫木，木能翻土，水来土掩等现象中逐渐形成了“水克火，火克金，金克木，木克土，土克水”的“五行相克论”，也叫“五行相胜论”。可见，“相胜”也就是“相克”，就是一种物质对另一种物质有着克制约束的作用，就是相互制约；相生就是一种物质对另一种物质有着生发促进的作用，就相互生长的关系。

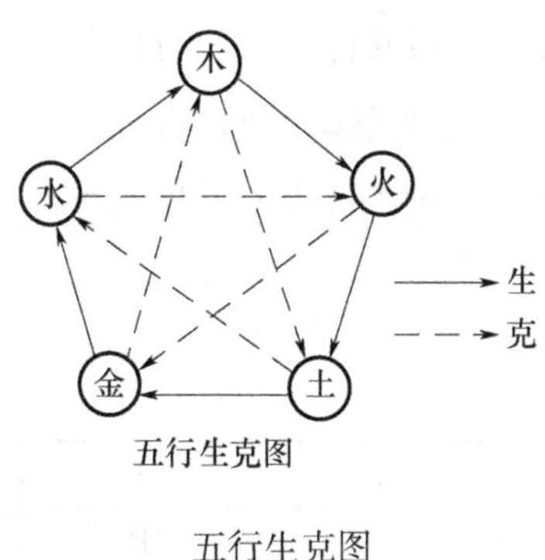

五行生克图

五行生克图

五行学说在战国时期风行一时，并进一步总结形成了一套“五行生胜说”。原始五行说具有朴素的唯物论性质，是我们祖先对客观事物多样性的一种概括，而五行之间相生、相克，既互有差异又互相联系，万物由此生成，并依一定秩序发展变化，循环往复，构成一个自我调制的大系统，则是我们祖先对宇宙起源及其发展变化规律的一种探索。

数千年来，阴阳五行思想所具有的朴素唯物论和辩证法因素，曾经促使我们的先人历来就具有比较丰富和深刻的辩证思维，从先秦的《老子》《易经》到明清之际方以智、王夫之的思想，“万物负阴而抱阳”“一阴一阳之谓道”“一分为二”“合二而一”等哲学命题，都集中表现了这一点。它不仅曾经推动我国古代科技发展，例如中医利用阴阳、五行说明人体生理结构，解释病因，强调辩证施治，形成了一整套独具特色、行之有效的医学理论和治疗方法；并且曾经给外国科学家以启发。例如 17 世纪德国莱布尼茨发明二进制数学和制出乘法机，就受到了阴阳八卦的启迪。难怪著名的英国学者李约瑟认为，电子计算机的发明，乃获益于中国文明的影响。

然而，数千年来，阴阳、五行又被历来的唯心主义思想家用来强行比附和解释自然、社会和人的一切。认为金、木、水、火、土这五种元素：在天上形成五星，即金星、木星、水星、火星、土星，在地上就是金、木、水、火、土五种物质，在人就是仁、义、礼、智、信五种德性。这五类物质在天地人间形成串联，如果天上的木星有了变化，地上的木类和人的仁心都随之产生变异。占星术就是以这种天、地、人三界相互影响为理论基础衍生出来的。战国后期阴阳家的代表人物邹衍还搞出了“五德终始说”，认为历代王朝的兴衰与五行交替的次序有关，夏“以木德王”，金克木，所以“以金德王”的商继夏而兴；火克金，所以“以火德王”的周革商之命。《吕氏春秋》和《淮南子》则更进一步，把阴阳和天地、君臣、父子、夫妻、上下、尊卑等五行和五帝、五神、五祀、五脏、五色、五音、五方等强加比附，构筑了一个天地、鬼神、人伦无所不包的庞大系统。西汉董仲舒把更加神秘化了的阴阳五行说纳入其神学体系，和儒家思想结合在一起，假借天意维护封建统治。

五行归类简表运用五行的各种特性，以金、木、水、火、土为中心，把自然界以及其他的各种现象、特征、形态、功能、表现等诸方面，和五行中某一行的特性相类似，就把它归纳于那一行中，分成五大类，分门别类做系统的归纳，这样就将各种纷繁复杂的现象，理出了头绪，从而可以说明各类之间的关系见五行归类简表。

五行归类简表

五行	木	火	土	金	水
五方	东	南	中央	西	北
时序	春	夏	长夏	秋	冬
五气	风	热	温	燥	寒
五性	暄	暑	静	凉	懔
五德	和	显	濡	清	寒
五色	苍(青)	赤	黄	白	黑
五味	酸	苦	甘	辛	咸
五臭	膻	焦	香	腥	腐
五志	怒	喜	思	忧	恐
五音	角	徵	宫	商	羽
五脏	肝	心	脾	肺	贤
五腑	胆	小肠	胃	大肠	膀胱
五官	目	舌	口	鼻	耳
五体	筋	脉	肉	皮毛	骨(髓)

(3)纳音五行

纳音五行又叫干支五行，是把六十甲子和五音十二律结合起来，其中一律含五音。总数共为六十的“纳音五行”，即以干支分配于宫、商、角、徵、羽五音，本音所生之五行即为其干支所纳之音。如宫音属土生金，商音属金生水，角音属木生火之类。对此，古歌有云：

甲子乙丑海中金，丙寅丁卯炉中火，
戊辰己巳大林木，庚午辛未路旁土，
壬申癸酉剑锋金，甲戌乙亥山头火，
丙子丁丑涧下水，戊寅己卯城头土，
庚辰辛巳白腊金，壬午癸未杨柳木，
甲申乙酉泉中水，丙戌丁亥屋上土，
戊子己丑霹雳火，庚寅辛卯松柏木，
壬辰癸巳长流水，甲午乙未沙中金，
丙申丁酉山下火，戊戌己亥平地木，
庚子辛丑壁上土，壬寅癸卯金箔金，
甲辰乙巳复灯火，丙午丁未天河水，
戊申己酉大驿土，庚戌辛亥钗钏金，
壬子癸丑桑柘木，甲寅乙卯大溪水，
丙辰丁巳沙中土，戊午己未天上火，
庚申辛酉石榴木，壬戌癸亥大海水。

(二)传统佳节

1. 春节与年

农历腊月的最后一天,民间叫“年三十”,这一天的晚上叫“除夕”。除夕起源于先秦时期的逐除。据《吕氏春秋》记载,古人在新年的前一天用击鼓的方法来驱逐“疫疠之鬼”,这就是“除夕”节令的由来,据称最早提及“除夕”这一名称的是西晋周处撰著的《风土记》。除夕之夜,当时针指向半夜12点(子时)的时候,春节就到来了。

在古代,人们把立春作为春节,把正月初一叫作元旦,或叫元辰、元日、元朔,也有称为“三元”的,意思是说这一天为“岁之元、月之元、时之元”。到辛亥革命后,我国改用公历,将农历正月初一改为春节。

春节源于我国原始社会的腊祭。据说腊冬时日,人们杀猪祭祀老天,祈求来年风调雨顺,五谷丰登。至于“春节”一词,最早见于《后汉书·杨震》:“又冬无宿雪,春节未雨,百僚焦心。”

关于春节的由来,民间有个传说:相传在商朝的时候,有个叫“万年”的青年,他看到当时节令很乱,影响农牧业生产,决心把节令定准。而节令官阿衡认为节令是准的,要祭拜天神,万年说服了天子,节令不准祭神是徒劳的。于是万年日月观察,不离日月阁。阿衡怕万年一旦制历成功,自己会因失职而遭贬,于是以重金收买了一名刺客要用箭射死万年。箭射中了万年的胳膊,刺客被捉住后,天子获悉这次暗杀万年事件原是阿衡所策划的,便处罚了阿衡。事后,当天子登上日月阁时,万年奏道:“现在夜交子时,旧岁已完,时又春始,希望天子定个节名吧!”“春为岁首,就叫春节吧。”天子说:“你到这里已三年多了,呕心沥血,制出太阳历……反被暗算,负了重伤,现在就随我到宫中疗养好了,跟我共度春节。”为了把太阳历定准,万年谢绝了天子的恩赐,继续留在日月阁上。等把太阳历定准了,万年已满头白发。天子深为感动,就把太阳历定名为“万年历”,封万年为日月寿星。如今春节挂上寿星图,据说就是为了纪念德高望重的万年。

关于“年”，传说它原是太古时候的一种怪兽，长着血盆大口，每到腊月三十晚上，就要出来掠食伤人。人们知道“年”怕响、怕火、怕红，一到腊月三十这一天，就把大量的肉食放在露天，自己则躲在家里。等“年”出来吃食时，就燃起篝火，投入一根根竹子，使其发出劈劈啪啪的爆裂声，把“年”吓跑。一夜过去了。天亮大家安然无恙，便兴高采烈地互相道喜、祝贺，“拜年”也就由此而来。这样一年一年地沿习下来，这一天便形成了欢乐的节日，叫作“过年”。一般直呼过年为“新年”“年初”“大年初一”。

相传四千多年以前，神州大地上就有了欢度“年”的活动。《尔雅》说：“夏曰岁，商曰祀，周曰年。”古时候过年其实就是举行盛大的祭祀活动。

1991—2020 年春节、中秋节公历日期表

春节							中秋节						
年份	月	日	距平	同上年比	星期	干支	年份	月	日	距平	同上年比	星期	干支
1991	2	15	10	19	五	丙辰	1991	9	22	−1	−11	日	乙未
1992	2	4	−1	−11	二	庚戌	1992	9	11	−12	−11	五	庚寅
1993	1	23	−13	−12	六	甲辰	1993	9	30	7	19	四	甲寅
1994	2	10	5	18	四	丁卯	1994	9	20	−3	−10	二	己酉
1995	1	31	−5	−10	二	壬戌	1995	9	9	−14	−11	六	癸卯
1996	2	19	14	19	一	丙戌	1996	9	27	4	18	五	丁卯
1997	2	7	2	−12	五	庚辰	1997	9	16	−7	−11	二	辛酉
1998	1	28	−8	−10	三	乙亥	1998	10	5	12	19	一	乙酉
1999	2	16	11	19	二	己亥	1999	9	24	1	−11	五	己卯
2000	2	5	0	−11	六	癸巳	2000	9	12	−11	−12	二	癸酉
2001	1	24	−12	−12	三	丁亥	2001	10	1	8	19	一	丁酉
2002	2	12	7	19	二	辛亥	2002	9	21	−12	−10	六	壬辰
2003	2	1	−4	−11	六	乙巳	2003	9	11	−12	−10	四	丁亥
2004	1	22	−14	−10	四	庚子	2004	9	28	5	17	二	庚戌
2005	2	0	4	18	三	甲子	2005	9	18	−5	−10	日	乙巳
2006	1	29	−7	−11	日	戊午	2006	10	6	13	18	五	戊辰
2007	2	18	13	20	日	癸未	2007	9	25	2	−11	二	壬戌
2008	2	7	2	−11	四	丁丑	2008	9	14	−9	−11	日	丁巳
2009	1	26	−10	−12	一	辛未	2009	10	3	10	19	六	辛巳
2010	2	14	9	19	日	乙未	2010	9	22	−1	−11	三	乙亥

续表

春节							中秋节						
年份	月	日	距平	同上年比	星期	干支	年份	月	日	距平	同上年比	星期	干支
2011	2	3	−2	−11	四	己丑	2011	9	12	−11	−10	一	庚午
2012	1	23	−12	−11	一	癸未	2012	9	30	7	18	日	甲午
2013	2	10	5	18	日	丁未	2013	9	19	−4	−11	四	戊子
2014	1	31	−5	−10	五	壬寅	2014	9	8	−15	−11	一	壬午
2015	2	19	14	19	四	丙寅	2015	9	27	4	19	日	丙午
2016	2	8	3	−11	一	庚申	2016	9	15	−8	−12	四	庚子
2017	1	28	−8	−11	六	乙卯	2017	10	4	11	19	三	甲子
2018	2	16	11	19	五	己卯	2018	9	24	1	−10	一	己未
2019	2	5	0	−11	二	癸酉	2019	9	13	−10	−11	五	癸丑
2020	1	25	−11	−11	六	丁卯	2020	10	1	8	18	四	丁丑

又据史籍记载，“年”的最初含义与农业生产有关。古人把谷的生长周期叫“年”。《说文》载：“年，谷熟也。”《谷梁传》称：“五谷大熟为大有年。”谷子一熟为一“年”，“有年”是指收成好，“大有年”是大丰收。谷物每年是一熟，所以“年”也成了“岁”名。

后来，人们为了合理安排农时，开始研究历法，“年”也有了具体规定。夏代产生了夏历纪“年”，以月亮圆缺周期而定，一年十二个月，一年之始（正月初一）叫“年”。商朝的“年”为十二月初一，周朝的“年”为十一月初一。秦始皇统一中国后，以十月初一为“年”。到了公元前104年的汉武帝太初元年又恢复夏历（即今农历），以正月初一为“岁首”，从此持续至今，农历新年成为我国民间一个隆重的节日。

2. 春节习俗

民间过春节的时间，各地区有所不同，一般从农历十二月初八开始，延至农历正月十六日结束。在这期间，主要风俗习惯有：扫尘、贴春联、挂年画、放爆竹、守岁、拜年、包饺子、吃元宵、舞狮子、耍龙灯、踩高跷等。

扫尘 “腊月二十四，掸尘扫房子。”这一习俗可上溯至宋朝。相传扫帚、簸箕的创始者是夏朝少康帝。“帚”字已见于甲骨文。陕西出土的商周青铜器上就有“子持帚作洒扫形”铭文,《礼记》中有“鸡初鸣……洒扫室堂及庭”的记事。这说明,人们在很早以前就用扫帚扫除了。有人认为,尧舜时代已有“扫年”(古代称春节大扫除为扫年)的习俗。它起源于古代人民驱除病疫的一种宗教仪式,后来逐渐演变为年终的卫生大扫除。到唐代,“扫年”之风盛行。宋人吴自牧《梦粱录》记载:“十二月尽……不论大小家,俱洒扫门闾,去尘秽,净庭户……以祈新岁之安。”“扫年”之风俗,反映了我国劳动人民爱清洁、讲卫生的传统。

贴春联 春联又名对联、门对。古时有“桃符”“门帖”之称。清代《燕京岁时记》载:“春联者,即桃符也。”《淮南子》中说,这种“桃符”是用一寸来宽、七八寸长的桃木做的,上面写着除祸降福之类的吉祥话。古时候,到夏历年初一那天,人们把它钉在门的两侧,称为“桃符板”,以避邪降福,作为“更新除旧”的象征。到了宋代,这种悬“桃符”的习惯更相演成风,蜀后主孟昶有一年过春节,在桃符上写了“新年纳余庆,佳节号长春”两句联语,据说就是我国最早的一副春联。以后桃木逐渐为纸来代替,符咒也变成祝词。于是“桃符”变成了“春联”。到明代,这种只在春节时贴的春联,在酒店、饭馆、庙宇、寺院、名胜古迹等处也贴起来了,生辰祝寿、婚丧嫁娶也贴起来了。于是,便有了喜联、寿联、挽联等名称。春联也就变成“对联”的一种了。我们现在过春节贴春联,成为歌颂幸福生活的活动。“全民共饮新春酒,举国同庆大治年”“劳动致富,勤俭持家”“六畜兴旺,五谷丰登”“人民江山千古秀,祖国花木四时春”,读之,使人心怀宽阔,生机盎然。

挂年画 年画起源于古代的门神画。而门神画早在尧舜时期就已出现。据东汉蔡邕《独断》记载,汉代民间已有门上贴的“神荼”“郁垒”神像。现存最早的年画是宋版的《隋朝窈窕呈倾国之芳容》,画的是王昭君、赵燕、班姬、绿珠,习称《四美图》。后来逐渐发展成木刻水印、画面热闹的年画。如表示五谷丰登的春牛、天天向上的婴儿、意味着风调雨顺的花鸟风景等。新中国成立以来,年画在传统画面的基础上,推陈出新,成为表彰古今英雄、活跃文化生活,描绘和向往幸福生活的园地。

放爆竹 爆竹也叫爆仗、炮仗、鞭炮,有两千多年的历史。传说它起源于“庭燎”,《诗经》中有“庭燎之光”的记载。“庭燎”就是当时用竹竿之类做成的火炬。竹竿燃烧后,竹节里的空气受热膨胀,竹腔爆裂,发出劈啪的炸声,以此驱鬼除邪。这就是最早的"爆竹",也叫"爆竿"。南朝梁代宗懔写的《荆楚岁时记》载:"正月一日……同鸡而起,先于庭前爆竹,避山臊恶鬼。"其实用爆竹不过是讨个吉利,作为"暴发"的象征。到了唐朝,炼丹家经过不断的化学实验,发现硝石、硫磺和木炭合在一起能引起燃烧和爆炸,于是发明了火药。火药的发明,使爆竹进入了一个新的发展时期。北宋时,便有人用纸包裹硫磺粉制成爆竹,称为"爆仗",南宋时又出现了"鞭炮",周密的《武林旧事》载有"内藏药线,一发连百余响不绝"。这就是现在的"百子炮仗"。宋朝以后,一方面把火药用在军事上,制成震天雷、连球炮等;一方面也制成供娱乐用的爆仗和焰火。现在的爆竹,五花八门,品种繁多,诸如小鞭炮、电光雷、母子雷、射天炮、百头、千头鞭炮,甚至几万头长的鞭炮,还有能现变幻之状、喷出种种颜色火焰的"烟花",使节日活动更加绚丽多彩。

守岁 年三十晚上守岁形成风俗,最早载于西晋周处的《风土记》中:"终夜不眠,以待天明,称曰守岁。"到了唐宋,已盛行于城乡。人们在除夕晚上,合家吃了团圆饭后,就点放爆竹,在喜庆的气氛中,通宵不寐,叙旧话新。在这"一夜连双岁,五更分二年"的宝贵时刻,进行守岁,以待天明,是含有人们不肯虚度岁月,珍惜时间的寓意。

拜年 正月初一早上,首先给长辈拜年。人们互相走访祝贺"恭喜""发财"。"相祝无多语,年新德又新",不仅祝福禄俱全,而且祝品行优良、德高望重!拜年的方式,既有用贺年片来拜年,又有互相登门道贺,也有的是大家聚在一起互相祝贺即"团拜"。

包饺子 春节期间,我国北方人民,习惯了包饺子来过年。"饺子"源于古代的"角子",三国时魏人张揖所著的《广雅》一书中就提到了这种食品。据考证,饺子是由南北朝至唐朝时期的"偃月形馄饨"、北宋时的"细料儿"和南宋时的"燥肉双下角子"发展演变而来。1968 年新疆吐鲁番发掘的唐代墓葬中就曾发现了类似饺子的实物,与现今的饺子大同小异。

吃元宵 春节期间,我国民间都有吃元宵的传统习俗。元宵又名"汤团""浮圆子""圆子"。取其圆形,表示家人团圆、吉利、美满之意。

舞狮子 春节期间,我国广大农村和城镇,会出现传统的舞狮活动。人们以舞狮来助兴,希望狮子那威武、勇猛的形象驱魔避邪,带来和平安宁的好日子。舞狮大约起源于南北朝时期,即佛教兴起的时期。随着佛教的流行,异域的狮子形象便从塞外传入中原。唐代民间已有狮舞为戏。舞狮有南北地区之分。北方舞狮的外形和真狮相似，全身狮披覆盖，舞狮者仅露双脚，下身穿着和狮披同样的金黄色裤子和花靴。南方狮舞在广东流行，所以又称为广东狮。广东狮是由一人舞狮头，一人舞狮尾，狮头具有各种形式和颜色，狮披是用五彩布条和绸条做成。

耍龙灯 耍龙灯也叫“龙舞”，又称“龙灯舞”，是自汉代起就一直流行于我国的一种民间舞蹈，是我国新春佳节的传统习俗。龙是中华民族的象征，在中华文化中占有极重要的地位。古人把龙、凤、麒麟、龟称为四灵，作为吉祥物而加以崇拜。

踩高跷 每当春节来到，我国许多地区还流行踩高跷的习俗。看，一个个化了妆的人，足踩三四尺的木跷，手执扇子，舞来舞去，有集体舞，也有三人起舞，引得人们翘首仰望，欢声雷动。

3. 元宵节

农历正月十五称“上元”。按照我国民间传统的习惯，在一元复始，大地回春的第一个月圆之夜，家家户户亲人相聚，共同欢庆，因而这一天就叫“上元节”①，又称“元宵节”或“灯节”。

元宵节起源于汉朝。据说，汉惠帝刘盈死后，吕后一度篡权。吕后死后，一心保汉的周勃、陈平等人，协力扫除诸吕，拥刘恒为主，即汉文帝。文帝博采群臣建议，广施仁政，救灾济民，精心治国，使汉帝国又处强盛。因为扫除诸吕的日子是正月十五，所以，每到这天晚上，文帝就微服出宫，与民同乐，以示纪念。在古代，夜同宵，正月又称元月，汉文帝就将正月十五定为元宵节，这一夜就叫元宵。

元宵之时，人们除了吃“元宵”外，还喜欢燃灯和观灯，所以元宵节又叫“灯节”。灯节亦始于汉代，兴盛于唐宋，并延续至今。汉明帝永平十年(67 年)，佛教传入中国，汉明帝提倡佛法，敕令在元宵节点灯敬佛，这就开了元宵放灯的先例。此后，元宵节燃灯、观灯之俗遂起。《春明退朝录》说：唐太宗时，“观灯独

---

① 按道教的叫法，农历正月十五为“上元节”，七月十五为“中元节”，十月十五为“下元节”。

盛”;《开元天宝遗事》载道:唐玄宗时,放灯发展到热闹的灯市,“置百枝灯树,高八十尺,竖之高山,上元夜点之,百里皆见,光明夺月色也”;《朝野佥载》记载:这时京城“作灯轮高二十丈,衣以锦绮,饰以金银,燃五万盏灯,簇之如花树”,可见唐代元宵灯市规模之大。到了宋朝,元宵灯市更是盛况空前,各式各样的灯琳琅满目,诸如嫦娥奔月、西施采莲等人物灯,荷花灯、瓜灯、藕灯、牡丹、葡萄等花果灯,鹿、鹤、龙、马、凤、猴、金鱼等百族灯,应有尽有,还有用灯扎成灯树、灯楼、鳌山、龙舟、牌坊等,可见元宵灯会之盛况。

随着元宵灯会的发展,又有灯谜盛会的兴起。灯谜,是谜语的一种形式,南宋时代,谜语作为元宵节的游戏。杭州文人在元宵灯节把谜语贴在纱灯上,让过往游观的人猜,叫作“灯谜”,此风以后愈演愈盛。

元宵灯节也是民间花会争相表演的节日。扭秧歌,小车会,舞狮子,跑旱船,骑竹马,踩高跷……民间艺术多彩多姿。民间艺人大显身手,施展出劈叉、滚翻、跳跃、格斗等软硬功夫,有的动作健美,刚劲有力;有的诙谐滑稽,使人笑逐颜开。还有的把灯技与民间舞蹈结合起来,火热的龙灯,高跷盒子灯,幽雅的荷花灯舞,有着浓厚的民族色彩,更增加了节日气氛。

4. 寒食节和清明节

清明是一年中的二十四节气之一。远在春秋时代,古人就运用圭表测日影的方法定出了春分、夏至、秋分、冬至四个节气。到秦汉时期,二十四节气已完全确立,自此就有了清明这个节令。《月令七十二候集解》载:“三月节……物至此时,皆以洁齐出清明矣。”届时风和日丽,空气清新,春意盎然。这大概就是“清明”二字的含义。

清明的前一天为寒食节,起源于春秋时期。传说晋文公重耳早年在外颠沛流离,介之推和他患难与共,相伴十几年忠贞不二,最艰难的时候,曾割下自己腿上的肉让重耳充饥。后来,重耳当了君主,要重赏有功之臣,介之推蔑视权贵,隐居深山,过着清贫的生活。重耳寻找不到,便下令放火烧山,想逼介之推出来。面临大火,介之推仍不下山,最后紧抱一棵大树,活活被烧死。晋国百姓为纪念介之推,每年冬至后的第一百零五天,即介之推被焚日,定为寒食节,家家户户禁烟火,吃三天寒食。

由于清明是个节令，寒食则是传统祭祀的日子，但由于仅差一天，长期以来人们就把这两个节日混同起来，统称为清明节。《燕京岁时记》载："清明即寒食，又曰禁烟节。古人最重之，今人不为节，但儿童栽柳祭扫坟茔而已。"因此，缅怀先烈，祭奠英灵，寄托哀思，是这个节日的主要内容。

清明节除祭祀、扫墓外，还有折柳、插柳、戴柳的习俗。据说唐高宗三月三日游春于渭阳，熏香沐浴后，"赐群臣柳圈各一个，谓之可免虿毒"。这是清明折柳、插柳的开端。但在江南地区将此演化为插柳，逢清明节家家户户将柳插入井边，"井井有条"这句成语，就是清明节植树活动的起源。

清明、寒食节，由于春回大地，一片青绿，于是人们三五成群到野外游玩，古时称之为踏青、探春、寻春，从唐宋时普遍盛行。《武林旧事》记载："清明前后十日，城中仕女艳妆饰，金翠琛缡，接踵联肩，翩翩游赏，画船箫鼓，终日不绝。"也有的在青绿的草地上骑马踏青，马蹄得得，疾驰如飞。杜甫有"江边踏青罢，回首见旌旗"的诗句。宋人欧阳修在《阮郎归・踏青》词中写道："南国春半踏青时，风和闻马嘶。青梅如豆柳如眉，日长蝴蝶飞。"

清明又有荡秋千、跳球、斗鸡等活动。历代承袭传为习俗，杜甫有"十年蹴鞠将雏远，万里秋千习俗同"的诗句。

5. 端午节

农历五月初五为我国民间传统的端午节。"端"是"初"的意思，而农历的正月是"建寅"月，按地支顺序推算，五月正是"午月"，古人也常把五日写成"午日"。"端"字既和"初"字一样，"初五"也就可以写为"端午"了。由于"午月"和"午日"的两个"午"重复，所以又叫"重午"。又因为古人把"午时"当作"阳辰"，于是"端午"也可说成"端阳"。

端午节的由来：一说端午节与龙有关，有很多龙的节目。这是闻一多在《端午考》与《端午的历史教育》中提出来的。他查了 101 条古籍记载，考证端午节是古越民间举行腊祭的节日。二说端午节是纪念爱国诗人屈原逝世。据《续齐谐记》记载：屈原在五月初五投汨罗江而死，楚人哀之，每逢此日以竹筒盛米，投水祭之。三说端午节是为了纪念春秋时期大将军伍子胥。《后汉书》写道：浙江虞巫上祝曹盱，五月初五在曹娥江上婆娑起舞，迎接伍神（伍子胥），后来浙江百姓每年端午节沿江河逆流而上，举行各种祭祀活动，以悼念伍子胥。四说端午节起源于夏、商、周时期的夏至节。《风土记》与《续汉书》写道：仲夜之月，万物方戳，夏至日阴气萌生，恐万物不懋……故在五月五日，以五色印为门户饰，以惩恶气。五说端午节源于湖北省沔阳县沙湖的一则传说。古时候沔阳县沙湖来了四位豪杰，专门劫富济贫，后来被官兵围困，五月初五投湖而死，当地人民将这天定为端午节。六说端午节起源于恶月恶日之说。古人认为五月是多灾多难的月份，五月五日是恶日，为了消灾除邪，定此日为端午节。

龙舟竞渡是一种极好的民间体育活动。参加比赛的好手，既要有较强的耐久力，又要有一定技巧。赛龙舟是一种运动量较大的活动，对增加臂力、提高大脑神经活动以及心血管和呼吸机能都大有益处，也可使全身各系统得到良好发展。至今，我国南方的水乡，每逢端午，经常举行壮观的龙舟划船赛。

端午吃粽子，在晋以前杜台卿著的《五烛宝典》中有所记载。晋代周处撰写的《风土记》中说："古人以菰叶裹黍米煮成，尖角，如棕榈叶之形。"可见，古时粽子形态和用料均与现今差不多。北方粽子多以黄米或江米加上小枣或豆沙做成。江南的粽子品种则丰富多彩，除甜味粽子外，还有猪肉、牛肉、火腿等咸味粽子。江浙一带的粽子被誉为"粽中之魁"。

我们祖先，历来就很注重食与疗的关系。许多食物，既是美味，又是良药，古人把粽子列入了中药之中。《本草纲目》中说，粽子"气味甘、温，无毒。五月五日取粽尖，和截疟药，良"。如今，医生已不再用粽尖治疗疟疾了，但糯米（江米）确是一味中药，它有"补中、益气、止泻"之功。据营养学分析，二两糯米可产热量 360 卡路里，四两粽子可产热 600 多卡路里，相当于六两标准粉馒头的热量。天热时，食欲欠佳，如剥上一盘冰镇粽子，撒些白糖，不仅色香味美，还可促进食欲，实为营养丰富的时令佳品。

端午这一天，民间除喜食粽子、竞渡龙舟之外，还有插艾叶、戴香包，用雄黄酒灭五毒等习俗。端午处在小满和夏至节令之间，正是多种传染病开始抬头的时候。人们根据初夏时节昆虫活动的特点，采艾叶悬于门户上，利用其挥发的药味洁净空气。有的用艾叶、苍术、白芷、佩兰等芳香性中草药点燃熏烟，以灭室内毒虫。为保孩子健康，又用苍术、山柰、白芷、菖蒲、雄黄、冰片等中药，制作成香包，戴在孩子衣襟上。

"唯有儿时不能忘，持艾簪蒲额头王"。额头王，即在端午时用雄黄酒在孩子额头上画个“王”字，在鼻尖、耳垂上也涂上一些，以避毒虫侵害。雄黄酒用白酒掺以蒲根、雄黄配制而成，是古时夏季除害灭病的主要消毒药剂。除了用于孩子的皮肤感染外，床下、墙角等阴暗地方都要撒上一些。雄黄的主要成分是二硫化砷，遇热后可分解为三氧化二砷，也就是剧毒药砒霜。砷化物又是很强的致癌化学物质。所以，雄黄酒只能做环境消毒灭虫，切忌饮用，以免发生急性砷中毒。

端午这天，民间还有用佩兰熬水洗浴风俗，“五日蓄兰为沐浴”。所以，端阳节又称“浴兰节”。

6. 乞巧节（七夕）

农历七月七日的晚上称为七夕，是我国人民特别是女孩子乞巧的节日。当星星刚出现，人们便将桌子抬到院子里，摆上甜瓜、西瓜、水果等，女孩子在案前将线穿入针孔内，据说能够一次穿过，将来定是个巧媳妇。这个节日，在唐代就很兴盛了。据《东京梦华录》记载：“唐时京师七夕，贵家多结线缕于庭，穿七孔针，陈瓜果于庭中以乞巧。”如果七夕那天下雨的话，那就是牛郎织女的眼泪。

乞巧主要是向织女乞巧。传说天上的织女星乃玉皇大帝之女，她很会织布，织出来的布缝成衣服就看不到缝，所以说“天衣无缝”。牛郎父母早死，和哥哥嫂嫂生活，因嫂嫂是个吝啬鬼，牛郎生活得很凄惨。一天，他家的老牛对他说：“我要和你告别了，我死了之后，你就踩上我的角到前面的河边去找你的妻子，前面的那条河就是天河，那儿正有九位仙女在沐浴，你看上哪一位仙女，就把她的衣服偷走，这样她一定向你要衣服，你就可以娶她为妻了。”牛郎按照老牛的话去做，结果娶了个美丽的织女为妻，两人一同生活了 10 年，并生了一儿一女，日子一直过得很甜蜜。

天上方七日，世上几千年，忽然王母娘娘发现织女与牛郎结了婚，很生气，就派天兵天将把织女追回，牛郎看见妻子被劫持，不顾死活，担上孩子，踩上牛角（角船）腾空追去，快要追上了，王母拔下头上的金簪一挥手，在天上划出了一条波涛滚滚的天河。将牛郎与织女一个发落在茫茫的天河之东，一个发落在天河之西，他们朝思暮想，只能隔河相望。

他们坚贞的爱情，感动了喜鹊，每年七月七日，无数喜鹊一齐飞来，用身上五彩羽毛，化成一座跨越天河的彩桥，让牛郎织女相会。古诗《迢迢牵牛星》就做了很多的描绘："迢迢牵牛星，皎皎河汉女。纤纤擢素手，札札弄机杼。终日不成章，泣涕零如雨。河汉清且浅，相去复几许。盈盈一水间，脉脉不得语。"宋代著名诗人秦观感慨万千地写了一首《鹊桥仙》："纤云弄巧，飞星传恨，银汉迢迢暗度。金风玉露一相逢，便胜却人间无数。柔情似水，佳期如梦，忍顾鹊桥归路，两情若是久长时，又岂在朝朝暮暮。"这当然是人们的美好愿望，喜鹊不会去为他们搭桥，可是每当这天晚上，处在深闺的姑娘们，纷纷走出闺房，在庭院中结起彩缕，向织女乞巧。

实际上，天上根本没有天河，在夏夜星空中，我们看见一条乳白色的光带，从东北伸向西南，浩浩荡荡横贯天穹，气势磅礴，这就是我们常说的银河。银河是一个极其广阔的世界，它包含着一千多亿颗恒星，太阳在银河的大家庭中犹如沧海一粟。银河系直径达10万光年。光年是光一年在真空中走过的距离，1光年大约等于10万亿千米。10万光年是多么大的天文数字啊！

银河两岸各有两颗亮星，河西的织女星近旁有四颗星，构成一个平行四边形。河东的牛郎星，两旁各有两个小星，人称"扁担星"，是担着他的两个孩子。人们同情他们的遭遇，就创造了喜鹊搭桥的故事。其实，这是两颗很大的星，太阳的直径是地球直径的130万倍，而牛郎星的直径相当于太阳的1.6倍；织女星的直径比太阳大3倍。论温度，太阳表面的温度是5500 ℃，牛郎织女星的温度比太阳的温度还高，牛郎星是8000 ℃，织女星是10000 ℃。如果让牛郎星和织女星在太阳的位置上，地球上的一切生物早就被烤干了。

牛郎星与织女星的距离，是16光年。如此之遥，乘现代最快的飞机去相会，以每小时飞3600千米计算，也得500万年才能飞到；如果乘每秒30万千米神速的光子火箭，也得16年！

但是，牛郎织女这对"夫妇"深受人民喜爱，牛郎勤劳勇敢、忠实正直，织女心灵手巧又美丽，织的天衣光彩夺目，因而引起青年男女的热爱，姑娘们向她乞巧，祝愿牛郎织女每年相会。

7. 中秋节

农历八月十五日，是我国传统的中秋节。

“中秋”一词，始见于《周礼》：“中春昼，击土鼓，龡豳诗，以逆暑；中秋夜迎寒，亦如之。”农历八月居秋季七、八、九三个月的中间。按一个季度的孟、仲、季月的排法，八月为仲月，而八月十五又是八月之中，所以八月十五又称中秋，定为节日称为“中秋节”或“仲秋节”。

中秋之夜，月明而圆，月色也最美丽，人们望着玉盘般的明月，自然会想到家人的团聚。独在异乡旅居的人，也期望借助明镜般的皓月寄托自己对故乡和亲人的思念之情。人们把月圆看作是团圆的象征，所以八月十五又称为“团圆节”。

中秋成为佳节，又在于月亮有种种美丽的神话传说，如嫦娥奔月、玉兔捣药、吴刚伐桂等。嫦娥奔月的故事流传得最广。据说后羿的妻子长得十分美丽，因偷食了老道士献给后羿长生不老的仙丹，飞到月亮上的广寒宫里做了嫦娥仙子，每逢中秋佳节总要走出广寒宫遥望人间，所以中秋夜的月亮显得格外明亮。嫦娥奔月等有关月宫的神话，反映了人们向往登月的美丽幻想。在科学发达的今天，这种幻想已变成现实。古人想象的神秘的仙境，经宇航员登上月球考察，原来是一个没有空气、没有水分、没有生物的荒凉世界，当然也就没有什么嫦娥、玉兔、吴刚，更不会有什么神仙了。

中秋之夜，碧空如洗，一轮明月，冉冉升起，正是赏月的好时光。人们常说“月到中秋分外明”“一年明月今宵多”，都是有道理的。中秋时节天气晴和，雨水稀少，空气干燥，空气中的尘埃也比较稀少，使得空气吸收光线的能力大大降低，空气透明度大大增强，这样月亮自然显得格外明亮了。这时节，又值秋分前后，月亮的轨道离地球最近，太阳光差不多是垂直照射到月亮上的，月亮上接收光线多，反射的光线自然也多，这又增加了月亮的明亮感。同时，我国地处北半球，月亮出来的时间也要早些，太阳刚落山，月亮就升起来了，加上历来人们对月亮的美化和夸张，更感到“月到中秋分外明”，于是“今夜月明人尽望”了。

中秋的夜晚，明月高挂太空，清辉洒满大地，千家万户围坐在一起观赏月色，人们一边吃月饼，一边赏月叙谈，共享天伦之乐。传说月饼在唐代就有出现，至宋代更盛。北宋诗人苏东坡有“小饼如嚼月，中有酥和饴”的诗句。南宋吴自牧《梦粱录》中也有月饼的记载。明代《西湖游览志余》记载说：“八月十五日谓之中秋，民间以月饼相遗，取团圆之义。”到了清代，关于月饼的记载就多起来了。现在的月饼已成为传统糕点。其制作风味有京式、广式、苏式、滇式等。花色品种又以馅芯成分、制作工艺、饼面花形各异，表皮又可分酥皮月饼和糖浆面皮月饼。

8. 重阳节

重阳节是我国农历九月初九。之所以有“重阳”之称，同古老的《易经》有关。《易经》中八卦以阳爻为九，所以将“九”定为阳数。九月初九，月是九为阳，而日又是九又为阳，两九相重为重九，两阳相重为重阳，所以九月初九既称“重九”，又称“重阳”。

重阳节在战国时代就已成风俗。《武林旧事》中说，南宋宫廷“于八日作重阳排当，以待翌日隆重游乐一番”。明代皇宫从九月初一就开始吃重阳糕，初九重阳，皇帝还亲自到万寿山登高。这种风俗一直流传到清代。在重阳节日里，民间活动内容比较丰富，有登高、赏菊、饮菊花酒、插茱萸、吃重阳糕等。

重阳登高。相传古时候，汝南县有个叫桓景的人，有一天遇见一位白须飘胸的仙翁。仙翁对桓景说：“你家九月九日有大灾难。你赶快回家，叫家里人做彩囊，里面装上茱萸，挂在手臂上，一同登上高山，再喝点菊花酒，就可以消除灾难。”桓景到九月初九都照办了。当晚回家一看，大吃一惊，所养的牲畜全都“暴死”。此事很快传开。此后，每逢九月初九，人们就纷纷插茱萸、带菊花酒外出登上高山。久而久之，成为习俗。

这一传说，现在看来当然是不可信的。不过从中却可以看出古人怀着一种美好的愿望，即如何避祸消灾，健身长寿。因为重阳节正值天高气爽的季节，人们登山远眺秋色佳景，心旷神怡，而登高本身就是一种有益的体育活动。菊花酒饮后可以明目、治头昏、降血压。茱萸可驱蚊杀虫，入药可治遗精、腹泻、呕吐和便秘等症。古人把重阳登高、插茱萸、饮菊花酒同消灾防病联系在一起了。

“九日天气晴，登高无秋云，造化群山岳，了然楚汉分。”这是大诗人李白的《九日登巴陵望洞庭水军诗》。王维则在《九月九日忆山东兄弟》中吟道：“独在异乡为异客，每逢佳节倍思亲。遥知兄弟登高处，遍插茱萸少一人。”诗句真切地描写出重阳登高活动和诗人与友人深厚的情谊，为后人所传诵。

9. 腊八节

农历十二月为腊月，腊月初八叫腊八。

在远古时期，人们往往在冬季用猎获的禽兽祭祀天地、祖先，来祈福求寿，避灾迎祥。古书《风俗通》说："腊者，猎也。因猎取兽祭先祖也。"商周时期就有"腊祭"的风俗。秦代开始规定十二月腊祭，称为腊月。汉代又确定冬至后第三个戌日为腊日，后来固定腊月初八、十八、廿八为"腊八"，作为腊祭日。其中第一个腊八，由于和佛教的传说符合，从南北朝开始，随着佛教的传播，相沿成习，传至今日。

佛教的传说认为腊月初八是佛教始祖释迦牟尼的成道日。每逢这天，所有佛教寺庙都要隆重举行法会，善男信女到寺诵经，并效法牧女在释迦牟尼成道前一天向他敬献乳糜的故事，取香谷、果实等煮粥供奉，称为"佛粥"或"五味粥"，传到民间，称为"腊八粥"。宋代周密《武林旧事》称："八日，则寺院及人家用胡桃、松子、乳草、柿、栗之类作粥，谓之腊八粥。"

到了清代，《燕京岁时记》描写："腊八粥者，用黄米、白米、江米、菱角米、栗子、去皮枣泥等合水煮熟，外用染红桃仁、杏仁、瓜子、花生、榛穰、松子及白糖、红糖、琐琐葡萄以作点染。"

到现代，腊八粥的烹制法更为讲究。煮腊八粥的原料不仅有各种粮米、杂豆，而且往往根据当地出产略有不同。杭州一带多放莲藕，安徽地区多放薏米，西北地区也有放羊肉的。陕西一带人家喜用八种蔬菜做成臊子，浇在面条上食用，谓之腊八面。北京地区则将腊八粥冻好后，逐日取食。东北地区还有吃腊八蒜、腊八豆的习俗。可见，不论是腊八粥，还是腊八面、腊八蒜，都是不仅色香味俱佳，而且还有健脾、补气、开胃、安神、清心、养血的功效。

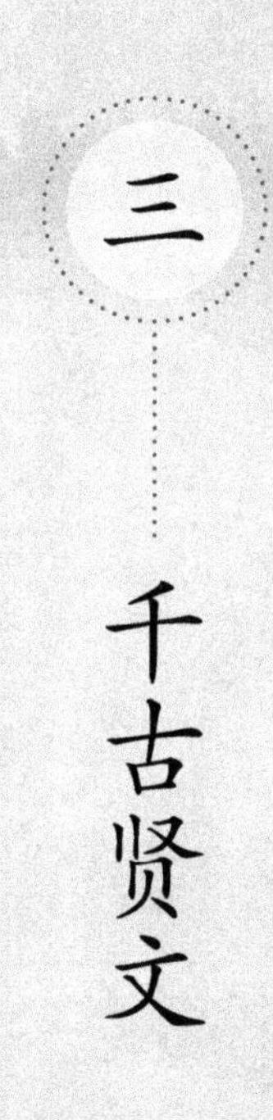

三

千古贤文

(一)《百家姓》

《百家姓》是中国流行时间最长、流传最广的一种蒙学教材，与《三字经》《千字文》齐名，统称“三、百、千”。

据南宋学者王明清判断，《百家姓》“似是两浙钱氏有国时小民所著”。所谓“有国”，据史书记载，吴越在宋太祖开国后，还存在过一段时间，至宋太宗兴国二年才率土归降。可见这本书是在北宋初年问世的。

宋朝皇帝姓赵，“赵”为国姓，钱塘属江浙，当时占据这一带的是吴越王钱俶，孙是他的正妃的姓，李是南唐后主的姓，所以“赵钱孙李”便为《百家姓》的头一句。全书共取我国汉族姓氏 468 个，采用四言体例，句句押韵，虽然它内容没有文理，但读来顺口，易学易记。

姓氏起源于商朝。从考古的角度讲，商朝是最可能获得姓氏起源物证的朝代，那个时代是典型的奴隶制时期，国家机构已经形成，帝王的嫡子有王位继承权，某些庶子被分封。这些爵国的后裔可能以国或封地的名字逐渐形成姓氏。另外还有以官名为氏的如太史、司马、司空、司徒；以先人别号为氏的，如唐、夏、殷；以封地为氏的，如鲁、米、卫；以先人谥号为氏的，如庄、武、穆、宣；以居住地名为氏的，如郭、池；以从事职业为氏的，如陶、屠、巫、卜。直到周代，氏越来越多，可谓是姓氏大爆发时代，但并非全国人人都有姓。到了实行郡县制的秦，标别贵贱的“氏”才变得没有意义，反而同代表血统关系的姓逐渐合一。再后来一道编户齐民的旨意，姓氏才进入平民家。人们大多眷念故国故土，使许多小国消失后国名变为姓氏；还有一些以自己部族的宗长姓氏为姓，或者被赐姓等。

随着社会向前发展，姓氏不断变化、增多。据中国科学院遗传研究所两位学者的统计，已发现的中国人姓氏（包括少数民族和元清时代蒙、满两族译改的姓氏）多达 11939 个，其中单字姓 5313 个，双字姓 4311 个，三字姓 1615 个，四字姓 571 个，五字姓 96 个，六字姓 22 个，七字姓 7 个，八字姓 3 个，九字姓 1 个。汉族人现在使用的姓氏约 3600 个，平均每个姓 30 万人。全国最大的五个姓是李、王、张、刘、陈，人口之和达三亿五千多万。李、王、张三大姓分别占汉族人口的 7.9%、7.4%、7.1%。

《百家姓》书中“·”后和“·”前二字为复姓，共六十四个；夹谷、左丘、宗政、巫马、颛孙、闻人等复姓的首字可为单姓。一些复姓的读音，如尉迟读“育迟”，单于读“婵于”，单读“善”，子车读“子居”，长孙读“掌孙”，亓官读“基官”，令狐读“零狐”，段干读“段甘”，乐正读“月正”，万俟读“莫齐”，仇读“求”，区读“欧”，澹台读“谈台”，仉读“掌”。縠、梁、壤、驷不能简化写成谷、梁、埌、驷。

熟悉《百家姓》，至少可以识人姓氏，可以读准写对姓氏，而不会闹出笑话，造成误解。

赵钱孙李　周吴郑王　冯陈褚卫　蒋沈韩杨
朱秦尤许　何吕施张　孔曹严华　金魏陶姜
戚谢邹喻　柏水窦章　云苏潘葛　奚范彭郎
鲁韦昌马　苗凤花方　俞任袁柳　酆鲍史唐
费廉岑薛　雷贺倪汤　滕殷罗毕　郝邬安常
乐于时傅　皮卞齐康　伍余元卜　顾孟平黄
和穆萧尹　姚邵湛汪　祁毛禹狄　米贝明臧
计伏成戴　谈宋茅庞　熊纪舒屈　项祝董梁
杜阮蓝闵　席季麻强　贾路娄危　江童颜郭
梅盛林刁　钟徐邱骆　高夏蔡田　樊胡凌霍
虞万支柯　昝管卢莫　经房裘缪　干解应宗
丁宣贲邓　郁单杭洪　包诸左石　崔吉钮龚
程嵇邢滑　裴陆荣翁　荀羊於惠　甄曲家封
芮羿储靳　汲邴糜松　井段富巫　乌焦巴弓
牧隗山谷　车侯宓蓬　全郗班仰　秋仲伊宫
宁仇栾暴　甘钭厉戎　祖武符刘　景詹束龙
叶幸司韶　郜黎蓟薄　印宿白怀　蒲邰从鄂
索咸籍赖　卓蔺屠蒙　池乔阴郁　胥能苍双
闻莘党翟　谭贡劳逄　姬申扶堵　冉宰郦雍
郤璩桑桂　濮牛寿通　边扈燕冀　郏浦尚农
温别庄晏　柴瞿阎充　慕连茹习　宦艾鱼容
向古易慎　戈廖庚终　暨居衡步　都耿满弘
匡国文寇　广禄阙东　欧殳沃利　蔚越夔隆
师巩厍聂　晁勾敖融　冷訾辛阚　那简饶空
曾毋沙乜　养鞠须丰　巢关蒯相　查后荆红

游竺权逯　盖益桓公　·万俟司马·　·上官欧阳·

·夏侯诸葛·　·闻人东方·　·赫连皇甫·　·尉迟公羊·

·澹台公冶·　·宗政濮阳·　·淳于单于·　·太叔申屠·

·公孙仲孙·　·轩辕令狐·　·钟离宇文·　·长孙慕容·

·鲜于闾丘·　·司徒司空·　·亓官司寇·　·仉督子车·

·颛孙端木·　·巫马公西·　·漆雕乐正·　·壤驷公良·

·拓跋夹谷·　·宰父穀梁·　晋楚阎法　汝鄢涂钦

·段干百里·　·东郭南门·　·呼延归海·　·羊舌微生·

岳帅缑亢　·况后有琴·　·梁丘左丘·　·东门西门·

·商牟佘佴　伯赏南宫·　墨哈谯笪　年爱阳佟

·第五言福　·百家姓终

(二)《千字文》

《千字文》是南北朝梁武帝时周兴嗣撰编的,隋代开始流行,为古代普遍采用的儿童启蒙读物。

据《梁书》载:"周兴嗣,字思纂,陈郡项人[①],上(梁武帝)以王羲之书千字,使兴嗣次韵为文,奏之称善,加赐金帛。"宋李昉等编的《太平广记》说:"梁武帝教诸王书,令殷铁石于大王(王羲之)书中拓一千字不重者,每字片纸,杂碎无序。帝召兴嗣曰:'卿有才思,为我韵之。'兴嗣一夕编缀进上,鬓发皆白,赏赐甚厚。"周兴嗣用了一夜时间,经过巧妙安排,将杂乱无序的一千字编为四言韵语,成为一篇文章。文中除"洁"字以外,其余均无重复,而且文章对仗工整,条理有序,文采斐然,义理明确,令人称绝。

《千字文》叙述有关天文地理、动植物名称、农业知识、社会历史、伦理、教育等方面的知识,内容简明扼要,通俗易懂,易诵易记。"天地玄黄,宇宙洪荒,日月盈昃,辰宿列张。寒来暑往,秋收冬藏,闰余成岁,律吕调阳""治本于农,务兹稼穑,俶载南亩,我艺黍稷"等句子,将当时的自然科学知识和农业生产知识纳入,是该文的特色,也是其可贵之处。"知过必改,得能莫忘""尺璧非宝,寸阴是竞""性静情逸,心动神疲"等句子,都是精辟的格言。此外,《千字文》的字序昔时还被广泛用作坊里屋舍、簿册卷宗的编号。外国学者现在把《千字文》当作学习汉字的读物。

《千字文》作为传授知识的蒙学读物,如今对增进青少年的知识和见闻,加强思想品德修养,都有一定的现实意义。由于作者受时代所限,书中有宣扬尊卑贵贱、三纲五常的消极部分,我们应用历史的、批判的观点对待。

天地玄黄,
宇宙洪荒。
日月盈昃,
辰宿列张。
寒来暑往,
秋收冬藏。
闰余成岁,
律吕调阳。
云腾致雨,
露结为霜。
金生丽水,
玉出昆冈。
剑号巨阙,
珠称夜光。
果珍李柰,

① 周兴嗣为陈郡项人,现河南省项城市,后举家迁徒马鞍山采石的宝积山(即今天的安徽当涂),在这里编成了《千字文》,成为中国蒙学之祖。

菜重芥姜。
海咸河淡，
鳞潜羽翔。
龙师火帝，
鸟官人皇。
始制文字，
乃服衣裳。
推位让国，
有虞陶唐。
吊民伐罪，
周发殷汤。
坐朝问道，
垂拱平章。
爱育黎首，
臣伏戎羌。
遐迩一体，
率宾归王。
鸣凤在竹，
白驹食场。
化被草木，
赖及万方。
盖此身发，
四大五常。
恭惟鞠养，
岂敢毁伤。
女慕贞洁，
男效才良。
知过必改，
得能莫忘。
罔谈彼短，

靡恃己长。
信使可覆，
器欲难量。
墨悲丝染，
诗赞羔羊。
景行维贤，
克念作圣。
德建名立，
形端表正。
空谷传声，
虚堂习听。
祸因恶积，
福缘善庆。
尺璧非宝，
寸阴是竞。
资父事君，
曰严与敬。
孝当竭力，
忠则尽命。
临深履薄，
夙兴温凊。
似兰斯馨，
如松之盛。
川流不息，
渊澄取映。
容止若思，
言辞安定。
笃初诚美，
慎终宜令。
荣业所基，

籍甚无竟。
学优登仕，
摄职从政。
存以甘棠，
去而益咏。
乐殊贵贱，
礼别尊卑。
上和下睦，
夫唱妇随。
外受傅训，
入奉母仪。
诸姑伯叔，
犹子比儿。
孔怀兄弟，
同气连枝。
交友投分，
切磨箴规。
仁慈隐恻，
造次弗离。
节义廉退，
颠沛匪亏。
性静情逸，
心动神疲。
守真志满，
逐物意移。
坚持雅操，
好爵自縻。
都邑华夏，
东西二京。
背邙面洛，

浮渭据泾。
宫殿盘郁，
楼观飞惊。
图写禽兽，
画彩仙灵。
丙舍傍启，
甲帐对楹。
肆筵设席，
鼓瑟吹笙。
升阶纳陛，
弁转疑星。
右通广内，
左达承明。
既集坟典，
亦聚群英。
杜稿钟隶，
漆书壁经。
府罗将相，
路侠槐卿。
户封八县，
家给千兵。
高冠陪辇，
驱毂振缨。
世禄侈富，
车驾肥轻。
策功茂实，
勒碑刻铭。
磻溪伊尹，
佐时阿衡。
奄宅曲阜，
微旦孰营?
桓公匡合，
济弱扶倾。
绮回汉惠，
说感武丁。
俊乂密勿，
多士实宁。
晋楚更霸，
赵魏困横。
假途灭虢，
践土会盟。
何遵约法，
韩弊烦刑。
起翦颇牧，
用军最精。
宣威沙漠，
驰誉丹青。
九州禹迹，
百郡秦并。
岳宗泰岱，
禅主云亭。
雁门紫塞，
鸡田赤城。
昆池碣石，
钜野洞庭。
旷远绵邈，
严岫杳冥。
治本于农，
务兹稼穑。
俶载南亩。
我艺黍稷。
税熟贡新，
劝赏黜陟。
孟轲敦素，
史鱼秉直。
庶几中庸，
劳谦谨敕。
聆音察理，
鉴貌辨色。
贻厥嘉猷，
勉其祗植。
省躬讥诫，
宠增抗极。
殆辱近耻，
林皋幸即。
两疏见机，
解组谁逼。
索居闲处，
沉默寂寥。
求古寻论，
散虑逍遥。
欣奏累遣，
戚谢欢招。
渠荷的历，
园莽抽条。
枇杷晚翠，
梧桐蚤凋。
陈根委翳，
落叶飘摇。
游鹍独运，

凌摩绛霄。
耽读玩市，
寓目囊箱。
易輶攸畏，
属耳垣墙。
具膳餐饭，
适口充肠。
饱饫烹宰，
饥厌糟糠。
亲戚故旧，
老少异粮。
妾御绩纺，
侍巾帷房。
纨扇圆洁，
银烛炜煌。
昼眠夕寐，
蓝笋象床。
弦歌酒宴，
接杯举觞。

矫手顿足，
悦豫且康。
嫡后嗣续，
祭祀烝尝。
稽颡再拜，
悚惧恐惶。
笺牒简要，
顾答审详。
骸垢想浴，
执热愿凉。
驴骡犊特，
骇跃超骧。
诛斩贼盗，
捕获叛亡。
布射僚丸，
嵇琴阮啸。
恬笔伦纸，
钧巧任钓。

释纷利俗，
并皆佳妙。
毛施淑姿，
工颦妍笑。
年矢每催，
曦晖朗曜。
璇玑悬斡，
晦魄环照。
指薪修祜，
永绥吉劭。
矩步引领，
俯仰廊庙。
束带矜庄，
徘徊瞻眺。
孤陋寡闻，
愚蒙等诮。
谓语助者，
焉哉乎也。

(三)《三字经》

《三字经》是中国历史上最有代表性的一部幼学启蒙读物。它流传时间最长、范围最广、影响也最大。相传作者是南宋大学问家王应麟(一说是宋末区适子);明、清学者陆续有增补。现代著名学者章太炎于1928年重修定名为《重订三字经》。

《三字经》通篇以"教"为主线,寓"教"于"智",上至天文,下至地理,旁及哲史文经、诗书礼乐、医卜星算、伦理道德、社会生活、名物常识等。它在教化方面非常注重德的培养。"人之初,性本善。性相近,习相远。苟不教,性乃迁。教之道,贵以专"。一开头就把人们的道德意识、道德行为、道德情感和道德价值中的一个重要的因素"善"亮了出来,意在把它作为人们道德规范的一个最高标准,今天仍有其可取的一面。

《三字经》的编写,在不少地方是符合儿童自身的知觉特点、记忆特点和思维特点的。如谈到要知道算数,要学会认字时,就写道:"知某数,识某文,一而十,十而百,百而千,千而万。"谈到时令和方位时写道:"曰春夏,曰秋冬,此四时,运不穷。曰南北,曰西东,此四方,应乎中。"这些都符合儿童对事物知觉的要求。又如,在谈到大自然时,这样写道:"稻粱菽,麦黍稷。此六谷,人所食。马牛羊,鸡犬豕。此六畜,人所饲。"按儿童的所见所闻由近及远,由个别到一般地叙述,既激发了儿童的学习兴趣,又给他们灌输了必要的生活常识,符合儿童的记忆特点。再如,谈到学习的重要性时,就说:"子不学,非所宜。幼不学,老何为。玉不琢,不成器。人不学,不知义。""犬守夜,鸡司晨。苟不学,曷为人?蚕吐丝,蜂酿蜜。人不学,不如物。"这样以形象的比喻,浅显的道理进行劝喻,儿童易于接受。为了鼓励儿童勤奋好学,全书最后一部分列数了从大圣大贤的孔子,到7岁就考上了"神童科"的刘晏等近20名前辈先哲,以他们致力成才的故事,催人奋进。非常顺应儿童的形象思维。

《三字经》在行文技巧上很独特。汉语一般是四字成句,而《三字经》都是三字成句,或三字倍数成句,且句句押韵,读起来音韵铿锵,朗朗上口,便于记忆。它比《千字文》要通俗得多。全文仅千余字,但言简意赅,内容丰富,涵盖面极广。一部五千年中华文明史,文中仅用三百余字,就把朝代的更迭、帝王的兴废等,表述得清清楚楚。

《三字经》早在南宋末年就已传到日本，清初传到俄国和欧洲，后又传到北美。1989年7月，新加坡汾阳公会组织青少年读《三字经》。1990年10月，《三字经》被联合国教科文组织选入《儿童道德丛书》之中。现在，《三字经》已有满、蒙、英、法、拉丁等多种文字的译本。

《三字经》中的精华与糟粕是并存的。它作为封建社会的文化读物，宣扬的封建伦理道德、天命论和读书做官等十分突出，需要我们运用历史唯物主义的观点，本着汲取精华、去其糟粕的原则，来接受这一历史遗产。

人之初，性本善。性相近，习相远。苟不教，性乃迁。教之道，贵以专。
昔孟母，择邻处，子不学，断机杼。窦燕山，有义方，教五子，名俱扬。
养不教，父之过，教不严，师之惰。子不学，非所宜。幼不学，老何为？
玉不琢，不成器，人不学，不知义。为人子，方少时，亲师友，习礼仪。
香九龄，能温席，孝于亲，所当执。融四岁，能让梨，弟于长，宜先知。
首孝悌，次见闻，知某数，识某文。一而十，十而百，百而千，千而万。
三才者，天地人。三光者，日月星。三纲者，君臣义。父子亲，夫妇顺。
曰春夏，曰秋冬，此四时，运不穷。曰南北，曰西东，此四方，应乎中。
曰水火，木金土，此五行，本乎数。曰仁义，礼智信，此五常，不容紊。
稻粱菽，麦黍稷，此六谷，人所食。马牛羊，鸡犬豕，此六畜，人所饲。
曰喜怒，曰哀惧，爱恶欲，七情具。匏土革，木石金，丝与竹，乃八音。
高曾祖，父而身，身而子，子而孙。自子孙，至玄曾，乃九族，人之伦。
父子恩，夫妇从。兄则友，弟则恭。长幼序，友与朋。君则敬，臣则忠。
此十义，人所同。凡训蒙，须讲究。详训诂，明句读。为学者，必有初。
小学终，至四书。论语者，二十篇，群弟子，记善言。孟子者，七篇止。
讲道德，说仁义。作中庸，子思笔。中不偏，庸不易。作大学，乃曾子。
自修齐，至平治。孝经通，四书熟。如六经，始可读。诗书易，礼春秋。
号六经，当讲求。有连山，有归藏。有周易，三易详。有典谟，有训诰。
有誓命，书之奥。我周公，作周礼。著六官，存治体。大小戴，注礼记。
述圣言，礼乐备。曰国风，曰雅颂。号四诗，当讽咏。诗既亡，春秋作。
寓褒贬，别善恶。三传者，有公羊。有左氏，有谷梁。经既明，方读子。
撮其要，记其事。五子者，有荀扬。文中子，及老庄。经子通，读诸史。
考世系，知终始。自羲农，至黄帝。号三皇，居上世。唐有虞，号二帝。

相揖逊，称盛世。夏有禹，商有汤。周文武，称三王。夏传子，家天下。四百载，迁夏社。汤伐夏，国号商。六百载，至纣亡。周武王，始诛纣。八百载，最长久。周辙东，王纲坠。逞干戈，尚游说。始春秋，终战国。五霸强，七雄出。嬴秦氏，始兼并。传二世，楚汉争。高祖兴，汉业建。至孝平，王莽篡。光武兴，为东汉。四百年，终于献。魏蜀吴，争汉鼎。号三国，迄两晋。宋齐继，梁陈承。为南朝，都金陵。北元魏，分东西。宇文周，与高齐。迨至隋，一土宇。不再传，失统绪。唐高祖，起义师。除隋乱，创国基。二十传，三百载。梁灭之，国乃改。梁唐晋，及汉周。称五代，皆有由。炎宋兴，受周禅。十八传，南北混。辽与金，皆称帝。元灭金，绝宋世。舆图广，超前代。九十年，国祚废。太祖兴，国大明。号洪武，都金陵。迨成祖，迁燕京。十六世，至崇祯。阉祸后，寇内讧。闯逆变，神器终。清太祖，膺景命。靖四方，克大定。廿四史，全在兹。载治乱，知兴衰。读史者，考实录。通古今，若亲目。口而诵，心而惟。朝于斯，夕于斯。昔仲尼，师项橐。古圣贤，尚勤学。赵中令，读鲁论。彼既仕，学且勤。披蒲编，削竹简。彼无书，且知勉。头悬梁，锥刺股。彼不教，自勤苦。如囊萤，如映雪。家虽贫，学不辍。如负薪，如挂角。身虽劳，犹苦卓。苏老泉，二十七。始发愤，读书籍。彼既老，犹悔迟。尔小生，宜早思。若梁灏，八十二。对大廷，魁多士。彼既成，众称异。尔小生，宜立志。莹八岁，能咏诗。泌七岁，能赋棋。彼颖悟，人称奇。尔幼学，当效之。蔡文姬，能辨琴。谢道韫，能咏吟。彼女子，且聪敏。尔男子，当自警。唐刘晏，方七岁。举神童，作正字。彼虽幼，身已仕。尔幼学，勉而致。有为者，亦若是。犬守夜，鸡司晨。苟不学，曷为人。蚕吐丝，蜂酿蜜。人不学，不如物。幼而学，壮而行。上致君，下泽民。扬名声，显父母。光于前，裕于后。人遗子，金满籯。我教子，惟一经。勤有功，戏无益。戒之哉，宜勉力。

(四)《增广贤文》

《增广贤文》全称《增广昔时贤文》，亦称《昔时贤文》，作者不详，约成文于清代中叶。后经清朝同治时周希陶修订，更名为《重订增广》。

《增广贤文》是一种训诫类启蒙读物。它吸收了中国民间流传的格言、谚语，采摘了许多古圣先贤的名言佳句，用依韵归类的方法，经过加工提炼编排而成，着重讲述为人处世、待人接物、治学修德方面的道理，雅俗共赏，历久常新，至今仍有借鉴作用。全文内容广泛，通俗简明，富于哲理，耐人寻味，给人启迪，而且句式押韵对仗，读来朗朗上口，听了顺耳易记，所以在民间流传极广，影响很大。

《增广贤文》的修订本，重新调整了原书的语句，使之内容更连贯，又删除了一些消极的内容，并增添了许多新的内容。但由于它是封建社会的产物，夹杂着不少封建伦理，渗透着没落、消极的思想观点，读者阅读时应加以鉴别，取其精华，剔其糟粕，古为今用。这里介绍的是周氏重订本。

昔时贤文，诲汝谆谆，集韵增广，多见多闻。观今宜鉴古，无古不成今。贤乃国之宝，儒为席上珍。农工与商贾，皆宜敦五伦。孝弟为先务，本立而道生。尊师以重道，爱众而亲仁。钱财如粪土，仁义值千金。作事须循天理，出言要顺人心。心术不可得罪于天地，言行要留好样与儿孙。处富贵地，要矜怜贫贱的痛痒；当少壮时，须体念衰老的酸辛。孝当竭力，非徒养身。鸦有反哺之孝，羊知跪乳之恩。岂无远道思亲泪，不及高堂念子心。爱日以承欢，莫待丁兰刻木祀，椎牛而祭墓，不如鸡豚逮亲存。兄弟相害，不如友生；外御其侮，莫如弟兄。有酒有肉多兄弟，急难何曾见一人。一回相见一回老，能得几时为弟兄。父子和而家不败，兄弟和而家不分，乡党和而争讼息，夫妻和而家道兴。只缘花底莺声巧，遂使天边雁影分。诸恶莫作，众善奉行。知己知彼，将心比心。责人之心责己，爱己之心爱人。再三须慎意，第一莫欺心。宁可人负我，切莫我负人。贪爱沉溺即苦海，利欲炽然是火坑。随时莫起趋时念，脱俗休存矫俗心。横逆困穷，直从起处讨由来，则怨尤自息；功名富贵，还向灭时观究竟，则贪恋自轻。

昼坐惜阴，夜坐惜灯。读书须用意，一字值千金。酒逢知己饮，诗向会人吟。相识满天下，知心能几人？相逢好似初相识，到老终无怨恨心。平生不作皱眉事，世上应无切齿人。

栖迟蓬户，耳目虽拘而神情自旷；结纳山翁，仪文虽略而意念常真。萤仅自照，雁不孤行。苗从蒂发，藕由莲生。近水知鱼性，近山识鸟音。路遥知马力，事久见人心。运去金成铁，时来铁似金。马行无力皆因瘦，人不风流只为贫。近水楼台先得月，向阳花木早逢春。饶人不是痴汉，痴汉不会饶人。不说自己桶索短，但怨人家箍井深。

美不美，乡中水；亲不亲，故乡人。割不断的亲，离不开的邻。相见易得好，久住难为人。客来主不顾，应恐是痴人。在家不会迎宾客，出路方知少主人。

群居守口，独坐防心。志从肥甘丧，心以淡泊明。有钱堪出众，遭难莫寻亲。远水难救近火，远亲不如近邻。两人一般心，有钱堪买金；一人一般心，无钱堪买针。力微休负重，言轻莫劝人。听话如尝汤，交财始见心。易涨易退山溪水，易反易复小人心。画虎画皮难画骨，知人知面不知心。谁人背后无人说，哪个人前不说人。

但行好事，莫问前程。钝鸟先飞，大器晚成。千里不欺孤，独木不成林。

贫居闹市无人问，富在深山有远亲。人情似纸张张薄，世事如棋局局新。世人结交须黄金，黄金不多交不深。纵令然诺暂相许，终是悠悠行路心。当局者昧，旁观者明。

河狭水急，人急计生。饱暖思淫欲，饥寒起盗心。飞蛾扑灯甘就镬，春蚕作茧自缠身。

江中后浪催前浪，世上新人赶旧人。人生一世，草生一春，来如风雨，去似微尘。闹里有钱，静处安身。明知山有虎，莫向虎山行。莺花犹怕风光老，岂可教人枉度春。相逢不饮空归去，洞口桃花也笑人。

昨日花开今日谢，百年人有万年心。北邙荒冢无贫富，玉垒浮云变古今。幸名无德非佳兆，乱世多财是祸根。世事茫茫难自料，清风明月冷看人。劝君莫作守财虏，死去何曾带一文。血肉身躯且归泡影，何论影外之影；山河大地尚属微尘，而况尘中之尘。

速效莫求，小利莫争。名高妒起，宠极谤生。众怒难犯，专欲难成。物极必反，器满则倾。欲知三岔路，须问去来人。

三十年前人寻病，三十年后病寻人。大富由命，小富由勤。自恨枝无叶，莫谓日无荫。一年之计在于春，一日之计在于寅，一家之计在于和，一生之计在于勤。

择婿观头角，娶女访幽贞。大抵取他根骨好，富贵贫贱非所论。无限朱门生饿殍，几多白屋出公卿。凌云甲第更新主，胜概名园非旧人。

众口难辩，孤掌难鸣。当场不战，过后兴兵。一肥遮百丑，四两拨千斤。无病休嫌瘦，身安莫怨贫。岂能尽如人意，但求不愧我心。雨露不滋无本草，混财不富命穷人。

慢藏诲盗，冶容诲淫。偏听则暗，兼听则明。耳闻是虚，眼见是实。一犬吠影，百犬吠声。莫信直中直，须防仁不仁。虎生犹可近，人毒不堪亲。来说是非者，便是是非人。世路由他险，居心任我平。惺惺常不足，蒙蒙作公卿。遍身绮罗者，不是养蚕人。

毋私小惠而伤大体，毋借公论而快私情。毋以己长而形人之短，毋因己拙而忌人之能。勿恃势力而凌逼孤寡，勿贪口腹而恣杀牲禽。倚势凌人，势败人凌我；穷巷追狗，巷穷狗咬人。见色而起淫心，报在妻女；匿怨而用暗箭，祸延子孙。

先到为君，后到为臣。莫道君行早，更有早行人。灭却心头火，剔起佛前灯。平日不做亏心事，半夜敲门心不惊。牡丹花好空入目，枣花虽小结实成。

众星朗朗，不如孤月独明；照塔层层，不如暗处一灯。鼓打千棰，不如雷轰一声；良田百亩，不如薄技随身。富厚福泽，不过厚吾之生。贫贱忧戚，乃是玉汝于成。

命薄福浅，树大根深。非上上智，无了了心。讳疾忌医，掩耳盗铃。

烈士让千乘，贪夫争一文。气是无名火，忍是敌灾星。但存方寸地，留与子孙耕。

万事劝人休瞒昧，举头三尺有神明。为恶畏人知，恶中犹有善路；为善急人知，善处即是恶根。贫贱骄人，虽涉虚矫，还有几分侠气；奸雄欺世，纵似挥霍，全没半点真心。

扫地红尘飞，才著工夫便起障；开窗日月进，能通灵窍自生明。发念处即遏三大欲，到头时方全一点真。

守分安命，趋吉避凶。识真方知假，无奸不显忠。人无千日好，花无百日红。人老心不老，人穷志不穷。座上客常满，杯中酒不空。礼义兴于富足，盗贼出于贫穷。乍富不知新受用，乍贫难改旧家风。天上有星皆拱北，世间无水不朝东。白发不随人老去，转眼又是白头翁。屋漏更遭连夜雨，船慢又遇顶头风。笋因落箨方成竹，鱼为奔波始化龙。

汝惟不矜，天下莫与汝争能；汝惟不伐，天下莫与汝争功。明不伤察，直不过矫，仁能善断，清能有容。不尽人之欢，不竭人之忠，不自是而露才，不轻试以幸功。受享不逾分外，修持不减分中。待人无半毫诈伪欺隐，处事只一味镇定从容。肝肠煦若春风，虽囊乏一文，还怜茕独；气骨清如秋水，纵家徒四壁，终傲王公。急行缓行，前程只有许多路；逆取顺取，到头总是一场空。

生不认魂，死不认尸。好言难得，恶语易施。美玉可沽，善贾且待。瓦甄既堕，反顾何为。英雄行险道，富贵似花枝。人情莫道春光好，只怕秋来有冷时。父母恩深终有别，夫妻义重也分离。人生似鸟同林宿，大限来时各自飞。早把甘旨勤奉养，夕阳光景不多时。

人善被人欺，马善被人骑。人恶人怕天不怕，人善人欺天不欺。善恶到头终有报，只争来早与来迟。龙游浅水遭虾戏，虎落平阳被犬欺。但将冷眼观螃蟹，看你横行到几时。黄河尚有澄清日，岂可人无得运时。十年窗下无人识，一举成名天下知。燕雀哪知鸿鹄志，虎狼岂被犬羊欺。

事业文章，随身销毁，而精神万古不灭；功名富贵，逐世转移，而气节千载如斯。

得宠思辱，居安思危。国乱思良相，家贫思良妻。荣宠旁边辱等待，贫贱背后福跟随。成名每在穷苦日，败事多因得意时。声伎晚景从良，半世之烟花无碍；贞妇白头失守，一生之清苦俱非。

闲事休管，无事早归。假缎染就真红色，也被旁人说是非。常将酒钥开眉锁，莫把心机织鬓丝。为人莫作千年计，三十河东四十西。秋虫春鸟，共畅天机，何必浪生悲喜；老树新花，同含生意，胡为妄别妍媸。

许人一物，千金不移。一言既出，驷马难追。鄙啬之极，必生奢男；厚德之至，定产佳儿。日勤三省，夜惕四知。博学而笃志，切问而近思。

少年不努力，老大徒伤悲。惜钱休教子，护短莫从师。须知孺子可教，勿谓童子何知。

一举首登龙虎榜，十年身到凤凰池。进德修业，要个木石的念头，若稍涉矜夸，便趋欲境；济世经邦，要段云水的趣味，若一有贪恋，便堕危机。

官清书吏瘦，神灵庙祝肥。若要人不知，除非己莫为。静坐常思己过，闲谈莫论人非。友如作画须求淡，邻有淳风不攘鸡。小窗莫听黄鹂语，踏破荆花满院飞。平生最爱鱼无舌，游遍江湖少是非。无事常如有事时提防，才可以弥意外之变；有事常如无事时镇定，才可以消局中之危。

三人同行，必有我师，择其善者而从，其不善者而改之。养心莫善于寡欲，无恒不可作巫医。狎昵恶少，久必受其累；屈志老成，急则可相依。心口如一，童叟无欺。人有善念，天必佑之。过则无惮改，独则毋自欺。道吾好者是吾贼，道吾恶者是吾师。

入观庭户知勤惰，一出茶汤便见妻。父老奔驰无孝子，要知贤母看儿衣。入门休问荣枯事，观看容颜便得知。养儿代老，积谷防饥。

常将有日思无日，莫待无时想有时。守己不贪终是稳，利人所有定遭亏。美酒饮当微醉候，好花看到半开时。当路莫栽荆棘树，他年免挂子孙衣。望于天，必思己所为；望于人，必思己所施。贪了牲禽的滋益，必招性分的损；占了人事的便宜，必受天道的亏。

出家如初，成佛有余。三心一净，四相俱无。著意于无，即是有根未斩；留心于静，便为动芽未锄。

鹬蚌相持，渔翁得利。城门失火，殃及池鱼。人而无信，百事皆虚。言称圣贤，心类穿窬。学不尚实行，马牛而襟裾。欲求生富贵，须下苦功夫。既耕亦已种，时还读我书。

结交须胜己，似我不如无。同君一夜话，胜读十年书。求人须求大丈夫，济人须济急时无。渴时一滴如甘露，醉后添杯不如无。作事惟求心可以，待人先看我何如。害人之心不可有，防人之心不可无。酒中不语真君子，财上分明大丈夫。白酒酿成缘好客，黄金散尽为收书。

竹篱茅舍风光好，道院僧房总不如。炮凤烹龙，放箸时与盐齑无异；悬金佩玉，成灰处与瓦砾何殊。先达笑弹冠，休向侯门轻束带；相知犹按剑，莫从世路暗投珠。厚时说尽知心，恐妨薄后发泄。少年不节嗜欲，每致中道而殂。

水至清，则无鱼；人至察，则无徒。痴人畏妇，贤女敬夫。妻财之念重，兄弟之情疏；宁可正而不足，不可斜而有余。认真还自在，作假费工夫。是非朝朝有，不听自然无。久住令人贱，频来亲也疏。但看三五日，相见不如初。人情似水分高下，世事如云任卷舒。

百年成之不足，一旦坏之有余。训子须从胎教始，端蒙必自《小学》初。养子不教如养驴，养女不教如养猪。有田不耕仓廪虚，有书不读子孙愚。仓廪虚兮岁月乏，子孙愚兮礼义疏。茫茫四海人无数，哪个男儿是丈夫。要好儿孙须积德，欲高门第快读书。救人一命，胜造七级浮屠；积金万两，不如一解经书。

静中观物动，闲处看人忙，才得超尘脱俗的趣味；忙处会偷闲，动中能取静，便是安身立命的工夫。子教婴孩，妇教初来。内要伶俐，外要痴呆。聪明逞尽，惹祸招灾。能让终有益，忍气免伤财；富从升合起，贫因不算来；暗中休使箭，乖里放些呆。

衙门八字开，有理无钱莫进来。

天灾不时有，谁家挂得免字牌。用人不宜刻，刻则思效者去；交友不宜滥，滥则贡谀者来。财是怨府，贪为祸胎。

乐不可极，乐极生哀；欲不可纵，纵欲成灾。百年容易过，青春不再来。欲寡精神爽，思多血气衰。一头白发催将去，万两黄金买不回。略尝辛苦方为福，不作聪明便是才。终身疾病，恒从新婚造起；盖世勋猷，多是老成建来。

见者易，学者难。莫将容易得，便作等闲看。万恶淫为首，百善孝为先。妻贤夫祸少，子孝父心宽。事亲须当养志，爱子勿令偷安。不求金玉重重贵，但愿儿孙个个贤，却愁前面无多路，及早承欢向膝前。

祭而丰，不如养之厚；悔之晚，何若谨于前。花逞春光，一番雨一番风，催归尘土；竹坚雅操，几朝霜几朝雪，傲就琅玕。

言顾行，行顾言。为事在人，成事在天。伤人一语，痛如刀割；杀人一万，自损三千。击石原有火，逢仇莫结冤。有容德乃大，无欲心自闲。瓜田不纳履，李下不整冠。误处皆缘不学，强作乃成自然。将相顶头堪走马，公侯肚内好撑船。

贫不卖书留子读，老犹栽竹与人看。不作风波于世上，但留清白在人间。勿因群疑而阻独见，勿任己意而废人言。路逢险处，为人辟一步周行，便觉天宽地阔；遇到穷时，使我留三分抚恤，自然理顺情安。事有急之不白者，宽之或自明，勿操急以速其忿；人有切之不从者，纵之或自化，勿操切以益其顽。

道路各别，养家一般。逸态闲情，惟期自尚；清标傲骨，不愿人怜。他急我不急，人闲心不闲。富人思来年，贫人顾眼前。

忙中多错事，醉后吐真言。上山擒虎易，开口告人难。不是撑船手，休要提篙竿。好言一句三冬暖，话不投机六月寒。知音说与知音听，不是知音莫与谈。谗言败坏真君子，美色消磨狂少年。用心计较般般错，退步思量事事宽。但有绿杨堪系马，处处有路到长安。

人欲从初起处剪除，如斩新刍，工夫极易，若乐其便，而姑为染指，则深入万仞；天理自乍见时充拓，如磨尘镜，光彩渐增，若惮其难，而稍为退步，便远隔千山。

风息时，休起浪；岸到处，便离船。隐恶扬善，谨行慎言。自处超然，处人蔼然，得意欿然，失意泰然。老当益壮，穷且益坚。

榜上名扬，蓬门增色；床头金尽，壮士无颜。由俭入奢易，由奢入俭难。少成若天性，习惯成自然。自奉必须俭约，宴客切莫留连。

枯木逢春犹再发，人无两度再少年。少而寡欲颜常好，老不求官梦亦闲。书有未曾经我读，事无不可对人言。

兄弟叔侄，须分多润寡；长幼内外，宜法肃词严。一粥一饭，当思来处不易；半丝半缕，恒念物力维艰。

人学始知道，不学亦徒然。愚而好自用，贱而好自专。有书真富贵，无事小神仙。出岫孤云，去来一无所系；悬空朗镜，妍丑两不相干。劝君作福便无钱，祸到临头使万千。

善恶关头休错认，一失人身万劫难。积德若为山，九仞头休亏一篑；容人须学海，十分满尚纳百川。为善最乐，为恶难逃。养兵千日，用在一朝。国清才子贵，家富小儿娇。士为知己用，节不岁寒凋。

不因渔父引，怎得见波涛。但知口中有剑，不知袖里藏刀。春蚕到死丝方尽，恶语伤人恨难消。入山不怕伤人虎，只怕人情两面刀。

世间公道惟白发，贵人头上不曾饶。无求到处人情好，不饮随他酒价高。书画是雅事，一贪痴便成商贾；山林是胜地，一营恋便成市朝。情欲意识属妄心，消杀得妄心尽，而后真心现；矜高倨傲是客气，降伏是客气平，而后正气调。

因风吹火，用力不多。光阴似箭，日月如梭。吉人之辞寡，躁人之辞多。黄金未为贵，安乐值钱多。儿孙胜于我，要钱做什么；儿孙不知我，要钱做什么。会使不在家豪富，风雅不在著衣多。

强中更有强中手，恶人自有恶人磨。知事少时烦恼少，识人多处是非多。世间好语书说尽，天下名山寺占多。积德百年元气厚，读书三代雅人多。

上为父母，中为己身，下为儿女，做得清方了却平生事；立上等品，为中等事，享下等福，守得定才是个安乐窝。一念常惺，才避得去神弓鬼矢；纤尘不染，方解得开地网天罗。富贵是无情之物,你看得他重,他害你越大;贫贱是耐久之交,你处得他好,他益你必多。

谦恭待人,忠孝传家。不学无术,读书便佳。男以女为室,女以男为家。根深不怕风摇动,表正何愁日影斜。能休尘境为真境,未了僧家是俗家。成家犹如针挑土,败家好似水推沙。池塘积水堪防旱,田地深耕足养家。

讲学不尚躬行,为口头禅;立业不思种德,如眼前花。一段不为的气节,是撑天立地之柱石;一点不忍的念头,是生民育物之根芽。

早起三光,迟起三慌。顺天者存,逆天者亡。世路风波,炼心之境;人情冷暖,忍性之场。爽口食多终作疾,快心事过必生殃。汤武以谔谔而昌,桀纣以唯唯而亡。

量窄气大,发短心长。善必寿考,恶必早亡。与治同道罔不兴,与乱同事罔不亡。富贵定要依本分,贫穷不必枉思量。福不可邀,养喜神以为招福之本;祸不可避,去杀机以为远祸之方。贪他一斗米,失却半年粮;争他一脚豚,反失一肘羊。不贪为宝,两不相伤。

画水无风偏作浪,绣花虽好不闻香。贫无达士将金赠,病有高人说药方。三生有幸,一饭不忘。见善如不及,见恶如探汤。隐逸林中无荣辱,道义路上泯炎凉。秋至满山皆秀色,春来无处不花香。

恶忌阴,善忌阳。穷灶门,富水缸。家贼难防,偷断屋粮。坐吃如山崩,游嬉则业荒。居身务期质朴,训子要有义方。富若不教子,钱谷必消亡;贵若不教子,衣冠受不长。能师孟母三迁教,定卜燕山五桂芳。国有贤臣安社稷,家无逆子恼爹娘。

说话人短,记话人长。平生只会说人短,何不回头把己量。言易招尤,对亲友少说两句;书能化俗,教儿孙多读几行。施惠勿念,受恩莫忘。刻薄成家,理无久享;伦常乖舛,立见消亡。触来莫与说,事过心清凉。

君子不可貌相,海水不可斗量。蓬蒿之下,或有兰香;茅茨之屋,或有公王。一家饱暖千家怨,万世机谋二世亡。狐眠败砌,兔走荒台,尽是当年歌舞地;露冷黄花,烟迷绿草,悉为旧日争战场。拨开世上尘氛,胸中自无火炎水竞;消去心中鄙吝,眼前时有鸟语花香。

贫穷自在,富贵多忧。既往不咎,覆水难收。人无远虑,必有近忧。勿临渴而掘井,宜未雨而绸缪。宁向直中取,不可曲中求。驭横切莫逞气,止谤还要自修。忍得一时之气，免得百日之忧。是非只为多开口，烦恼皆因强出头。

酒虽养性还乱性，水能载舟亦覆舟。克己者，触事皆成药石；尤人者，启口便是戈矛。以直报怨，以义解仇。庄敬日强，安肆日偷。惧法朝朝乐，欺公日日忧。晴天不肯去，只待雨淋头。

儿孙自有儿孙福，莫与儿孙作马牛。人生七十古来稀，问君还有几春秋？当出力处须出力，得缩头时且缩头。生年不满百，常怀千岁忧。逢桥须下马，有路莫登舟。路逢险处须当避，事到头来不自由。

吴宫花草埋幽径，晋代衣冠成古丘。功名富贵若长在，汉水亦应西北流。青冢草深，万念尽同灰冷；黄粱梦觉，一身都似云浮。

人平不语，水平不流。便宜莫买，浪荡莫收。不以我为德，反以我为仇。有花方酌酒，无月不登楼。人有三句硬话，树有三尺绵头。一家养女百家求，一马不行百马忧。深山毕竟藏猛虎，大海终须纳细流。到此如穷千里目，谁知才上一层楼。欲知世事须尝胆，会尽人情暗点头。受恩深处宜先退，得意浓时便可休。莫待是非来入耳，从前恩爱反为仇。

贫家光扫地，贫女净梳头，景色虽不丽，气度自优游。器具质而洁，瓦缶胜金玉；饮食约而精，园蔬逾珍馐。无益世言休著口，不干己事少当头。留得五湖明月在，不愁无处下金钩。休向君子谄媚，君子原无私惠；休与小人为仇，小人自有对头。名利是缰锁，牵缠时，逆则生憎，顺则生爱；富贵如浮云，觑破了，得亦不喜，失亦不忧。

若登高，必自卑；若涉远，必自迩。磨刀恨不利，刀利伤人指；求财恨不多，财多终累己。有福伤财，无福伤己。病加于小愈，孝衰于妻子。居视其所亲，达视其所举，富视其所不为，贫视其所不取。

知足常足，终身不辱；知止常止，终身不耻。君子爱财，取之有道；小人放利，不顾天理。悖入亦悖出，害人终害己。人非善不交，物非义不取。

身欲出樊笼外，心要在腔子里。勿偏信而为奸所欺，勿自任而为气所使。差之毫厘，谬以千里。使口不如自走，求人不如求己。为富兼为仁，愿生莫愿死。人见白头嗔，我见白头喜；多少少年亡，不到白头死。

贼是小人，智过君子。君子固穷，小人穷斯滥矣。壁有缝，墙有耳。好事不出门，恶事传千里。之子不称服，奉身好华侈，虽得市童怜，还为识者鄙。

天下无不是的父母，世间最难得者兄弟。青出于蓝而胜于蓝，冰生于水而寒于水。不痴不聋,不作阿姑阿翁;得亲顺亲,方可为人为子。处骨肉之变,宜从容不宜激烈;当家庭之衰,宜惕厉不宜委靡。

是日一过,命亦随减。务下学而上达,毋舍近而趋远。量入为出,凑少成多。溪壑易填,人心难满。用人与教人,二者却相反,用人取其长,教人责其短。打人莫伤脸,骂人莫揭短。仕宦芳规清慎勤,饮食要诀暖暖软。水暖水寒鱼自知,花开花谢春不管。蜗牛角上较雌雄,石光火中争长短。

留心学到古人难,立脚怕随流俗转。凡是自是,便少一是;有短护短,更添一短。洒扫庭除,要内外整洁;关锁门户,必亲自检点。天下无难处之事,只消两个如之何;天下无难处之人,只要三个必自反。

凡事要好,须问三老。好问则裕,自用则小。勿营华屋,勿作淫巧。若争小可,便失大道。但能依本分,终须无烦恼。

有言逆于汝心,必求诸道;有言逊于汝志,必求诸非道。吃得亏,坐一堆;要得好,大做小。志宜高而心宜下,胆欲大而心欲小。

学者如禾如稻,不学者如蒿如草。唇亡齿必寒,教弛富难保。书中结良友,千载奇逢;门内产贤郎,一家活宝。

一场闲富贵,狠狠挣来,虽得还是失;百年好光阴,忙忙过去,纵寿亦为夭。事事有功,须防一事不终;人人道好,须防一人著恼。

宁添一斗,莫添一口。但求放心,休夸利口。要学好人,须寻好友,引酵发酸,哪得好酒。

宁遭父母手,莫遭父母口。狗不嫌家贫,子不嫌母丑。

勿贪意外之财,勿饮过量之酒。进步便思退步,着手先图放手。不嫌刻鹄类鹅,只怕画虎成狗。责善勿过高,当思其可从;攻恶勿太严,要使其可受。享现在之福如点灯,随点则随灭;培将来之福如添油,愈添则愈久。恩里由来生害,得意时须早回头;败后或反成功,拂心处莫便放手。

多交费财,少交省用。千里送毫毛,礼轻仁义重。骨肉相残,煮豆燃萁;兄弟相爱,灼艾分痛。以身教者从,以言教者讼。厚积不如薄取,滥求不如减用。一字入公门,九牛拖不出。理字不多大,千人抬不动。两人自是,不反目稽唇不止,只温语称他人一句好,便有无限欢欣;两人相非,不破家亡身不止,只回头认自己一句错,便有无边受用。

和气致祥,乖气致戾。玩人丧德,玩物丧志。福至心灵,祸至心晦。受宠若惊，闻过则喜。创业固难，守成不易。

门内有君子，门外君子至；门内有小人，门外小人至。东海曾闻无定波，北邙未肯留闲地。趋炎虽暖，暖后更觉寒增；食蔗能甘，甘余便生苦趣。争名利，要审自己分量，休眼热别个，辄生嫉妒之心；撑门户，要算自己来路，莫步趋他人，妄起挪扯之计。

家庭和睦，疏食尽有余欢；骨肉乖违，珍馐亦减至味。观过知仁，投鼠忌器。爱而知其恶，憎而知其善。贫而无怨难，富而无骄易。

晴空看鸟飞，流水观鱼跃，识宇宙活泼之机；霜天闻鹤唳，雪夜听鸡鸣，得乾坤清纯之气。先学耐烦，切勿使气，性躁心粗，一生不济。

举世好奉承，承奉非佳意；不知承奉者，以尔为玩戏。得时莫夸能，不遇休妒世。物盛则必衰，有隆还有替。路径仄处，留一步与人行；滋味浓时，减三分让人嗜。

为人要学大，莫学小，志气一卑污了，品格难乎其高；持家要学小，莫学大，门面一弄阔了，后来难乎其继。争斗场中，出几句清冷言语，便扫除无限杀机；寒微路上，用一片赤热心肠，遂培植许多生意。

一日为师，终身为父。衣不如新，人不如故。忍一言，息一怒；饶一着，退一步。三十不立，四十见恶，五十相将寻死路。爱儿不得爱儿怜，聪明反被聪明误。

心去终须去，再三留不住。非意相干，可以理遣；横逆加来，可以情恕。贫穷患难，亲戚相顾；婚姻死丧，邻保相助。亲者勿失其为亲，故者勿失其为故。得意不宜再往。凡事当留余步。宁使人讶其不来，勿令人厌其不去。

有生必有死，孽钱归孽路。不怕无来处，只怕多去处。务要见景生情，切莫守株待兔。丧家亡身，多言占了八分；世微道替，百直曾无一遇。

得忍且忍，得耐且耐；不忍不耐，小事变大。事以密成，语以泄败。相论逞英雄，家计渐渐退。贤妇令夫贵，恶妇令夫败。一人有庆，兆民永赖。富贵家，且宽厚，而反忌克，如何能享；聪明人，且敛藏，而反炫耀，如何不败。

见怪不怪，怪乃自败。一正压百邪，少见必多怪。君子之交淡以成，小人之交甘以坏。视寝兴之早晚，知人家之兴败。寂寞衡茅观燕寝，引起一段冷趣幽思；芳菲园圃看蝶忙，觑破几般尘情世态。

言忠信，行笃敬。君子安平，达人知命。惟圣罔念作狂，惟狂克念作圣。爱人者，人恒爱；敬人者，人恒敬。好讼之子，多致终凶；积善之家，必有余庆。损友敬而远，益友亲而近。善与人交，久而能敬。过则相规，言而有信。

贫士养亲，菽水承欢。严父教子，义方是训。不为昭昭信节，不为冥冥堕行。勤，懿行也，君子敏于德义，世人则借勤以济其贪；俭，美德也，君子节于货财，世人则假俭以饰其吝。

欲临死而无挂碍，先在生时事事看得轻；欲遇变而无仓忙，须向常时念念守得定。识得破，忍不过；说得硬，守不定。笑前辙，忘后跌；轻千乘，豆羹竞。

子有过，父当隐；父有过，子当诤。木受绳则直，人受谏而圣。良药苦口利于病，忠言逆耳利于行。家丑不可外传，流言切莫轻信。下情难于上达，君子不耻下问。

芙蓉白面，不过带肉骷髅；美艳红妆，尽是杀人利刃。读书而寄兴于吟咏风雅，定不深心；修德而留意于名誉事功，必无实证。一人非之，便立不定，只见得有是非，何曾知有道理；一人不知，便就不平，只见得有得失，何曾知有义命。

智生识，识生断，当断不断，反受其乱。人各有心，心各有见。

有盐同咸，无盐同淡。人间私语，天若闻雷；暗室亏心，神目如电。一毫之恶，劝人莫作；一毫之善，与人方便。终生让路，不枉百步；终身让畔，不失一段。难合亦难分，易亲亦易散。口说不如身行，耳闻不如目见。只见锦上添花，未闻雪里送炭。

传家二字耕与读，防家二字盗与奸，倾家二字淫与赌，守家二字勤与俭。作种种之阴功，行时时之方便。不汲汲于富贵，不戚戚于贫贱。素位而行，不尤不怨。先达之人可尊也，不可比媚；权势之人可远也，不可侮慢。

祖宗富贵，自诗书中来，子孙享富贵而贱诗书；祖宗家业，自勤俭中来，子孙得家业而忘勤俭。以孝律身，即出将入相，都做得妥妥亭亭；以忍御气，虽横祸飞灾，也免脱千千万万。

善有善报，恶有恶报，若有不报，日子未到。水不紧，鱼不跳。年年防饥，夜夜防盗。祸福无门，惟人自招。好义固为人所钦，贪利乃为鬼所笑。贤者不炫己之长，君子不夺人所好。

受享过分，必生灾害之端；举动异常，每为不祥之兆。救既败之事，如驭临崖之马，休轻加一鞭；图垂成之功，如挽滩上之舟，莫稍停一棹。窗前一片浮青映白，悟入处，尽是禅机；阶下几点飞翠落红，收拾来，无非诗料。

种麻得麻，种豆得豆。天网恢恢，疏而不漏。见官莫向前，做客莫在后。会数而礼勤，物薄而情厚。大事不糊涂，小事不渗漏。内藏精明，外示浑厚。

佳人傅粉，谁识白刃当前；螳螂捕蝉，岂知黄雀在后！天欲祸人，必先以微福骄之，所以福来不必喜，要看会受；天欲福人，必先以微祸儆之，所以祸来不必忧，要看会救。

算什么命，问什么卜，欺人是祸，饶人是福。鹪鹩巢林，不过一枝；鼹鼠饮河，不过满腹。大俭之后，必有大奢；大兵之后，必有大疫。天眼恢恢，报应甚速。人欺不是辱，人怕不是福。人亲财不亲，人熟礼不熟。百病从口入，百祸从口出。片言九鼎，一公百服。点石化为金，人心犹未足。不肯种福田，舍财如割肉；临时空手去，徒向阎君哭。

积产遗子孙，子孙未必守；积书遗子孙，子孙未必读。莫把真心空计较，惟有大德享百福。不作无益害有益，不贵异物贱用物。谁人不爱子孙贤，谁人不爱千钟粟。奈五行不是这般题目。

恩宜自淡而浓，先浓后淡者，人忘其惠；威宜自严而宽，先宽后严者，人怨其酷。以积货财之心积学问，则盛德日新；以爱妻子之心爱父母，则孝行自笃。

学须静，才须学；非学无以广才，非静无以成学。行义要强，受谏要弱。生于忧患，死于安乐。闲时不烧香，急时抱佛脚。不患老而无成，只怕幼而不学。

咬得菜根香，进出孔颜乐。富贵如刀兵戈矛，稍放纵便销膏靡骨而不知；贫贱如针砭药石，一忧勤即砥节砺行而不觉。

送君千里，终须一别。不矜细行，终累大德。亲戚不悦，无务外交；事不终始，无务多业。临难毋苟免，临财毋苟得。气死莫告状，饿死莫做贼。醉后思仇人，君子避酒客。智者千虑，必有一失；愚者千虑，必有一得。千年田地八百主，田是主人人是客。良田不由心田置，产业变为冤业折。

真士无心邀福，天即就无心处牖其衷；险人着意避祸，天即就着意处夺其魂。权贵龙骧，英雄虎战，以冷眼观之，如蝇竞血，如蚁聚膻；是非蜂起，得失猬兴，以冷情当之，如冶化金，如汤消雪。

客不离货，财不露白。谗言不可听，听之祸殃结，君听臣遭殊，父听子遭灭，夫妇听之离，兄弟听之别，朋友听之疏，亲戚听之绝。鬼神可敬不可谄，冤家宜解不宜结。人生何处不相逢，莫因小怨动声色。

心思如青天白日，不可使人不知；才华如玉韫珠含，不可使人易测。性天澄澈，即饥餐渴饮，无非康济身肠；心地沉迷，纵演偈谈玄，总是播弄精魄。芝兰生于深林，不以无人而不芳；君子修其道德，不为穷困而改节。

满招损，谦受益。百年光阴，如驹过隙。世事明如镜，前程暗似漆。有麝自然香，何必当风立。良田万顷，日食三餐；大厦千间，夜眠八尺。救生不救死，寄物不寄失。人生孰不需财，匹夫不可怀璧。廉官可酌贪泉水，志士不受嗟来食。适志在花柳灿烂、笙歌沸腾处，那都是一场幻境界；得趣于木落草枯、声希味淡中，才觅得一些真消息。

圣贤言语，雅俗并集，人能体此，万无一失。

（五）《幼学琼林》

《幼学琼林》又称《幼学故事琼林》，是中国清代的一部百科全书式的儿童启蒙课本。作者为清代程允升，原名《幼学须知》，亦称《故事寻源》《成语考》。清嘉庆年间经邹圣脉增补，改名《幼学琼林》，简称《幼学》。

《幼学琼林》共四卷，内容涉及天文地理、人伦习俗、节令时尚、典章礼仪、神话传说和宗教迷信，可谓包罗万象；所述常见成语典故、历史故事、人物故事、民间谚语、警世格言，释义简明。句式对称，语言文字通俗易懂，读起来朗朗上口，易诵易记，因而曾风行全国城乡，历久不衰。

今人阅读《幼学琼林》，可增添对祖国历史文化的了解。书中所宣扬的封建伦常，宿命论观点和迷信思想，阅读时应注意鉴别、批判。

［卷一］

天文

（新增文十一联）

混沌初开，乾坤始奠。气之轻清上浮者为天，气之重浊下凝者为地。

日月五星，谓之七政；天地与人，谓之三才。

日为众阳之宗，月乃太阴之象。

虹名螮蝀，乃天地之淫气；月里蟾蜍，是月魄之精光。

风欲起而石燕飞，天将雨而商羊舞。

旋风名为羊角，闪电号曰雷鞭。

青女乃霜之神，素娥即月之号。

雷部至捷之鬼曰律令，雷部推车之女曰阿香。

云师系是丰隆，雪神乃是滕六。欻火、谢仙，俱掌雷火；飞廉、箕伯，悉是风神。列缺乃电之神，望舒是月之御。

甘霖、甘澍，俱指时雨，玄穹、彼苍，悉称上天。

雪花飞六出，先兆丰年；日上已三竿，乃云时晏。

蜀犬吠日，比人所见甚稀；吴牛喘月，笑人畏惧过甚。

望切者，若云霓之望；恩深者，如雨露之恩。

参商二星，其出没不相见；牛女两宿，惟七夕一相逢。

后羿妻，奔月宫而为嫦娥；傅说死，其精神托于箕尾。

披星戴月，谓早夜之奔驰；沐雨栉风，谓风尘之劳苦。

事非有意，譬如云出无心；恩可遍施，乃曰阳春有脚。

馈物致敬，曰敢效献曝之忱；托人转移，曰全赖回天之力。

感救死之恩，曰再造；诵再生之德，曰二天。

势易尽者若冰山，事相悬者如天壤。

晨星谓贤人寥落，雷同谓言语相符。

心多过虑，何异杞人忧天，事不量力，不殊夸父追日。

如夏日之可畏，是谓赵盾；如冬日之可爱，是谓赵衰。

齐妇含冤，三年不雨；邹衍下狱，六月飞霜。

父仇不共戴天，子道须当爱日。

盛世黎民，嬉游于光天化日之下；太平天子，上召夫景星庆云之祥。

夏时大禹在位，上天雨金；《春秋》《孝经》既成，赤虹化玉。

箕好风，毕好雨，比庶人愿欲不同；风从虎，云从龙，比君臣会合不偶。

雨旸时若，系是休征；天地交泰，斯称盛世。

[增]大圜乃天之号，阳德为日之称。涿鹿野中之云，彩分华盖；柏梁台上之露，润浥金茎。

欲知孝子伤心，晨霜践履；每见雄军喜气，晚雪消融。

郑公风一往一来，御史雨既沾既足。

赤电绕枢而附宝孕，白虹贯日而荆轲歌。

太子庶子之名，星分前后；旱年潦年之占，雷辨雌雄。

中台为鼎鼐之司，东壁是图书之府。

鲁阳苦战挥西日，日返戈头；诸葛神机祭东风，风回纛下。

東先生精神毕至，可祷三日之霖；张道士法术颇神，能做五里之雾。

儿童争日，如盘如汤；辩士论天，有头有足。

月离毕而雨候将征，星孛辰而火灾乃见。

地舆

（新增文十联）

黄帝画野，始分都邑；夏禹治水，初奠山川。宇宙之江山不改，古今之称谓各殊。

北京原属幽燕，金台是其异号；南京原为建业，金陵又是别名。浙江是武林之区，原为越国；江西是豫章之郡。又曰吴皋。福建省属闽中，湖广地名三楚。东鲁西鲁，即山东山西之分；东粤西粤，乃广东广西之域。河南在华夏之中，故曰中州；陕西即长安之地，原为秦境。四川为西蜀，云南为古滇。贵州省近蛮方，自古名为黔地。

东岳泰山，西岳华山，南岳衡山，北岳恒山，中岳嵩山，此为天下之五岳。饶州之鄱阳，岳州之青草，润州之丹阳，鄂州之洞庭，苏州之太湖，此为天下之五湖。

金城汤池，谓城池之巩固；砺山带河，乃封建之誓盟，帝都曰京师，故乡曰梓里。

蓬莱弱水，惟飞仙可渡；方壶员峤，乃仙子所居。

沧海桑田，谓世事之多变；河清海晏，兆天下之升平。

水神曰冯夷，又曰阳侯；火神曰祝融，又曰回禄。海神曰海若，海眼曰尾闾。

望人包容曰海涵，谢人恩泽曰河润。

无系累者，曰江湖散人；负豪气者，曰湖海之士。

问舍求田，原无大志；掀天揭地，方是奇才。

凭空起事，谓之平地风波；独立不移，谓之中流砥柱。

黑子弹丸，极言至小之邑；咽喉右臂，皆言要害之区。

独立难持，曰一木焉能支大厦；英雄自恃，曰丸泥亦可封函关。

事先败而后成，曰失之东隅，收之桑榆；事将成而终止，曰为山九仞，功亏一篑。

以蠡测海，喻人之见小；精卫衔石，比人之徒劳。

跋涉谓行路艰难，康庄谓道路平坦。

硗地曰不毛之地，美田曰膏腴之田。

得物无所用，曰如获石田；为学已大成，曰诞登道岸。淄渑之滋味可辨，泾渭之清浊当分。

泌水乐饥，隐居不仕；东山高卧，谢职求安。

圣人出则黄河清，太守廉则越石见。

淳俗曰仁里，恶俗曰互乡。

里名胜母，曾子不入；邑号朝歌，墨翟回车。

击壤而歌，尧帝黎民之自得；让畔而耕，文王百姓之相推。

费长房有缩地之方，秦始皇有鞭石之法。

尧有九年之水患，汤有七年之旱灾。商鞅不仁而阡陌开，夏桀无道而伊洛竭。

道不拾遗，由在上有善政；海不扬波，知中国有圣人。

[增]神州曰赤县，边地曰穹庐。

白鹭洲，二水中分吴壮丽：金牛路，五丁凿破蜀空虚。

瀑布岭头悬，苍碧空中垂白练；君山湖内翠，水晶盘里拥青螺。

浩荡吴江，险称天堑；嵯峨秦岭，高谓坤维。

雪浪涌鞋山，洗清步武；彩云笼笔岫，绚出文章。

金谷园中，花卉俱备；平泉庄上，木石皆奇。

滩之凶，无如虎臂；路之险，莫若羊肠。

烟树晴岚，潇湘可纪；武乡文里，汉郡堪夸。

七里滩是严光乐地，九折坂乃王阳畏途。

将军征战之场，雁门紫塞；仙子遨游之境，玄圃阆风。

岁时

(新增文十联)

爆竹一声除旧，桃符万户更新。

履端，是初一元旦；人日，是初七灵辰。元日献君以椒花颂，为祝遐龄；元日饮人以屠苏酒，可除疠疫。

新岁曰王春，去年曰客岁。

火树银花合，谓元宵灯火之辉煌；星桥铁锁开，谓元夕金吾之不禁。

二月朔为中和节，三月三为上巳辰。

冬至百六是清明，立春五戊为春社。寒食节是清明前一日，初伏日是夏至第三庚。

四月乃是麦秋，端午却为蒲节。

六月六日，节名天贶；五月五日，序号天中。

端阳竞渡，吊屈原之溺水；重九登高，效桓景之避灾。

五戊鸡豚宴社，处处饮治聋之酒；七夕牛女渡河，家家穿乞巧之针。

中秋月朗，明皇亲游于月殿；九日登高，孟嘉帽落于龙山。

秦人岁终祭神曰腊，故至今以十二月为腊；始皇当年御讳曰政，故至今读正月为征。

东方之神曰太皞，乘震而司春，甲乙属木，木则旺于春，其色青，故春帝曰青帝。

南方之神曰祝融，居离而司夏，丙丁属火，火则旺于夏，其色赤，故夏帝曰赤帝。

西方之神曰蓐收，当兑而司秋，庚辛属金，金则旺于秋，其色白，故秋帝曰白帝。

北方之神曰玄冥，乘坎而司冬，壬癸属水，水则旺于冬，其色黑，故冬帝曰黑帝。

中央戊己属土，其色黄，故中央帝曰黄帝。

夏至一阴生，是以天时渐短；冬至一阳生，是以日晷初长。

冬至到而葭灰飞，立秋至而梧叶落。

上弦谓月圆其半，系初八、九；下弦谓月缺其半，系二十二、三。

月光都尽谓之晦，三十日之名；月光复苏谓之朔，初一日之号；月与日对谓之望，十五日之称。

初一是死魄，初二旁死魄，初三哉生明，十六始生魄。

翌日、诘朝，皆言明日；穀旦、吉旦，悉是良辰。

片晌即谓片时，日曛乃云日暮。

畴昔、曩者，俱前日之谓；黎明、昧爽，皆将曙之时。

月有三浣：初旬十日为上浣，中旬十日为中浣，下旬十日为下浣；学足三余：夜者日之余，冬者岁之余，雨者晴之余。

以术愚人，曰朝三暮四；为学求益，曰日就月将。

焚膏继晷，日夜辛勤；俾昼作夜，晨昏颠倒。

自愧无成，曰虚延岁月；与人共语，曰少叙寒暄。

可憎者，人情冷暖；可厌者，世态炎凉。

周末无寒年，因东周之懦弱；秦亡无燠岁，由嬴氏之凶残。

泰阶星平曰泰平，时序调和曰玉烛。岁歉曰饥馑之岁，年丰曰大有之年，唐德宗之饥年，醉人为瑞；梁惠王之凶岁，野莩堪怜。

丰年玉，荒年谷，言人品之可珍；薪如桂，食如玉，言薪米之腾贵。

春祈秋报，农夫之常规；夜寐夙兴，吾人之勤事。

韶华不再，吾辈须当惜阴；日月其除，志士正宜待旦。

[增]寒暑代迁，居诸迭运。

九秋授御寒之服，自古已然；三月上踏青之鞋，于今不改。

双柑斗酒，雅称春游；对影三人，仅堪夜饮。

五月孤军渡泸水，蜀丞相何等忠勤；上元三鼓夺昆仑，狄将军更多妙算。

二月扑蝶之会，洵可乐焉；元正磔鸡之朝，必有取尔。

吴质浮瓜避暑，陂塘九夏为秋；葛仙吐火驱寒，户牖三冬亦暖。

豪吟释子，夜敲咏月之钟；胜赏君王，春击催花之鼓。

清秋汾水，歌传汉武之词；上巳兰亭，事记右军之记。

人日卧含章檐下，寿阳试学梅妆；中秋过牛渚矶头，谢尚细吹竹笛。

寇公春色诗，真可喜也；欧子秋声赋，何其凄然。

朝廷

（新增文十联）

三皇为皇，五帝为帝。以德行仁者王，以力假仁者霸。

天子天下之主，诸侯一国之君。

官天下，乃以位让贤；家天下，是以位传子。

陛下，尊称天子；殿下，尊重宗藩。

皇帝即位曰龙飞，人臣觐君曰虎拜。皇帝之言，谓之纶音；皇后之命，乃称懿旨。

椒房是皇后所居，枫宸乃人君所莅。

天子尊崇，故称元首；臣邻辅翼，故曰股肱。

龙之种，麟之角，俱誉宗藩；君之储，国之贰，皆称太子。

帝子爰立青宫，帝印乃是玉玺。

宗室之派，演于天潢；帝胄之谱，名为玉牒。

前星耀彩，共祝太子以千秋；嵩岳效灵，三呼天子以万岁。

神器大宝，皆言帝位；妃嫔媵嫱，总是宫娥。

姜后脱簪而待罪，世称哲后；马后练服以鸣俭，共仰贤妃。

唐放勋德配昊天，遂动华封之三祝；汉太子恩覃少海，乃兴乐府之四歌。

[增]德奉三无，功安九有。

陈桥驿军兵欲变，独日重轮；春陵城圣哲诞生，一禾九穗。

祥钟汉代，禁中卧柳生枝；瑞霭宋廷，榻下灵芝生叶。

设鼓悬钟，千古仰夏王之乐善；释旌结袜，万年钦西伯之尊贤。

信天命攸归，驰王骤帝；知人心爱戴，冠道履仁。

帝尧用心，哀孺子又哀妇人；武王伐暴，廉货财还廉女色。

六宫无丽服，玄宗罢织锦之坊；万姓有余粮，周祖建绘农之阁。

仁宗味淡而撤蟹，晋武尚朴而焚裘。

汉文除肉刑，仁昭法外；周武王分宝玉，恩溢伦中。

更知唐主颂成功，舞扬七德；且仰汉高颁令典，约法三章。

文臣

（新增文十三联）

帝王有出震向离之象，大臣有补天浴日之功。

三公上应三台，郎官上应列宿。

宰相位居台铉，吏部职掌铨衡。

吏部天官大冢宰、户部地官大司徒。礼部春官大宗伯，兵部夏官大司马。刑部秋官大司寇，工部冬官大司空。

都宪中丞，都御史之号；内翰学士，翰林院之称。

天使，誉称行人；司成，尊称祭酒。

称都堂曰大抚台，称巡按曰大柱史。

方伯、藩侯、左右布政之号；宪台、廉宪，提刑按察之称。宗师称为大文衡，副使称为大宪副。

郡侯、邦伯，知府名尊；郡丞、贰侯，同知誉美。

郡宰、别驾，乃称通判；司理，廌史，赞美推官。

刺史、州牧，乃知州之两号；廌史、台谏，即知县之尊称。

乡宦曰乡绅，农官曰田畯。

钧座、台座，皆称仕宦；帐下、麾下，并美武官。

秩官既分九品，命妇亦有七阶。

一品曰夫人，二品亦夫人，三品曰淑人，四品曰恭人，五品白宜人，六品曰安人，七品曰孺人。妇人受封曰金花诰，状元报捷曰紫泥封。

唐玄宗以金瓯覆宰相之名，宋真宗以美珠箝谏臣之口。

金马玉堂，羡翰林之声价；朱幡皂盖，仰郡守之威仪。

台辅曰紫阁明公，知府曰黄堂太守。府尹之禄二千石，太守之马五花骢。

代天巡狩，赞称巡按；指日高升，预贺官僚。

初到任曰下车，告致仕曰解组。

藩垣屏翰，方伯犹古诸侯之国；墨绶铜章，令尹即古子男之邦。

太监掌阉门之禁令，故曰阉宦；朝臣皆缙笏于绅间，故曰缙绅。

萧曹相汉高，曾为刀笔吏；汲黯相汉武，真是社稷臣。

召伯布文王之政，尝舍甘棠之下，后人思其遗爱，不忍伐其树；孔明有王佐之才，尝隐草庐之中，先主慕其令名，乃三顾其庐。

鱼头参政，鲁宗道秉性骨鲠；伴食宰相，卢怀慎居位无能。

王德用，人称黑王相公；赵清献，世号铁面御史。

汉刘宽责民，蒲鞭示辱；项仲山洁己，饮马投钱。

李善感直言不讳，竞称鸣凤朝阳；汉张纲弹劾无私，直斥豺狼当道。

民爱邓侯之政，挽之不留；人言谢令之贪，推之不去。

廉范守蜀郡，民歌五袴，张堪守渔阳，麦穗两歧。

鲁恭为中牟令，桑下有驯雉之异；郭伋为并州守，儿童有竹马之迎。

鲜于子骏，宁非一路福星；司马温公，真是万家生佛。

鸾凤不栖枳棘，羡仇香之为主簿；河阳遍种桃花，乃潘岳之为县官。

刘昆宰江陵，求神反风灭火；龚遂守渤海，令民卖刀买牛。

此皆德政可歌，是以令名攸著。

[增]太守称为紫马，邑宰地号雷封。

槐位棘垣，三公及孤卿异秩；棱官紧职，拾遗与御史别称。

给事谓之夕郎，黄门批敕；翰林名为仙掖，紫禁宣麻。

饱卿睡卿，名号自别；铨部祠部，政事攸分。

俗美化醇，尹翁归去思蜀郡；名高望重，汲长孺卧治淮阳。

张魏公作冲天羽翼，李长吉为瑞世琼瑶。

士仰直声，汉世喜多二鲍，民歌善政，江东闻有三岑。

棠棣理政多能，刘氏弟兄守南郡；乔梓治县有谱，傅家父子宰山阴。

政简刑清，崔谟号太平官府；身修行洁，裴侠称独立使君。

袁尚书学问深宏，不愧魏朝杜预；寇丞相事功彪炳，直为宋代谢安。

熙宁三舍人，乃一朝硕彦，庆历四谏士，实千古良臣。

宰相必用读书人，舍窦可象谁当鼎轴；状元曾是渴睡汉，惟吕文穆乃占魁名。

谁云公种生公，或谓相门有相。

武职

（新增文十二联）

韩柳欧苏，固文人之最著；起翦颇牧，乃武将之多奇。

范仲淹胸中具数万甲兵，楚项羽江东有八千子弟。

孙膑吴起，将略堪夸；穰苴尉缭，兵机莫测。

姜太公有六韬，黄石公有三略。

韩信将兵，多多益善；毛遂讥众，碌碌无奇。

大将曰干城，武士曰武弁。

都督称为大镇国，总兵称为大总戎。都阃即是都司，参戎即是参将。千户有户侯之仰，百户有百宰之称。

以车为户曰辕门，显揭战功曰露布。下杀上谓之弑，上伐下谓之征。

交锋为对垒，求和曰求成。战胜而回，谓之凯旋；战败而走，谓之奔北。

为君泄恨，曰敌忾；为国救难，曰勤王。胆破心寒，比敌人慑伏之状；风声鹤唳，惊士卒败北之魂。

汉冯异当论功，独立大树下，不夸己绩；汉文帝尝劳军，亲幸细柳营，按辔徐行。

苻坚自夸将广，投鞭可以断流；毛遂自荐才奇，处囊便当脱颖。

羞与哙等伍，韩信降作淮阴；无面见江东，项羽羞归故里。

韩信受胯下之辱，张良有进履之谦。卫青为牧猪之奴，樊哙为屠狗之辈。

求士莫求全，毋以二卵弃干城之将；用人如用木，毋以寸朽弃连抱之材。

总之，君子之身，可大可小；丈夫之志，能屈能伸。

自古英雄，难以枚举。欲详将略，须读武经。

[增]书曰桓桓武士，诗云矫矫虎臣。黄骢少年，登先陷阵；白马长史，殿后摧锋。

天子遣赵将军，真得御边之策；路人问霍去病，速收绝漠之勋。

北敌势方强，娄师德八遇八克；南蛮心未服，诸葛亮七纵七擒。

卫将军一举而朔庭空，仗剑洗刘家日月；薛总管三箭而天山定，弯弓造李氏乾坤。

韩信用木罂渡军，机谋叵测；田单以火牛出阵，势焰莫当。

太史慈乃猿臂英雄，班定远实虎头豪杰。

力能迈众，敬德避稍而复夺稍，胆略过人，张辽出阵而复入阵。

狄天使可例云长，高敖曹堪比项籍。

紫髯会稽，振耀吴军武烈；黄须骁骑，奋扬曹氏威声。

鸦军雷军雁子军，鬼神褫魄；飞将锐将熊虎将，草木知名。

圻父王之爪牙，诗旨真可味也；将军国之心膂，人言其不谬乎。

[卷二]

祖孙父子

(新增文十二联)

何谓五伦，君臣、父子、兄弟、夫妇、朋友；何谓九族，高、曾、祖、考、己身、子、孙、曾、玄。

始祖曰鼻祖，远孙曰耳孙。

父子创造，曰肯构肯堂；父子俱贤，曰是父是子。

祖称王父，父曰严君。

父母俱存，谓之椿萱并茂；子孙发达，谓之兰桂腾芳。

桥木高而仰，似父之道；梓木低而俯，如子之卑。

不痴不聋，不作阿家阿翁，得亲顺亲，方可为人为子。

盖父愆，名为干蛊；育义子，乃曰螟蛉。生子当如孙仲谋，曹操羡孙权之语；生子须如李亚子，朱温叹存勖之词。

菽水承欢，贫士养亲之乐；义方是训，父亲教子之严。

绍箕裘，子承父业；恢先绪，子振家声。具庆下，父母俱存；重庆下，祖父俱在。燕翼贻谋，乃称裕后之祖；克绳祖武，是称象贤之孙。

称人有令子，曰麟趾呈祥；称宦有贤郎，曰凤毛济美。弑父自立，隋杨广之天性何存；杀子媚君，齐易牙之人心何在。

分甘以娱目，王羲之弄孙自乐，问安惟点颔，郭子仪厥孙最多。

和丸教子，仲郢母之贤；戏彩娱亲，老莱子之孝。

毛义捧檄，为亲之存，伯俞泣杖，因母之老。

慈母望子，倚门倚闾，游子思亲，陟岵陟屺。

爱无差等，曰兄子如邻子；分有相同，曰吾翁即若翁。

长男为主器，令子可克家。

子光前曰充间，子过父曰跨灶。

宁馨英畏，皆是羡人之儿，国器掌珠，悉是称人之子。

可爱者子孙之多，若螽斯之蛰蛰；堪羡者后人之盛，如瓜瓞之绵绵。

[增]经遗世训，韦玄成乐有贤父兄；书擅时名，王羲之却是佳子弟。

敬则应得鸣鼓角，母觇子荣；宗武更勿带罗囊，父规儿怠。

宋之问能分父绝，作述重光；狄兼谟绰有祖风，后先辉映。

焚裘伏剑，罗母与陵母俱贤，跃鲤杀鸡，姜生与茅生并孝。

灵运子孙多是凤，岂是阿私；僧虔后嗣半为龙，原非自侈。

马援得璘能耀武，毕竟孙贤；祁奚举午不避亲，皆因子肖。

触龙犹怜少子，乞清要于君前，萧慠喜见曾孙，效传呼于阶下。

王霸则曾惭贵客，张凭则喜说佳儿。

李峤贻讥，甘罗堪羡。

公才公望，喜说云仍；率祖率亲，宁云委蜕。

杜氏之宝田斯在，薛家之磐石犹存。

词辨既见渊源，强项亦征风烈。

兄弟

(新增文十一联)

天下无不是的父母，世间最难得者兄弟，须贻同气之光，无伤手足之雅。玉昆金友，羡兄弟之俱贤；伯埙仲篪，谓声气之相应。

兄弟既翕，谓之花萼相辉；兄弟联芳，谓之棠棣竞秀。

患难相顾，似鹡鸰之在原；手足分离，如雁行之折翼。

元方季方俱盛德，祖太丘称为难兄难弟；宋郊宋祁俱中元，当时人号为大宋小宋。

荀氏兄弟，得八龙之佳誉；河东伯仲，有三凤之美名。

东征破斧，周公大义灭亲；遇贼争死，赵孝以身代弟。

煮豆燃萁，谓其相害；斗粟尺布，讥其不容。

兄弟阋墙，谓兄弟之斗狠；天生羽翼，谓兄弟之相亲。

姜家大被以同眠，宋君灼艾以分痛。

田氏分财，忽瘁庭前之荆树；夷齐让国，共采首阳之蕨薇。

虽曰安宁之日，不如友生；其实凡今之人，莫如兄弟。

(增)诗歌绰绰，圣训怡怡。

羯末封胡，俱称彦秀；醍醐酪乳，并属珍奇。

陆机陆云，名共喧于洛邑；季心季布，气并盖于关中。

刘孝标之绶方青，马季常之眉本白。

文采则眉山轼辙，才名则秦氏蚌通。

欲成弟名，虽择肥美而何咎；中分财产，宁取荒顿以为安。

一家之桐木称荣，千里之龙驹谁匹。

上留田何如廉让江，闭户挝亦当唾面受。

推田相让，知延寿之化行；洒泪息争，感苏琼之言厚。

三孔即推鼎立，五张亦号明经。

爱敬宜法温公，恭让当师延寿。

夫妇

(新增文八联)

孤阴则不生，独阳则不长，故天地配以阴阳，男以女为室，女以男为家，故人生偶以夫妇。

阴阳和而后雨泽降，夫妇和而后家道成。

夫谓妻曰拙荆，又曰内子；妻称夫曰藁砧，又曰良人。贺人娶妻，曰荣偕伉俪，留物与妻，曰归遗细君。

受室即是娶妻，纳宠谓人娶妾。

正妻谓之嫡，众妾谓之庶。

称人妻曰尊夫人，称人妾曰如夫人，结发系是初婚，续弦乃是再娶。

妇人重婚曰再醮，男子无偶曰鳏居。

如鼓琴瑟，夫妻好合之谓；琴瑟不调，夫妇反目之词。牝鸡司晨，比妇人之主事；河东狮吼，讥男子之畏妻。杀妻求将，吴起何其忍心，蒸梨出妻，曾子善全孝道。

张敞为妻画眉，媚态可哂；董氏对夫封发，贞节堪夸。

冀郤缺夫妻，相敬如宾；陈仲子夫妇，灌园食力。

不弃糟糠，宋弘回光武之语，举案齐眉，梁鸿配孟光之贤。

苏蕙织回文，乐昌分破镜，是夫妇之生离；张瞻炊臼梦，庄子鼓盆歌，是夫妇之死别。

鲍宣之妻，提瓮出汲，雅得顺从之道；齐御之妻，窥御激夫，可称内助之贤。可怪者买臣之妻，因贫求去，不思覆水难收；可丑者相如之妻，夤夜私奔，但识丝桐有意。

要知身修而后家齐，夫义自然妇顺。

[增]诗称偕老，易著家人。

或穿墉以窥宾，或断机而勖学。

贾大夫之射雉，未足欢娱；百里奚之烹雌，何嫌寂寞。

仍求故剑，宣帝不忘许后于多年，忽著新衣，桓冲顿化成心于一旦。

吴隐之得淑女，奚惜负薪；司马懿有贤妻，何辞执爨。

募死士以拒敌，谁同杨氏之坚持；提数骑以拔围，孰比邵姬之勇往。

李益设防妻之计，常撒冷灰；志坚摛送妇之词，任撩新发。

苟内则之无忝，自中馈之称能。

叔侄

（新增文六联）

曰诸父，曰亚父，皆叔父之辈；曰犹子，曰比儿俱侄儿之称。

阿大中郎，道韫雅称叔父；吾家龙文，杨素比美侄儿。

乌衣诸郎君，江东称王谢之子弟；吾家千里驹，苻坚羡苻朗为侄儿。

竹林叔侄之称，兰玉子侄之誉。

存侄弃儿，悲伯道之无后，视叔犹父，羡公绰之居官。

卢迈无儿，以侄而主身之后，张范遇贼，以子而代侄之生。

[增]谢密能成佳器，刘孺可号明珠。

或献泛湖之图，或称招隐之寺。

陆家精饭，何损素风；杨氏铜盘，独逾诸子。

谢安石东山之费，阮仲容北道之贫。

可为都督，王浑预评犹子之词，必破吾门，宗炳先料比儿之语。

愚者宜归葱肆，贤者得反金刀。

师生

（新增文八联）

马融设绛帐，前授生徒，后列女乐；孔子居杏坛，贤人七十，弟子三千。

称教馆曰设帐，又曰振铎；谦教馆曰糊口，又曰舌耕。师曰西宾，师席曰函丈；学曰家塾，学俸曰束修。

桃李在公门，称人弟子之多；苜蓿长阑干，奉师饮食之薄。

冰生于水而寒于水，比学生过于先生；青出于蓝而胜于蓝，谓弟子优于师傅。

未得及门，曰宫墙外望；称得秘授，曰衣钵真传。

人称扬震为关西夫子，世称贺循为当世儒宗。

负笈千里，苏章从师之殷，立雪程门，游杨敬师之至。

弟子称师之善教，曰如坐春风之中；学业感师之造成，曰仰沾时雨之化。

[增]民生在三，师术有四。

执经问义，事若严君；鼓箧担囊，不辞曲士。

史居左，经居右，士得真修；道已南，易已东，人沾教泽。

赐宴月池之上，翼赞堪夸；诵书帐帷之中，烽烟奚避。

忠臣录，孝子录，纲常互振；经义斋，治事斋，体用兼全。

东家之外更无丘，道德由文章炫出；北斗以南应有杰，事功从学术做来。

边孝先便便大腹，曾见嘲于弟子，韩退之表表高标，亦共仰于吾儒。

应生独举官衔，岂事先生之礼；李固不矜父爵，乃称弟子之良。

朋友宾主

(新增文十二联)

取善辅仁，皆资朋友；往来交际，迭为主宾。

尔我同心，曰金兰，朋友相资，曰丽泽。东家曰东主，师傅曰西宾。

父所交游，尊为父执；己所共事，谓之同袍。

心志相孚为莫逆，老幼相交曰忘年。

刎颈交，相如与廉颇；总角好，孙策与周瑜。

胶漆相投，雷义之与陈重；鸡黍之约，元伯之与巨卿。

与善人交，如入芝兰之室，久而不闻其香；与恶人交，如入鲍鱼之肆，久而不闻其臭。

肝胆相照，斯为腹心之友；意气不孚，谓之口头之交。

彼此不合，谓之参商；尔我相仇，如同冰炭。

民之失德，乾餱以愆；他山之石，可以攻玉。

落月屋梁，相思颜色；暮云春树，想望丰仪。

王阳在位，贡禹弹冠以待荐；杜伯非罪，左儒宁死不徇君。

分首判袂，叙别之辞，拥彗扫门，迎迓之敬。

陆凯折梅逢驿使，聊寄江南一枝春；王维折柳赠行人，遂唱阳关三叠曲。

频来无忌，乃云入幕之宾；不请自来，谓之不速之客。

醴酒不设，楚王戊待士之意怠；投辖于井，汉陈遵留客之心诚。

蔡邕倒屣以迎宾，周公握发而待士。

陈藩器重徐稚，下榻相延；孔子道遇程生，倾盖而语。

伯牙绝弦失子期，更无知音之辈，管宁割席拒华歆，谓非同志之人。

分金多与，鲍叔独知管仲之贫；绨袍垂爱，须贾深怜范叔之窘。

要知主宾联以情，须尽东南之美；朋友合以义，当展切偲之诚。

[增]仲尼老子，可谓通家；管子叔牙，可称知己。

伯桃并粮于共事，甘殒流离；子舆裹饭于同侪，不忘贫贱。

钤锤道义，向嵇偶锻于柳中；游戏文章，元白衔杯于花下。

程普见容于周瑜，若饮醇醪自醉；周举得亲于黄宪，不披绵纩犹温。

贵贱不忘，素犬丹鸡定约；死生与共．，乌牛白马盟心。

面前便失人，刘巴不与张飞语，事后方思友，周顗还廑王导悲。

吕安动遐思，千里命寻嵇之驾；子猷怀雅兴，三更泛访戴之舟。

尹敏班彪，岂云面友；山涛阮籍，是谓神交。

孔融座中常满，必然有礼招徕，毛仲堂上全无，定是乏才感召。

式饮式食，敢曰无鱼；必敬必恭，何尝叱狗。

韩魏公堂前有士，风流态度，得赠女奴；李文定门下何人，新巧诗联，乃逢天子。

熊非清渭逢何暮，无任凄怆；客有可人期不来，岂胜慨叹。

婚姻

（新增文七联）

良缘由夙缔，佳偶自天成。

蹇修与柯人，皆是媒妁之号；冰人与掌判，悉是传言之人。

礼须六礼之周，好合二姓之好。

女嫁曰于归，男婚曰完娶。

婚姻论财，夷虏之道；同姓不婚，周礼则然。

女家受聘礼，谓之许缨；新妇谒祖先，谓之庙见。

文定纳采，皆为行聘之名；女嫁男婚，谓了子平之愿。

聘仪曰雁币，卜妻曰凤占，成婚之日曰星期，传命之人日月老。下采即是纳币，合卺系是交杯。

执巾栉，奉箕帚，皆女家自谦之词；娴姆训，习内则，皆男家称女之说。

绿窗是贫女之室，红楼是富女之居。桃夭谓婚姻之及时，摽梅谓婚期之已过。

御沟题叶，于佑始得宫娥，绣幕牵丝，元振幸获美女。

汉武与景帝论妇，欲将金屋贮娇；韦固与月老论婚，始知赤线系足。

朱陈一村而结好，秦晋两国以联姻。蓝田种玉，雍伯之缘；宝窗选婿，林甫之女。

驾鹊桥以渡河，牛女相会；射雀屏而中目，唐高得妻。

至若礼重亲迎，所以正人伦之始；诗首好逑，所以崇王化之原。

[增]鱼水合欢，情何款密；丝萝有托，意甚绸缪。

牵鸟羊以为礼，自是古风；选碧鹳以成婚，正为佳匹。

因亲作配，温峤曾下镜台；从简去华，仲淹欲焚罗帐，

刘景择婚杜广，厩卒何惭；挚恂定配马融，门徒有幸。

义重恩深，楚女因婚报德；情孚意契，汉君指腹联姻。

贫乏奁仪，吴隐之婢卖犬；婿皆贤士，元叔之女乘龙。

俊逸裴航，蓝桥捣残玉杵；风流萧史，秦楼吹彻琼箫。

女子

（新增文十五联）

男子禀乾之刚，女子配坤之顺。

贤后称女中尧舜，烈女称女中丈夫。曰闺秀，曰淑媛，皆称贤女；曰阃范，曰懿德，并美佳人。妇主中馈，烹治饮食之名；女子归宁，回家省亲之谓。

何谓三从？从父从夫从子；何谓四德？妇德妇言妇工妇容。

周家母仪，太王有周姜，王季有太妊，文王有太姒；三代亡国，夏桀以妹喜，商纣以妲已，周幽以褒姒。

兰蕙质，柳絮才，皆女人之美誉；冰雪心，柏舟操，悉孀妇之清声。

女貌娇娆，谓之尤物，妇容娇媚，实可倾城。

潘妃步朵朵莲花，小蛮腰纤纤杨柳。张丽华发光可鉴，吴绛仙秀色可餐。丽娟气馥如兰，呵处结成香雾；太真泪红于血，滴时更结红冰。孟光力大，石臼可擎；飞燕身轻，掌上可舞。

至若缇萦上书而救父，卢氏冒刃而卫姑，此女之孝者。

侃母截发以延宾，村媪杀鸡而谢客，此女之贤者。

韩玖英恐贼秽而自投于秽，陈仲妻恐陨德而宁陨于崖，此女之贞者。

王凝妻被牵，断臂投地；文叔妻誓志，引刀割鼻，此女之烈者。

曹大家续完汉帙，徐惠妃援笔成文，此女之才者。

戴女之练裳竹笥，孟光之荆钗裙布，此女之贫者。

柳氏秃妃之发，郭氏绝夫之嗣，此女之妒者。

贾女偷韩寿之香，齐女致袄庙之毁。此女之淫者。

东施效颦而可厌，无盐刻画以难堪，此女之丑者。

自古贞淫各异，人生妍丑不齐，是故生菩萨，九子母，鸠盘茶，谓妇态之变更可畏，钱树子，一点红，无廉耻，谓青楼之妓女殊名，此固不列于人群，亦可附之以博笑。

[增]蔡女咏吟，曾传笳谱；薛姬裁制，雅亏针神。蛾眉队里状元，崇嘏文章洒洒；红粉班中博士，兰英才思翩翩。城号夫人，牢不可破；军称娘子，锐而莫摧。

是谁佳冶唾如花，赵家飞燕；孰个娉婷颜似玉，秦士文鸾。

徐贤妃却天子召，露沁新诗；谢道韫解小郎围，风生雄辩。

人说骊姬专国色，我云薛女是香珠。慧姬振铎为严传，颇称巾帼先生；老妇吹篪当健儿，须谓裙钗将士。看舞剑而工书字，必是心灵；听弹琴而辨绝弦，无非性敏。

爱欲海，未可沉埋男子躯；温柔乡，岂应老葬君王骨。

还讶桃叶女，横波眼最好；更思孙寿娥，堕马髻偏妍。

李子豪雄，红拂顿生敲户念；寇公费用，茜桃应有惜缣心。诗人老去莺莺在，情意绸缪；公子归来燕燕忙，私悰款洽。

端端体态果然端，皎皎姿容何等皎。

语言偷鹦鹉之舌，声律动人；文章炫凤凰之毛，英华绝俗。

可谓笑时花近眼，每看舞罢锦缠头。

外戚

（新增文十联）

帝女乃公侯主婚，故有公主之称；帝婿非正驾之车，乃是驸马之职。郡主县君，皆宗女之谓；仪宾国宾，皆宗婿之称。

旧好曰通家，好亲曰懿戚，冰清玉润，丈人女婿同荣；泰山泰水，岳父岳母两号。

新婿曰娇客，贵婿曰乘龙，赘婿曰馆甥，贤婿曰快婿。

凡属东床，俱称半子。

女子号门楣，唐贵妃有光于父母；外甥称宅相，晋魏舒期报于母家。

共叙旧姻，曰原有瓜葛之亲；自谦劣戚，曰忝在葭莩之末。

大乔小乔，皆姨夫之号；连襟连袂，亦姨夫之称。

蒹葭倚玉树，自谦借戚属之光；茑萝施乔松，自幸得依附之所。

[增]卢李之亲，苏程之戚。

王茂弘呼何充以麈尾，杨沙哥引崔嫂以油幢。

林宗贷钱，宁以贫穷为病；彦达分秩，不将富贵自私。

直卿果重亲情，相邀会食；潘岳能敦戚谊，每令弹琴。

王通执内弟之丧，行冲称外家之宝。

骑驴以追姑婢，仲容不顾居丧；披扇而笑老奴，温峤自为媒妁。

介妇冢妇，不敢并行；先生后生，原为同出。

智能散宝，为侄弃军；兆卜张弧，因姬遣嫁。

聂政非无贤姊，屈平亦有女媭。

莫嫌萧氏之烟，宜学郝家之法。

老幼寿诞

（新增文十二联）

不凡之子，必异其生；大德之人，必得其寿。

称人生日，曰初度之辰；贺人逢旬，曰生申令旦。

三朝洗儿，曰汤饼之会；周岁试婴，曰晬盘之期。

男生辰曰悬弧令旦，女生辰曰设帨佳辰。

贺人生子，曰嵩岳降神；自谦生女，曰缓急非益。

生子曰弄璋，生女曰弄瓦。

梦熊梦罴，男子之兆；梦虺梦蛇，女子之祥。

梦兰叶吉兆，郑燕姞生穆公之奇；英物试啼声，晋温峤加桓公之异。

姜嫄生稷，履大人之迹而有娠；简狄生契，吞玄鸟之卵而叶孕。

麟吐玉书，天生孔子之瑞；玉燕投怀，梦孕张说之奇。

弗陵太子，怀胎十四月而始生；老子道君，在孕八十一年而始诞。

晚年得子，谓之老蚌生珠；暮岁登科，正是龙头属老。

贺男寿曰南极星辉，贺女寿曰中天婺焕。

松柏节操，美其寿元之耐久；桑榆暮景，自谦老景之无多。

矍铄称人康健，眊眊自谦衰颓。

黄发儿齿，有寿之征；龙钟潦倒，年高之状。

日月逾迈，徒自伤悲；春秋几何，问人寿算。

称少年曰春秋鼎盛，羡高年曰齿德俱尊。

行年五十，当知四十九年之非，在世百年，哪有三万六千日之乐。

百岁曰上寿，八十曰中寿，六十曰下寿。八十曰耋，九十曰耄，百岁曰期颐。

童子十岁就外傅，十三舞勺，成童舞象；老者六十杖于乡，七十杖于国，八十杖于朝。

后生固为可畏，而高年尤是当尊。

[增]漫道豫章之小，已具梁栋之观。项橐童牙作师，却知学富；甘罗孱口为相，勿论年维。

列俎豆而习礼义，孟氏冲年乃尔；执干戈以卫社稷，汪踦小子能然。

寇公七岁咏山，已卜具瞻气象；司马五龄击瓮，即占拯溺才猷。

步处敏于诗，我道公权过子建；座间言自别，人称谢尚是颜回。

勿谓卢家儿，案上翻残墨汁；尚嘉羊氏子，桑中探出金环。

亩丘人问年不少，绛县老历甲何多。

李耳出函谷，为令尹演《道经》五千言；子牙钓渭滨，为周家定国基八百载。

是谁运动老阳，生子却无日影；若个学成玄法，烧丹剩有霞光。

荣启期能扩襟怀，行歌乐士；疏太傅乞归骸骨，饮饯都门。

猃狁侵周，方叔迈年奏三捷；先零叛汉，充国颓龄请一行。

李百药才新而齿则宿，卢蒲嫳发短而心甚长。

身体

（新增文十三联）

百体为血肉之躯，五官有贵贱之别。

尧眉分八彩，舜目有重瞳。耳有三漏，大禹之奇形，臂有四肘，成汤之异体。文王龙颜而虎肩，汉高斗胸而隆准。孔子之顶若圩，文王之胸四乳。周公反握，作兴周之相；重耳骈胁，为霸晋之君。此皆古圣之英姿，不凡之贵品。至若发肤不敢毁伤，曾子常以守身为大；待人须当量大，师德贵于唾面自干。

谗口中伤，金可铄而骨可销；虐政诛求，敲其肤而吸其髓。

受人牵制曰掣肘，不知羞愧曰厚颜。

好生议论，曰摇唇鼓舌；共话衷肠，曰促膝谈心。

怒发冲冠，蔺相如之英气勃勃；炙手可热，唐崔铉之贵势炎炎。

貌虽瘦而天下肥，唐玄宗之自谓；口有蜜而腹有剑，李林甫之为人。

赵子龙一身都是胆，周灵王初生便有须。

来俊臣注醋于囚鼻，法外行凶；严子陵加足于帝腹，忘其尊贵。

已有十年不屈膝，惟郭公能慑强蕃；岂为五斗米折腰，故陶令愿归故里。

断送老头皮，杨璞得妻送之诗；新剥鸡头肉，明皇爱贵妃之乳。

纤指如春笋，媚眼若秋波。

肩曰玉楼，眼名银海；泪曰玉箸，顶曰珠庭。

歇担曰息肩，不服曰强项。

丁谓为人拂须，何其谄也；彭乐截肠决战，不亦勇乎。

剜肉医疮，权济目前之急；伤胸扪足，计安众士之心。

汉张良蹑足附耳，黄眉翁洗髓伐毛。

尹继伦，契丹称为黑面大王；傅尧俞，宋后称为金玉君子。

土木形骸，不自妆饰；铁石心肠，秉性坚刚。

叙会晤，曰得挹芝眉；叙契阔，曰久违颜范。

请女客，曰奉迓金莲；邀亲友，曰敢攀玉趾。

侏儒谓人身矮，魁悟称人貌奇。

龙章凤姿，庙廊之彦；獐头鼠目，草野之夫。

恐惧过甚，曰畏首畏尾；感佩不忘，曰刻骨铭心。

貌丑曰不扬，貌美曰冠玉。

足跛曰蹒跚，耳聋曰重听。

期期艾艾，口讷之称；喋喋便便，言多之状。

可嘉者，小心翼翼；可鄙者，大言不惭。

腰细曰柳腰，身小曰鸡肋。笑人齿缺，曰狗窦大开；讥人不决，曰首鼠偾事。口中雌黄，言事多而改移；皮里春秋，胸中自有褒贬。

唇亡齿寒，谓彼此之失依；足上首下，谓尊卑之颠倒。

所为得意，曰吐气扬眉；待人诚心，曰推心置腹。

心慌曰灵台乱，醉倒曰玉山颓。

睡曰黑甜，卧曰息偃。

口尚乳臭，谓世人年少无知；三折其肱，谓医士老成谙练。

西子捧心，愈见增妍；丑妇效颦，弄巧反拙。

慧眼始知道骨，肉眼不识贤人。

婢膝奴颜，谄容可厌；胁肩谄笑，媚态难堪。

忠臣披肝，为君之药；妇人长舌，为厉之阶。

事遂心曰如愿，事可愧曰汗颜。

人多言曰饶舌，物堪食曰可口。

泽及枯骨，西伯之深仁；灼艾分痛，宋祖之友爱。

唐太宗为臣疗病，亲剪其须；颜杲卿骂贼不辍，贼断其舌。

不较横逆，曰置之度外；洞悉虏情，曰已入掌中。

马良有白眉，独出乎众；阮籍作青眼，厚待乎人。

咬牙封雍齿，计安众将之心；含泪斩丁公，法正叛臣之罪。

掷果盈车，潘安仁美姿可爱；投石满载，张孟阳丑态堪憎。

事之可怪，妇人生须；事所骇闻，男人诞子。

求物济用，谓燃眉之急；悔事无成，曰噬脐何及。

情不相关，如秦越人之视肥瘠；事当探本，如善医者只论精神。

无功食禄，谓之尸位素餐；谫劣无能，谓之行尸走肉。

老当益壮，宁知白首之心；穷且益坚，不坠青云之志。

一息尚存，此悉不容少懈；十手所指，此心安可自欺。

[增]高台日头，广宅云面。顿殊于众，须号于思；迥异乎人，指生骈拇。

何平叔面犹傅粉，秦襄公颜若渥丹。

古尚书头尖如笔，便擅英称；张太仆腹大如瓠，更垂好誉。

可作生民主，刘曜垂五尺之髯；能为帝者师，张良掉三寸之舌。

维翰一尺面，宰相奇形；比干七窍心，忠臣异蕴。

英雄当自别，佥云寇莱公鼻息如雷；俊杰却非凡，始信王浚仲目光若电。

垂肩大耳，刘先主毕竟兴王；盖胆毛深，德谦师自当成佛。

岳公刺背间之字，愈见心忠；英布黥面上之痕，何嫌貌丑。

苏生正直，膝岂容佞士作枕头；林蕴精忠，项不使顽奴为砥石。

彦回之髯似戟，岂为乱阶；李瞻之胆如升，不亏大节。

张睢阳鼓烈气，握拳透爪；鲁仲连喷义声，嚼齿穿龈。

党进虽然大腹，非多算之人也；李纬徒有好须，不足齿之伧钦。

衣服

（新增文十二联）

冠称元服，衣曰身章。曰弁曰冔曰冕，皆冠之号；曰履曰舄曰屣，悉鞋之名。

上公命服有九锡，士人初冠有三加。

簪缨缙绅，仕宦之称；章甫缝掖，儒者之服。

布衣即白丁之谓，青衿乃生员之称。

葛屦履霜，诮俭啬之过甚；绿衣黄里，讥贵贱之失伦。

上服曰衣，下服曰裳；衣前曰襟，衣后曰裾。敝衣曰褴褛，美服曰华裾。

襁褓乃小儿之衣，弁髦亦小儿之饰。左衽是夷狄之服，短后是武夫之衣。

尊卑失序，如冠履倒置；富贵不归，如锦衣夜行。

狐裘三十年，俭称晏子；锦幛四十里，富羡石崇。

孟尝君珠履三千客，牛僧孺金钗十二行。

千金之裘，非一狐之腋；绮罗之辈，非养蚕之人。

贵者重裀叠褥，贫者裋褐不完。

卜子夏甚贫，鹑衣百结；公孙弘甚俭，布被十年。

南州冠冕，德操称庞统之迈众；三河领袖，崔浩羡裴骏之超群。

虞舜制衣裳，所以命有德；昭侯藏敝挎，所以待有功。

唐文宗袖经三浣，晋文公衣不重裘。

衣履不敝，不肯更为，世称尧帝；衣不经新，何由得故，妇劝桓冲。

王氏之眉贴花钿，被韦固之剑所刺；贵妃之乳服诃子，为禄山之爪所伤。

姜氏翕和，兄弟每宵同大被；王章未遇，夫妻寒夜卧牛衣。

缓带轻裘，羊叔子乃斯文主将；葛布野服，陶渊明真陆地神仙。

服之不衷，身之灾也；缊袍不耻，志独超欤。

[增]制豸作法冠，裁荷为隐服。

王乔属仙令，舄飞天外之凫；李后是娇姝，钗化宫中之燕。

肌生银粟，是谁寒赠紫驼尼；肩耸玉楼，有客暖捐红衲袄。

精忠膺主眷，狄仁杰披金字之袍；阴德有天知，裴晋公还纹犀之带。

军中狐帽，沈庆之镇压貔貅；滩上羊裘，严子陵傲睨轩冕。

通天犀，顿输严续之姬；鹔鹴裘，为贳相如之酒。

高人能洁己，飘飘挂神武之冠；过客共摩肩，济济看马嵬之袜。

晋怀以青衣行酒，事丑万年；光武以赤帻起兵，名芳千古。

有女遗王濛之新帽，谁人换季子之敝裘？

韦绶寝覆缬袍，荣施若此；祭遵贫衣布袴，廉洁何如。

晋帝不忍浣征袍，留彼嵇侍中之血；唐士未须裁道服，重他张孝子之缣。

汉王制竹箨之冠，威仪自别；闵子衣芦花之絮，孝行纯全。

[卷三]

人事

(新增文十二联)

《大学》首重夫明新，小子莫先于应对。其容固宜有度；出言尤贵有章。智欲圆而行欲方；胆欲大而心欲小。阁下足下，并称人之辞；不佞鲰生，皆自谦之语。

恕罪曰原宥；惶恐曰主臣。大春元、大殿选、大会状，举人之称不一；大秋元、大经元、大三元，士人之誉殊多。大掾史，推美吏员；大柱石，尊称乡宦。

贺入学，曰云程发轫；贺新冠，曰元服初荣。贺人荣归，谓之锦旋；作商得财，谓之稛载。

谦送礼曰献芹；不受馈曰反璧。谢人厚礼曰厚贶，自谦礼簿曰菲仪。送行之礼，谓之赆仪；拜见之资，名曰贽敬。贺寿仪曰祝敬，吊死礼曰奠仪。请人远归，曰洗尘；携酒送行，曰祖饯。犒仆夫，谓之旌使，演戏文，谓之俳优。

谢人寄书，曰辱承华翰，谢人致问，曰多蒙寄声。望人寄信，曰早赐玉音，谢人许物，曰已蒙金诺。

具名帖，曰投刺；发书函，曰开缄。思慕久，曰极切瞻韩，想望殷，曰久怀慕蔺。相识未真，曰半面之识；不期而会，曰邂逅之缘。登龙门，得参名士；瞻山斗，仰望高贤。一日三秋，言思慕之殷切；渴尘万斛，言想望之久殷。睽违教命，乃云鄙吝复萌；来往无凭，则曰萍踪靡定。虞舜慕唐尧，见尧于羹，见尧于墙；颜渊学孔圣，孔步亦步，孔趋亦趋。曾经会晤，曰向获承颜接辞；谢人指教，曰深蒙耳提面命。

求人涵容，曰望包荒；求人吹嘘，曰望汲引。求人荐引，曰幸为先容；求人改文，曰望赐郢斫，借重鼎言，是托人言事；望移玉趾，是浼人亲行。多蒙推毂，谢人引荐之辞；望为领袖，托人倡首之说。

言辞不爽，谓之金石语；乡党公论，谓之月旦评。逢人说项斯，表扬善行；名下无虚士，果是贤人。

党恶为非，曰朋奸；尽财赌博，曰孤注。徒了事，曰但求塞责；戒明察，曰不可苛求。方命是逆人之言；执拗是执己之性。曰觊觎，曰睥睨，总是私心之窥望；曰倥偬，曰旁午，皆言人事之纷纭。小过必察，谓之吹毛求疵；乘患相攻，谓之落井下石。

欲心难厌如溪壑；财物易尽若漏卮。望开茅塞，是求人之教导；多蒙药石，是谢人之箴规。芳规芳躅，皆善行之可慕；格言至言，悉嘉言之可听。

无言曰缄默；息怒曰霁威。包拯寡色笑，人比其笑为黄河清；商鞅最凶残，尝见论囚而渭水赤。仇深曰切齿；人笑曰解颐。人微笑曰莞尔；掩口笑曰胡卢。大笑曰绝倒；众笑曰哄堂。

留位待贤，谓之虚左；官僚共署，谓之同寅。人失信曰爽约，又曰食言；人忘誓曰寒盟，又曰反汗。铭心镂骨，感德难忘；结草衔环，知恩必报。

自惹其灾，谓之解衣抱火；幸离其害，真如脱网就渊。两不相入，谓之枘凿；两不相投，谓之冰炭。

彼此不合曰龃龉；欲进不前曰趑趄。落落，不合之词；区区，自谦之语。竣者，作事已毕之谓；醵者，敛财饮食之名。

赞襄其事，谓之玉成；分裂难完，谓之瓦解。

事有低昂，曰轩轾；力相上下，曰颉颃。

凭空起事，曰作俑；仍踵前弊，曰效尤。

手口共作，曰拮据；不暇修容，曰鞅掌。

手足并行曰匍匐；俯首而思曰低徊。明珠投暗，大屈才能；入室操戈，自相鱼肉。

求教于愚人，是问道于盲；枉道以干主，是炫玉求售。智谋之士，所见略同；仁人之言，其利甚薄。

班门弄斧，不知分量；岑楼齐末，不识高卑。

势延莫遏，谓之滋蔓难图，包藏祸心，谓之存心叵测。

作舍道旁，议论多而难成；一国三分，权柄分而不一。事有奇缘，曰三生有幸；事皆拂意，曰一事无成。

酒色是耽，如以双斧伐孤树，力量不胜，如以寸胶澄黄河。

兼听则明，偏听则暗，此魏征之对太宗；众怒难犯，专欲难成，此子产之讽子孔。

欲逞所长，谓之心烦技痒；绝无情欲，谓之槁木死灰。座上有江南，语言须谨；往来无白丁，交接皆贤。

将近好处，曰渐入佳境；无端倨傲，曰旁若无人。借事宽役曰告假；将钱嘱托曰夤缘。

事有大利，曰奇货可居；事宜鉴前，曰覆车当戒。

外彼为此，曰左袒；处事两可，曰模棱。

敌甚易摧，曰发蒙振落；志在必胜，曰破釜沉舟。

曲突徙薪无恩泽，不念豫防之力大；焦头烂额为上客，徒知救急之功宏。

贼人曰梁上君子；强梗曰化外顽民。

竹头木屑，皆为有用之物；牛溲马渤，可备药石之资。五经扫地，祝钦明自亵斯文；一木撑天，晋王敦未可擅动。

题凤题午，讥友讥亲之隐词；破麦破梨，见夫见子之奇梦。

毛遂片言九鼎，人重其言；季布一诺千金，人服其信。

岳飞背涅精忠报国；扬震惟以清白传家。

下强上弱，曰尾大不掉；上权下夺，曰太阿倒持。

当今之世，不但君择臣，臣亦择君，受命之主，不独创业难，守成亦不易。

生平所为，皆可对人言，司马光之自信；运用之妙，惟存乎一心，岳武穆之论兵。不修边幅，谓人不饰仪容，不立崖岸，谓人天性和乐。

蕞尔幺么，言其甚小；卤莽灭裂，言其不精。

误处皆缘不学；强作乃成自然。

求事速成曰躐等；过于礼貌曰足恭。假忠厚者，谓之乡愿；出人群者，谓之巨擘。

孟浪由于轻浮；精详出于暇豫。为善者流芳百世；为恶者遗臭万年。

过多曰稔恶；罪满曰贯盈。

尝见冶容诲淫；须知慢藏诲盗。

管中窥豹，所见无多；坐井观天，知识不广。

无势可乘，英雄无用武之地；有道则见，君子有展采之思。

求名利达，曰捷足先得；慰士迟滞，曰大器晚成。

不知通变，曰徒读父书；自作聪明，曰徒执己见。

浅见曰肤见；俗言曰俚言。

识时务者为俊杰，昧先几者非明哲。

村夫不识一丁；愚者岂无一得？拔去一丁，谓除一害；又生一秦，是增一仇。

戒轻言，曰恐属垣有耳；戒轻敌，曰勿谓秦无人。

同恶相帮，谓之助桀为虐；贪心无厌，谓之得陇望蜀。

当知器满则倾；须知物极必反。

喜嬉戏，名为好弄；好笑谑，谓之诙谐。谗口交加，市中可信有虎；众奸鼓衅，聚蚊可以成雷。

萋斐成锦，谓谮人之酿祸，含沙射影，言鬼蜮之害人。

针砭所以治病；鸩毒必至杀人。

李义府阴柔害物，人谓之笑里藏刀；李林甫奸诡谄人，世谓之口蜜腹剑。

代人作事，曰代庖；与人设谋，曰借箸。

见事极真，曰明若观火；对敌易胜，曰势若摧枯。

汉武内多欲而外施仁义，相如先国难而后私仇。

卧榻之侧，岂容他人鼾睡，宋太祖之语；一统之世，真是胡越一家，唐高祖之时。至若暴秦以吕易嬴，是嬴亡于庄襄之手；弱晋以牛易马，是马灭于怀愍之时。

中宗亲为点筹于韦后，秽播千秋；明皇赐洗儿钱于贵妃，臭遗万代。

非类相从，不如鹑鹊；父子同牝，谓之聚麀。

以下淫上谓之烝，野合奸伦谓之乱。

从来淑慝殊途，惟在后人法戒；斯世清浊异品，全赖吾辈激扬。

[增]休休莫莫，禁止之词；衮衮匆匆，仓皇之义。

暂为寄足，有似鹪鹩一枝；巧于营身，还如狡兔三窟。放枭囚凤，虐仁纵暴奚为？用蚓投鱼，得重弃轻应尔。

爝火虽无大明之耀；铅刀竟有一割之能。

淮阳一老不就聘，高尚可钦；鲁国两生不肯行，清操足式。

一株竹，先兆应举皆荣；两尾牛，预料行兵有失。乐羊子功绩未成，谤书满箧；郭林宗声名最重，谒刺盈车。

黠狗行凶，难免杲卿之骂；鸩媒肆毒，已生屈子之悲。人有一天，我有二天，便见大恩之爱戴；河润百里，海润千里，乃为渥泽之沾濡。

退我一步行，固云安乐法；道人三个好，尤见喜欢缘。藉一叶之浓阴，可资覆荫；扩万间之巨庇，尽属帡幪，挝三折，编三绝，书三灭，好学十分；眼中泪，心中事，意中人，相思一样。

饮食

(新增文十一联)

甘脆肥脓，命曰腐肠之药，羹藜含糗，难语太牢之滋。御食曰珍馐；白米曰玉粒。好酒曰青州从事；次酒曰平原督邮。鲁酒茅柴，皆为薄酒；龙团雀舌，尽是香茗。待人礼衰，曰醴酒不设；款客甚薄，曰脱粟相留。竹叶青、状元红，俱为美酒；葡萄绿、珍珠红，悉是香醪。五斗解酲，刘伶独溺于酒，两腋生风，卢仝偏嗜乎茶。

茶曰酪奴，又曰瑞草，米曰白粲，又曰长腰。太羹玄酒，亦可荐馨；尘饭涂羹，焉能充饥；酒系杜康所造；腐乃淮南所为。

僧谓鱼曰水梭花；僧谓鸡曰穿篱菜。

临渊羡鱼，不如退而结网；扬汤止沸，不如去火抽薪。

羔酒自劳，田家之乐；含哺鼓腹，盛世之风。人贪食，曰徒餔啜；食不敬，曰嗟来食。多食不厌，谓之饕餮之徒；见食垂涎，谓有欲炙之色。未获同食，曰向隅；谢人赐食，曰饱德。

安步可以当车；晚食可以当肉。饮食贫难，曰半菽不饱；厚恩图报，曰每饭不忘。谢扰人，曰兵厨之扰；谦待薄，曰草具之陈。

白饭青刍，是待客之厚；饮金爨玉，谢款客之隆。

家贫待客，但知抹月披风，冬月邀宾，乃曰敲冰煮茗。

君侧元臣，若作酒醴之曲蘖。朝中冢宰，若作和羹之盐梅。

宰肉甚均，陈平见重于父老，戛釜示尽，邱嫂心厌乎汉高。

毕卓为吏部而盗酒，逸兴太豪；越王爱士卒而投醪，战气百倍。

惩羹吹齑，谓人惩前警后；酒囊饭袋，谓人少学多餐。

隐逸之士，漱石枕流，沉湎之夫，藉糟枕曲。

昏庸桀纣，胡为酒池肉林，苦学仲淹，惟有断齑画粥。

[增]周颙隐居钟阜，赤米自甘，卢生梦醒邯郸，黄粱未熟。

小儿盗禾亩，孔琇之按罪何妨？逸马犯麦田，曹孟德自刑犹尔。

易秕以谷，邹侯为民庶之意拳拳，煮豆燃萁，子建悟兄弟之情切切。

狄山之肉，割之不穷；青田之壶，愈倾愈溢。

我爱鹅儿黄似酒，雅可怡情；人言雀子软于绵，最堪适口。

多才之士，谢茶而赠我好歌，好事之徒，载酒而问人奇字。

挹东海以为醴，庶畅高怀；折琼枝以为馐，可舒雅志。云子饭可入杜句，月儿羹见重柳文。

烧鹅而恣朵颐，且愿鹅生四掌；炮鳖而充嗜欲，还思鳖著两裙。

种秫不种粳，陶公若以酒为命；窖粟不窖宝，任氏则以食为天。

白苋紫茄，种满吴兴之圃；绿葵翠薤，殖盈钟阜之区。

宫室

（新增文十联）

洪荒之世，野处穴居；有巢以后，上栋下宇。竹苞松茂，谓制度之得宜；鸟革翚飞，谓创造之尽善。

朝廷曰紫宸；禁门曰青锁。

宰相职掌丝纶，内居黄阁；百官具陈章疏，敷奏丹墀。

木天署，学士所居，紫薇省，中书所莅。金马玉堂，翰林院宇；柏台乌府，御史衙门。布政司，称为藩府；按察司，系是臬司。

潘岳种桃于满县，故称花县，子贱鸣琴以治邑，故曰琴堂。潭府是仕宦之家；衡门乃隐逸之宅。

贺人有喜，曰门阑蔼瑞；谢人过访，曰蓬荜生辉。

美奂美轮，礼称屋宇之高华；肯构肯堂，书言父子之同志。土木方兴，曰经始；创造已毕，曰落成。楼高可以摘星；室小仅堪容膝。寇莱公庭除之外，只可栽花；李文靖厅事之前，仅容旋马。

恭贺屋成，曰燕贺；自谦屋小，曰蜗居。民家名曰闾阎，贵族称为阀阅。朱门乃富豪之第，白屋是布衣之家。客舍曰逆旅，馆驿曰邮亭。书室曰芸窗，朝廷曰魏阙。成均辟雍，皆国学之号；黉宫胶序，乃乡学之称。

笑人善忘，曰徙宅忘妻，讥人不谨，曰开门揖盗。何楼所市，皆滥恶之物；垄断独登，讥专利之人。荜门圭窦，系贫士之居；瓮牖绳枢，皆窭人之室。

宋寇准真是北门锁钥；檀道济不愧万里长城。

[增]榱题一建，风雨攸除。百堵皆兴，周邦巩固；重门洞辟，宋殿玲珑。

王祐堂下植三槐，相臣地位；靖节门前栽五柳，隐士家风。

退思岩，是鱼头参政退思时；知妄室，乃半山居士知妄处。蓂生神尧阶下，竹秀唐帝宫前。夹马营中，异香遍达；盘龙斋内，瑞气常臻。

月水榭已成，剩有十分佳景；雪巢既构，应无半点尘埃。

避风台，妃子扬歌；凌烟阁，功臣列像。碧鸡坊里神仙至，朱雀桥边士子游。浣花溪上草堂，最是杜公乐地，至道坊间土窟，更为司马胜居。

器用

（新增文十一联）

一人之所需；百工斯为备。但用则各适其用；而名则每异其名。管城子，中书君，悉为笔号；石虚中，即墨侯，皆为砚称。

墨为松使者；纸号楮先生。

纸曰剡藤，又曰玉版；墨曰陈玄，又曰龙脐。

共笔砚，同窗之谓；付衣钵，传道之称。笃志业儒，曰磨穿铁砚；弃文就武，曰安用毛锥。

剑有干将莫邪之名；扇有仁风便面之号。

何谓箑，亦扇之名；何谓籁，有声之谓。

小舟名蚱蜢；巨舰曰艨艟。

金根是皇后之车，菱花乃妇人之镜。银凿落，原是酒器；玉参差，乃是箫名。

刻舟求剑，固而不通；胶柱鼓瑟，拘而不化。

斗筲言其器小；梁栋谓是大材。

铅刀无一割之利；强弓有六石之名。杖以鸠名，因鸠喉之不噎；钥同鱼样，取鱼目之常醒。

兜鍪系是头盔；叵罗乃为酒器。

鼠须笔，风字砚，供王右军之书；鸬鹚杓，鹦鹉杯，饮太白之酒。

短剑名匕首，毡毯曰氍毹。

琴名绿绮焦桐，弓号乌号繁弱。

香炉曰宝鸭，烛台曰烛奴。

龙涎鸡舌，悉是香名；鹢首鸭头，别为船号。

寿光客，是妆台无尘之镜；长明公，是梵堂不灭之灯。

桔槔是田家之水车；袯襫是农夫之雨具。

乌金，炭之美誉；忘归，矢之别名。

夜可击，朝可炊，军中刁斗；云汉热，北风寒，刘褒画图。

勉人发愤，曰猛著祖鞭；求人宥罪，曰幸开汤网。

拔帜立帜，韩信之计甚奇；楚弓楚得，楚王所见未大。

董安于性缓，常佩弦以自急；西门豹性急，常佩韦以自宽。

汉孟敏尝堕甑不顾，知其无益；宋太祖谓犯法有剑；正欲立威。

王衍清谈，常持麈拂，横渠讲《易》，每拥皋比。

尾生抱桥而死，固执不通；楚妃守符而亡，贞信可录。

温峤昔燃犀，照见水族之鬼怪，秦政有方镜，照见世人之邪心。

车载斗量之人，不可胜数；南金东箭之品，实是堪奇。

传檄可定，极言敌之易破；迎刃而解，甚言事之易为。

以铜为鉴，可整衣冠；以古为鉴，可知兴替。

[增]侧理为纸别号；玄香乃墨佳名。砚彩鲜明，公权曾评鸲眼；笔锋劲健，钟繇惯用鼠须。

秦皇见匕首而惊走；考叔取蝥孤以先登。

蛇矛龙盾，声雄太乙之坛；紫电青霜，锐比昆吾之剑。

为饮必用土铿，汲井应藉辘轳。

睡爱珊瑚枕上凹．人情乃尔；饮冷琥珀杯中滑，我意犹然。

石季龙坐五香席上；李太白卧七宝床中。

云绕匡庐，案化葛仙之鹿；浪翻雷泽，梭飞陶母之龙。

庾老据胡床谈咏,诸佐皆欢;孔明执羽扇指挥,三军用命。

以圣贤为拄杖,却优于九节苍藤;用仁义作剑锋,绝胜于七星白刃。

上公膺宠命,已知高坐肩舆;末士少豪雄,可惜倒持手版。

珍宝

(新增文十联)

山川之精英,每泄为至宝;乾坤之瑞气,恒结为奇珍。故玉足以庇嘉谷;明珠可以御火灾。

鱼目岂可混珠;碔砆焉能乱玉。

黄金生于丽水;白银出自朱提。

曰孔方,曰家兄,俱为钱号;曰青蚨,曰鹅眼,亦是钱名。

可贵者,明月夜光之珠;可珍者,璠玙琬琰之玉。

宋人以燕石为玉,什袭缇巾之中,楚王以璞玉为石,两刖卞和之足。

惠王之珠,光能照乘,和氏之璧,价重连城。

鲛人泣泪成珠,宋人削玉为楮。

贤乃国家之宝;儒为席上之珍。

王者聘贤,束帛加璧;真儒抱道,怀瑾握瑜。

雍伯多缘,种玉于蓝田而得美妇;太公奇遇,钓璜于渭水而遇文王。

剖腹藏珠,爱财而不爱命;缠头作锦,助舞而更助娇。

孟尝廉洁,克俾合浦还珠;相如忠勇,能使秦廷归璧。

玉钗作燕飞,汉宫之异事;金钱成蝶舞,唐库之奇传。

广钱固可能通神;营利乃为鬼所笑。

以小致大,谓之抛砖引玉;不知所贵,谓之买椟还珠。

贤否罹害,如玉石俱焚,贪婪无厌,虽锱珠必算。

崔烈以钱买官,人皆恶其铜臭,秦嫂不敢视叔,自言畏其多金。

熊衮父亡,天乃雨钱助葬,仲儒家窘,天乃雨金济贫。

汉杨震畏四知而辞金;唐太宗因惩贪而赐绢。

晋鲁褒作钱神论,尝以钱为孔方兄;王夷甫口不言钱,乃谓钱为阿堵物。然而床头金尽,壮士无颜,囊内钱空,阮郎羞涩。

但匹夫不可怀璧;人生孰不爱财。

[增]斑斑美玉,瑟瑟灵珠。

琉璃瓶，最宜卜相；琥珀盏，尤可酌宾。

嗣续将盛，鸣鸠化金带之钩，爵禄弥高，飞鹊幻玉纹之印。

魏博铁铸错，悔恨已迟，张说记事珠，遗忘可免。

夏桀乃昏庸主，国有瑶台；郭况是贵戚卿，家多金穴。

奢华太甚，韩嫣弹出金丸；计画未成，范增撞开玉斗。

刻岷姬之形似玉，好色惟然；铸范蠡之像以金，尊贤乃尔。

珊瑚树，塞满齐奴之室；玛瑙盘，捧来行俭之家。

燕昭王之凉珠，炎蒸无暑，扶余国之火玉，冽冱无寒。

锦帆锦帐，炫人耳目；金埒金坞，骇我见闻。

从吾所好，岂曰富而可求，有命存焉，当以不贪为宝。

贫富

（新增文十联）

命之修短有数；人之富贵在天。惟君子安贫；达人知命。

贯朽粟陈，称羡财多之谓；紫标黄榜，封记钱库之名。

贪爱钱物，谓之钱愚；好置田宅，谓之地癖。

守钱虏，讥蓄财而不散；落魄夫，谓失业之无依。

贫者地无立锥；富者田连阡陌。

室如悬磬，言其甚窘；家无儋石，谓其极贫。

无米曰在陈；守死曰待毙。

富足曰殷实；命蹇曰数奇。

苏涸鲋，乃济人之急；呼庚癸，是乞人之粮。

家徒壁立，司马相如之贫，扊扅为炊，秦百里奚之苦。

鹄形菜色，皆穷民饥饿之形；炊骨爨骸，谓军中乏粮之惨。

饿死留君臣之义，伯夷叔齐；资财敌王公之富，陶朱倚顿。

石崇杀妓以侑酒，恃富行凶；何曾一食费万钱，奢侈过甚。

二月卖新丝，五月粜新谷，真是剜肉医疮；三年耕而有一年之食，九年耕而有三年之食，庶几遇荒有备。

贫士之肠习藜苋，富人之口厌膏粱。石崇以蜡代薪；王恺以饴沃釜。

范丹釜中生鱼，甑中生尘；曾子捉襟见肘，纳履决踵，贫不胜言。

子路衣敝缊袍，与轻裘立，贫不胜言；韦庄数米而炊，称薪而爨，俭有可鄙。

总之，饱德之士，不愿膏粱；闻誉之施，奚图文绣？

[增]公孙牧豕营身，宁思相位；灌婴贩缯为业，岂意封侯？

郭泰欲为斗筲役，无可奈何；班超更作书写佣，不得已尔。

朱桃椎掷还鹿帻，自知本命合穷；苏季子破损貂裘，谁意道之难泰？

苦矣卫青作牧，牛背后受主鞭笞；惜哉栾布为奴，马头前代人奔走。

扬雄《逐贫赋》，人谓其逐之何迟；韩愈《送穷文》，我怪其送之不早。

异宝充盈，王氏都云富窟，佳肴错杂，郇公尝列珍厨。

董卓积宝郿中，压残金坞；邓通布钱天下，铸尽铜山。

象牙床，鱼生太侈；火浣衣，石氏何多。

妇乳饮豚，畜类翻成人类；儿口承唾，家童充作用壶。

牙樯锦缆，隋炀增远渚之奇；玉凤金龙，元宝侈华堂之胜。

疾病死丧

（新增文十二联）

福寿康宁，固人之所同欲；死亡疾病，亦人所不能无。惟智者能调；达人自玉。

问人病，曰贵体违和；自谓疾，曰偶沾微恙。

罹病者，甚为造化小儿所苦；患疾者，岂是实沈台骀为灾。

疾不可疗，曰膏肓；平安无事，曰无恙。采薪之忧，谦言抱病；河鱼之患，系是腹疾。

可以勿药，喜其病安；厥疾勿瘳，言其病笃。

疟不病君子，病君子，正为疟耳；卜所以决疑，既不疑，复何卜哉？

谢安梦鸡而疾不起，因太岁之在酉；楚王吞蛭而疾乃痊，因厚德之及人。

将属纩，将易箦，皆言人之将死；作古人，登鬼箓皆言人之已亡。

亲死则丁忧；居丧则读礼。

在床谓之尸；在棺谓之柩。报孝书曰讣；慰孝子曰唁。

往吊曰匍匐，庐墓曰倚庐。

寝苫枕块，哀父母之在土；节哀顺变，劝孝子之惜身。

男子死，曰寿终正寝；女人死，曰寿终内寝。天子死曰崩；诸侯死曰薨；大夫死曰卒；士人死曰不禄；庶人死曰死，童子死曰殇。

自谦父死曰孤子，母死曰哀子，父母俱死曰孤哀子；自言父死曰失怙，母死曰失恃，父母俱死曰失怙恃。

父死何谓考？考者，成也，已成事业也；母死何谓妣？妣者，媲也，克媲父美也。

百日内曰泣血；百日外曰稽颡。期年曰小祥，两期曰大祥。

不缉曰斩衰，缉之曰齐衰，论丧之有轻重；九月为大功，五月为小功，言服之有等伦。

三月之服，曰缌麻，三年将满，曰禫礼。孙承祖服，嫡孙杖期，长子已死，嫡孙，承重。

死者之器曰明器，待以神明之道；孝子之杖曰哀杖，为扶哀痛之躯。

父子节在外，故杖取乎竹，母之节在内，故杖取乎桐。

以财物助丧家，谓之赙，以车马助丧家，谓之赗，以衣殓死者之身，谓之襚，以玉实死者之口，谓之琀。

送丧曰执绋；出柩曰驾輀。

吉地曰牛眠地，筑坟曰马鬣封。

墓前石人，原名翁仲；柩前功布，今曰铭旌。

挽歌始于田横；墓志创于傅奕。

生坟曰寿藏，死墓曰佳城。

坟曰夜台；圹曰窀穸。已葬曰瘗玉，致祭曰束刍。

春祭曰礿，夏祭曰禘，秋祭曰尝，冬祭曰烝。

饮杯棬而抱痛，母之口泽如存；读父书以增伤，父之手泽未泯。

子羔悲亲而泣血，子夏哭子而丧明。

王裒哀父之死，门人因废《蓼莪》诗；王修哭母之亡，邻里遂停桑柘社。

树欲静而风不息，子欲养而亲不在，皋鱼增感；与其椎牛而祭墓，不如鸡豚之逮存，曾子兴思。

故为人子者，当心思木本水源；须重慎终追远。

[增]岁在龙蛇，郑玄算促，舍来鹏鸟，贾谊命倾。

王令出尘寰，天上俄垂玉椺；沈君开窀穸，地中曾现漆灯。

箧中存稿，相如上封禅之书；牖下停棺，史鱼表陈尸之谏。

梁鸿葬要离冢侧，死后芳邻；郑泉殡陶宅舍傍，生前夙愿。

数皆前定，少游之诗讖何灵；事可先知，哀孝淑之卦占偏验。

顾雍失爱子，掐掌而流血堪矜；奉倩殒佳人，搁泪而伤神可惜。

仲尼殒而泰山颓，韩相亡而树木稼。

酹之絮酒，实为佳士高风；殉以刍灵，乃是先人朴典。

陈实之徽猷足录，行吊礼者三万人；郗超之素行可嘉，作诔文者四十辈。牲牢酒醴，用昭报本之虔，稿靳鸾刀，还备宁亲之具。

值既降既濡之候，礼毋缺于春秋，是则存则著之形，情必由于爱悫。

室事交乎堂事；致斋继以散斋。

［卷四］

文事

（新增文十三联）

多才之士，才储八斗，博学之儒，学富五车。《三坟》《五典》，乃三皇五帝之书；《八索》《九丘》是八泽九州之志。《书经》载上古唐虞三代之事，故曰《尚书》；《易经》乃姬周文王周公所系，故曰《周易》。二戴曾删《礼记》，故曰《戴礼》；二毛曾注《诗经》，故曰《毛诗》。孔子作《春秋》，因获麟而绝笔，故曰《麟经》。荣于华衮，乃《春秋》一字之褒；严于斧钺，乃《春秋》一字之贬，缣缃黄卷，总谓经书；雁帛鸾笺，通称简札。

锦心绣口，李太白之文章；铁画银钩，王羲之之字法。雕虫小技，自谦文学之卑；倚马可待，羡人作文之速。

称人近来进德，曰士别三日，当刮目相看；羡人学业精通，曰面壁九年，始有此神悟。

五凤楼手，称文字之精奇；七步奇才，羡天才之敏捷。誉才高，曰今之班马；羡诗工，曰压倒元白。

汉晁错多智，景帝号为智囊；高仁裕多诗，时人谓之诗窖。骚客即是诗人，誉髦乃称美士。自古诗称李杜，至今字仰钟王。

白雪阳春，是难和难赓之韵；青钱万选，乃屡试屡中之文。

惊神泣鬼，皆言词赋之雄豪；遏云绕梁，原是歌音之嘹亮。涉猎不精，是多学之弊；咿唔呫毕，皆读书之声。连篇累牍，总说多文；寸楮尺素，通称简札。

以物求文，谓之润笔之资；因文得钱，乃曰稽古之力。文章全美，曰文不加点；文章奇异，曰机杼一家。应试无文，谓之曳白；书成绣梓，谓之杀青。

袜线之才，自谦才短；记问之学，自愧学肤。

裁诗曰推敲，旷学曰作辍。

文章浮薄，何殊月露风云；典籍储藏，皆在兰台石室。

秦始皇无道，焚书坑儒；唐太宗好文，开科取士。

花样不同，乃谓文章之异；潦草塞责，不求辞语之精。邪说曰异端，又曰左道，读书曰肄业，又曰藏修。作文曰染翰操觚，从师曰执经问难。求作文，曰乞挥如椽笔；羡高文，曰才是大方家。

竞尚佳章，曰洛阳纸贵；不嫌问难，曰明镜不疲。称人书架曰邺架，称人嗜学曰书淫。白居易生七月，便识之无二字；唐李贺才七岁，作高轩过一篇。

开卷有益，宋太宗之要语；不学无术，汉霍光之为人。

汉刘向校书于天禄，太乙燃藜；赵匡胤代位于后周，陶谷出诏。

江淹梦笔生花，文思大进；扬雄梦吐白凤，词赋愈奇。李守素通姓氏之学，敬宗名为人物志；虞世南晰古今之理，太宗号为行秘书。

茹古含今，皆言学博；咀英嚼华，总曰文新。

文望尊隆，韩退之若泰山北斗；涵养纯粹，程明道如良玉精金。

李白才高，咳唾随风生珠玉；孙绰词丽，诗赋掷地作金声。

[增]萤辉竹素，蠹走芸编。

道观蓬莱，尽藏简编之所；石渠天禄，悉贮史籍之场。

鲁为鱼，参明不谬；帝作虎，考正无讹。长蛇生马之文，最难措手，硬弩枯藤之字，未易挥毫。借还书籍用双瓻，收贮文章分四库。豪吟如郑綮，还从驴背成诗；富学如薛收，偏向马头草檄。

八行书言言委曲，三尺法字字威严。咳唾成篇，阵马风樯敏捷；精神满腹，雪车冰柱清高。擅美誉于词场，禹锡诗豪，山谷诗伯，称耆英于艺圃，伯英草圣，子玉草贤。谢安石之碎金，悉为异物；陆士衡之积玉，总属奇珍。少室山集句最佳，片笺片玉，福先寺碑文可诵，一字一缣。

陈琳作檄愈头风，定当神针法灸；子美吟诗除疟鬼，何须妙剂金丹。

真老艺林英，朱夫子且退避三舍；苏仙文苑隽，欧阳公尚放出一头。

科第

（新增文十三联）

士人入学曰游泮，又曰采芹；士人登科曰释褐，又曰得隽。

宾兴即大比之年，贤书乃试录之号。鹿鸣宴，款文榜之贤；鹰扬宴，待武科之士。

文章入式，有朱衣以点头；经术既明，取青紫如拾芥。其家初中，谓之破天荒；士人超拔，谓之出头地。

中状元，曰独占鳌头；中解元，曰名魁虎榜。

琼林赐宴，宋太宗之伊始；临轩问策，宋神宗之开端。同榜之人，皆是同年，取中之官，谓之座主。

应试见遗，谓之龙门点额；进士及第谓之雁塔题名。贺登科，曰荣膺鹗荐；入贡院，曰鏖战棘闱。

金殿唱名曰传胪，乡会放榜曰撤棘。攀仙桂，步青云，皆言荣发；孙山外，红勒帛，总是无名。英雄入吾彀，唐太宗喜得佳士；桃李属春官，刘禹锡贺得门生。

薪，采也，槱积也，美文王作人之诗，故考士谓之薪槱之典；汇，类也；征，进也，是连类同进之象，故进贤谓之汇征之途。

赚了英雄，慰人下第；傍人门户，怜士无依。

虽然有志者事竟成，伫看荣华之日；成丹者火候到，何惜烹炼之功。

[增]班名玉笋；饼是红绫。

贡树分香，预卜他年卿相；天街软绣，争看此日郎君。

江东之罗隐何多，淮右之温岐不少。狗从窦出，莫非登第休征；鼠以经衔，却是命题吉兆。

不欺之语，有可书绅；忠孝之求，何难副上。

孙宋则弟兄俱贵，梁张则乔梓皆荣。得云雨而扬鬐，岂是池中之物；挟风雷而烧尾，岂非海底之鱼。

遍历名园，孰作探花之使；同观竞渡，谁为夺锦之人。此日羽毛，伫看振翮；昔年辛苦，莫负初心。

莫存温饱之志，还辞贵戚之婚。邹子为书，明月空遭按剑；高公未第，秋江自怨芙蓉。青衫则岁岁堪怜，金线则年年自笑。

制作

（新增文七联）

上古结绳记事，苍颉制字代绳。龙马负图，伏羲因画八卦；洛龟呈瑞，大禹因列九畴。历日是神农所为，甲子乃大挠所作。算数作于隶首，律吕造自伶伦。

甲胄舟车，系轩辕之创始；权量衡度，亦轩辕之立规，伏羲氏造网罟，教佃渔以赡民用；唐太宗造册籍，编里甲以税田粮。兴贸易，制耒耜，皆由炎帝；造琴瑟，教嫁娶，乃是伏羲。冠冕衣裳，至黄帝而始备；桑麻育蚕，自元妃而始兴。神农尝百草，医药有方；后稷播百谷，粒食攸赖。燧人氏钻木取火，烹饪初兴；有巢氏构木为巢，宫室始创。

夏禹欲通神祇，因铸镛钟于郊庙；汉明尊崇佛教，始立寺观于中朝。

周公作指南车，罗盘是其遗制；钱乐作浑天仪，历家始有所宗。

阿育王得疾，造无量宝塔；秦始皇防胡，筑万里长城。叔孙通制立朝仪，魏曹丕秩序官品。周公独制礼乐，萧何造立律条。尧帝作围棋，以教丹朱；武王作象棋，以象战斗。

文章取士，兴于赵宋；应制以诗，起于李唐。

梨园子弟，乃唐明皇作始；《资治通鉴》，乃司马光所编；笔乃蒙恬所造，纸乃蔡伦所为。凡今人之利用，皆古圣之前民。

[增]钥同鱼样，取鱼目之常醒；杖以鸠名，重鸠喉之不咽。飞舲是轻车别号，纨箑乃素扇佳名。翠华旗，光摇汉苑；白玉管，响彻唐宫。米家书画船，足怡素志；齐子斑斓物，可壮生平。

毡氍毹，美人旧赠；金屈戌，良匠新成。乌金热炭厚贻，翠羽编帘异制。笭箵收于渔父，卷去夕阳；袯襫荷于农人，披来朝雨。

技艺

(新增文十二联)

医士业岐轩之术，称曰国手；地师习青乌之书，号曰堪舆。

卢医扁鹊，古之名医；郑虔、崔白，古之画家。

晋郭璞得青囊经，故善卜筮地理；孙思邈得龙官方，能医虎口龙鳞。善卜者，是君平詹尹之流；善相者，即唐举子卿之亚。推命之人曰星士，绘画之士曰丹青。大风鉴，相士之称；大工师，木匠之誉。若王良，若造父，皆善御之人；东方朔，淳于髡，系滑稽之辈。

称善卜卦者，曰今之鬼谷；称善记怪者，曰古之董狐。称诹日之人曰太史，称书算之人曰掌文。掷骰者，喝雉呼卢；善射者，穿杨贯虱。樗蒲之戏，乃曰双陆；橘中之乐，是说围棋。陈平作傀儡，解汉高白登之围；孔明造木牛，辅刘备运粮之计。公输子削木鸢，飞天至三日而不下；张僧繇画壁龙，点睛则雷雨而飞腾，然奇技似无益于人，而百艺则有济于用。

[僧]青囊春暖，丹灶烟浮。膝里痒生，华陀有出蛇之妙术；背间痈溃，伯宗具徙柳之神功。

陆宣公既活国又活人。范文正等为医于为相。

一枝铁笔分休咎，三个金钱定吉凶。折蔆获奴，应让杜生术善；破墙得妇，当推管辂神通。新雨行来，言从季主，琼茅索得，且问灵氛。

燕颔虎头，识是封侯之相，龙行风颈，知为王者之征。识英布之封侯，果然不谬；知亚夫之当饿，真个无讹。道士能知吉壤，竹策丛生；闽僧善觅佳城，湖灯呵护。孙钟孝而致三仙，龙图酷而梦二使。动静方圆，还符四象；纵横阖辟，止争一先。

飞两奁之黑白；争一纸之雌雄。

讼狱

（新增文十二联）

世人惟不平则鸣，圣人以无讼为贵。上有恤刑之主，桁杨雨润；下无冤枉之民，肺石风清。虽囹圄便是福堂，而画地亦可为狱。与人构讼，曰鼠牙雀角之争；罪人诉冤，有抢地吁天之惨。

狴犴猛犬而能守，故狱门画狴犴之形；棘木外刺而里直，故听讼在棘木之下。

乡亭之系有岸，朝廷之系有狱，谁敢作奸犯科；死者不可复生，刑者不可复赎，上当原情定罪。

囹圄是周狱，羑里是商牢。

桎梏之设，乃拘罪人之具；缧绁之中，岂无贤者之冤。两争不放，谓之鹬蚌相持；无辜牵连，谓之池鱼受害。请公入瓮，周兴自作其孽；下车泣罪，夏禹深痛其民。

好讼曰健讼，累及曰株连。为人解讼，谓之释纷；被人栽冤，谓之嫁祸。徒配曰城旦，遣戍是问军。

三尺乃朝廷之法，三木是罪人之刑。古之五刑，墨、劓、剕、宫、大辟；今之律例，笞、杖、死刑、徒、流。

上古时削木为吏，今日之淳风安在；唐太宗纵囚归狱，古人之诚信可嘉。花落讼庭间，草生囹圄静，歌何易治民之简；吏从冰上立，人在镜中行，颂卢奂折狱之清。可见治乱之药石，刑罚为重；兴平之粱肉，德教为先。

[增]乌台定律，象魏悬书。惟忠信慈惠之师，有折狱致刑之实。

失入宁失出，须当念及无辜；过义宁过仁，务必心存其不忍。

察五声而审克，应尔精详；讯三刺以简孚，宜乎谨慎。蒿满圜扉之宅，人怀天保初年；鹊巢大理之庭，世誉玄宗即位。

赭衣满道，何其酷烈难堪；玄钺罗门，未免摧残太甚。门有沸汤之势，抚念不安；巢无完卵之存，扪心何忍。虽辟以止辟，还刑期无刑。

周礼有三宥之词，千秋可法；虞廷有肆赦之典，万古常称。

蝇集笔端，识赦书之已就；乌啼宵夜，知恩诏之将颁。无赦而刑必平，文中之论，夫岂全诬；多赦则民不敬，管子之言，亦非尽谬。孔明治蜀，所以不行；吴汉临终，于焉致嘱。

释道鬼神

(新增文十二联)

如来释迦，即是牟尼，原系成佛之祖；老聃李耳，即是道君，乃为道教之宗。

鹫岭祇园，皆属佛国；交梨火枣，尽是仙丹。沙门称释，始于晋道安；中国有佛，始于汉明帝。

篯铿即是彭祖，八百高年；许逊原宰旌阳，一家超举。波罗犹云彼岸，紫府即是仙宫。曰上方，曰梵刹，总是佛场；曰真宇，曰蕊珠，皆称仙境。伊蒲馔可以斋僧，青精饭亦堪供佛。香积厨，僧家所备；仙麟脯，仙子所餐。

佛图澄显神通，咒莲生钵，葛仙翁作戏术，吐饭成蜂。达摩一苇渡江，栾巴噀酒灭火。吴猛画江成路，麻姑掷米成珠。

飞锡挂锡，谓僧人之行止；导引胎息，谓道士之修持。和尚拜礼曰和南，道士拜礼曰稽首。曰圆寂，曰荼毗，皆言和尚之死；曰羽化，曰尸解，悉言道士之亡。女道曰巫，男道曰觋，自古攸分；男僧曰僧，女僧曰尼，从来有别。羽客黄冠，皆称道士；上人比丘，并美僧人。檀越檀那，僧家称施主；烧炼汞，道士学神仙。和尚自谦，谓之空桑子，道士诵经，谓之步虚声。

菩者普也，萨者济也，尊称神祇，故有菩萨之誉；水行龙力大，陆行象力大，负荷佛法，故有龙象之称。儒家谓之世，释家谓之劫，道家谓之尘，俱谓俗缘之未脱；儒家曰精一，释家曰三昧，道家曰贞一，总言奥义之无穷。

达摩死后，手携只履西归；王乔朝君，舄化双凫下降。辟谷绝粒，神仙能服气炼丹形；不灭不生，释氏惟明心见性。梁高僧谈经入妙，可使顽石点头，天花坠地；张虚靖炼丹既成，能令龙虎并伏，鸡犬俱升。

藏世界于一粟，佛法何其大；贮乾坤于一壶，道法何其玄。

妄诞之言，载鬼一车；高明之家，鬼瞰其室。《无鬼论》，作于晋之阮瞻；《搜神记》，撰于晋之干宝。颜子渊，卜子商，死为地下修文郎。韩擒虎，寇莱公，死作阴司阎罗王。至若土谷之神曰社稷，干旱之鬼曰旱魃。魑魅魍魉，山川之祟；神荼郁垒，啖鬼之神。仕途偃蹇，鬼神亦为之揶揄；心地光明，吉神自为之呵护。

[增]菩提无树，明镜非台。光明拳，打破痴迷膜；爱欲海，济渡大愿船。白足清臞，谁个未知禅味；赤髭碧眼，何人不是梵宗。

法善为妻，智度为母，无烦询骨肉是谁；慈悲作室，通慧作门，不须问宅居何处。

孙居士大啸一声，山鸣谷应；陈先生长眠数觉，物换星移。岩下清风，黑虎卖董仙丹杏；山间明月，彩鸾栖张叟绿筠。赵惠宗火中化鹤，岂避烽炎；左真人盆里引鲈，不须烟浪。萧子曾餐芝似肉，安期更食枣如瓜。

夏郊有异神，祀处却转凶为吉；黎丘多奇鬼，惑时必以伪害真。唐时花月妖，畏见狄梁公之面；晋代枌榆社，悉逢阮宣子之柯。曾闻大手入窗，公亮举笔；翻忆长舌吐地，叔夜吹灯。萧太守徙项王祠，莫须有也，牛僧孺宿薄后庙，岂其然乎？

鸟兽

（新增文十三联）

麟为毛虫之长，虎乃兽中之王。麟凤龟龙，谓之四灵；犬豕与鸡，谓之三物。騄駬骅骝，良马之号；太牢大武，乃牛之称。

羊曰柔毛，又曰长髯主簿；豕名刚鬣，又曰乌喙将军。鹅名舒雁，鸭号家凫。鸡有五德，故称之曰德禽；雁性随阳，因名之曰阳鸟。

家狸乌圆，乃猫之誉；韩卢楚犷，皆犬之名。麒麟驺虞，俱好仁之兽；螟螣蟊贼，皆害苗之虫。无肠公子，螃蟹之名；绿衣使者，鹦鹉之号。

狐假虎威，谓借势而为恶；养虎贻患，谓留祸之在身。犹豫多疑，喻人之不决；狼狈相倚，比人之颠连。胜负未分，不知鹿死谁手；基业易主，正如燕入他家。雁到南方，先至为主，后至为宾；雉名陈宝，得雄则王，得雌则霸。

刻鹄类鹜，为学初成；画虎类犬，弄巧反拙。美恶不称，谓之狗尾续貂；贪图不足，谓之蛇欲吞象。祸去祸又至，曰前门拒虎，后门进狼；除凶不畏凶，曰不入虎穴，焉得虎子。

鄙众趋利，曰群蚁附膻，谦己爱儿，曰老牛舐犊。无中生有，曰画蛇添足；进退两难，曰羝羊触藩。杯中蛇影，自起猜疑；塞翁失马，难分祸福。

龙驹凤雏，晋闵鸿夸吴中陆士龙之异；伏龙凤雏，司马徽称孔明庞士元之奇。吕后断戚夫人手足，号曰人彘；胡人腌契丹王尸骸，谓之帝羓。人之狠恶，同于梼杌；人之凶暴，类于穷奇。

王猛见桓温，扪虱而谈当世之务；宁戚遇齐桓，扣角而取卿相之荣。越王轼怒蛙，以昆虫之敢死；丙吉问牛喘，恐阴阳之失时。

以十人而制千虎，比事之难胜；驰韩卢而搏蹇兔，喻言敌之易摧。兄弟似鹡鸰之相亲，夫妇如鸾凤之配偶。有势莫能为，曰虽鞭之长，不及马腹；制小不用大，曰割鸡之小，焉用牛刀。

鸟食母者曰枭，兽食父者曰獍。苛政猛于虎，壮士气如虹。腰缠十万贯，骑鹤上扬州，谓仙人而兼富贵；盲人骑瞎马，夜半临深池，是险语之逼人闻。

黔驴之技，技止此耳；鼯鼠之技，技亦穷乎。强兼并者曰鲸吞，为小贼者曰狗盗。养恶人如养虎，当饱其肉，不饱则噬；养恶人如养鹰，饥之则附，饱之则飏。随珠弹雀，谓得少而失多；投鼠忌器，恐因甲而害乙。

事多曰猬集，利小曰蝇头。心惑似狐疑，人喜如雀跃。爱屋及乌，谓因此而惜彼；轻鸡爱鹜，谓舍此而图他。唆恶为非，曰教猱升木；受恩不报，曰得鱼忘筌。倚势害人，真似城狐社鼠；空存无用，何殊陶犬瓦鸡。势弱难敌，谓之螳臂当辕；人生易死，乃曰蜉蝣在世。小难制大，如越鸡难伏鹄卵；贱反轻贵，似莺鸠反笑大鹏。

小人不知君子之心，曰燕雀焉知鸿鹄志；君子不受小人之侮，曰虎豹岂受犬羊欺。跖犬吠尧，吠非其主；鸠居鹊巢，安享其成。缘木求鱼，极言难得；按图索骥，甚言失真。恶人借势，曰如虎负嵎；穷人无归，曰如鱼失水。

九尾狐，讥陈彭年素性谄而又奸；独眼龙，夸李克用一目眇而有勇。指鹿为马，秦赵高之欺主；叱石成羊，皇初平之得仙。卞庄勇能擒两虎，高骈一矢贯双雕。司马懿畏蜀如虎，诸葛亮辅汉如龙。

鹪鹩巢林，不过一枝；鼹鼠饮河，不过满腹。弃人甚易，曰孤雏腐鼠；文名共仰，曰起凤腾蛟。为公乎，为私乎，惠帝问虾蟆；欲左左，欲右右，汤德及禽兽。鱼游于釜中，虽生不久；燕巢于幕上，栖身不安。

妄自称奇，谓之辽东豕；其见甚小，譬如井底蛙。父恶子贤，谓是犁牛之子；父谦子拙，谓是豚犬之儿。出人群而独异，如鹤立鸡群；非配偶以相从，如雉求牡匹。天上石麟，夸小儿之迈众；人中骐骥，比君子之超凡。

怡堂燕雀，不知后灾；瓮里醯鸡，安有广见。马牛襟裾，骂人不识礼义；沐猴而冠，笑人见不恢宏。羊质虎皮，讥其有文无实；守株待兔，言其守拙无能。恶人如虎生翼，势必择人而食；志士如鹰在笼，自是凌霄有志。鲋鱼困涸辙，难待西江水，比人之甚窘；蛟龙得云雨，终非池中物，比人大有为。执牛耳，为人主盟，附骥尾，望人引带。鸿雁哀鸣，比小民之失所；狡兔三窟，诮贪人之巧营。

风马牛，势不相及，常山蛇，首尾相应。百足之虫，死而不僵，以其扶之者众；千岁之龟，死而留甲，因其卜之则灵。大丈夫宁为鸡口，毋为牛后；士君子岂甘雌伏，定要雄飞。毋局促如辕下驹，毋委靡如牛马走。猩猩能言，不离走兽；鹦鹉能言，不离飞鸟。人惟有礼，庶可免相鼠之刺；若徒能言，夫何异禽兽之心。

[增]百鸟鹞称悍，众禽鹤独胎。提壶提壶，定是村中有酒；脱袴脱袴，必然身上无寒。百舌五更头，学尽众禽之语；鹓雏九霄外，顿空诸鸟之群。瓮中鸲鹆巧于人，江上白鸥闲似我。莺呼金衣公子，鹂号锦带功曹。

鹘入鸦群，雄威岂敌；鸭去鸡队，气类不侔。彪著羊，彪雄而羊败；罴敌犬，罴寡而犬强。猿献玉环，孙恪自峡山失妇，鹿随丹毂，郑弘从汉室封公。蛩蛩之皮，有可辟除疠瘴；獾獾之尾，殊堪却退烟岚。

李愬设谋平蔡，藉声于鸭队鹅群；卢去觅句迁官，得力于猫儿狗子。

长乐宫中有鹿，衔残妃子榻前花；午桥庄外多羊，点缀小儿坡上草。羊舌氏虽为佳话，马头娘未是美谭。猿门传号令，李将军椎飨士之牛；邑士起讴歌，时令尹留去官之犊。

花木

（新增文十一联）

植物非一，故有万卉之称；谷种甚多，故有百谷之号。如茨如梁，谓禾稼之蕃；惟夭惟乔，谓草木之茂。

莲乃花中君子，海棠花内神仙。国色天香，乃牡丹之富贵；冰肌玉骨，乃梅萼之清奇。兰为王者之香，菊同隐逸之士。竹称君子，松号大夫。萱草可忘忧，屈轶能指佞。筼筜，竹之别号；木樨，桂之别名。

明日黄花，过时之物；岁寒松柏，有节之称。樗栎乃无用之散材，楩楠胜大任之良木。玉版，笋之异号；蹲鸱，芋之别名。瓜田李下，事避嫌疑；秋菊春桃，时来迟早。

南枝先，北枝后，庾岭之梅；朔而生，望而落，尧阶蓂荚。苾刍背阴向阳，比僧人之有德；木槿朝开暮落，比荣华之不长。

芒刺在背，言恐惧不安；薰莸异气，犹贤否有别。桃李不言，下自成蹊；道旁苦李，为人所弃。老人娶少妇，曰枯杨生稊；国家进多贤，曰拔茅连茹。

蒲柳之姿，未秋先槁；姜桂之性，愈老愈辛。王者之兵，势如破竹；七雄之国，地若瓜分。苻坚望阵，疑草木皆是晋兵；索靖知亡，叹铜驼会在荆棘。

王祐知子必贵，手植三槐；窦钧五子齐荣，人称五桂。鉏麑触槐，不忍贼民之主；越王尝蓼，必欲复吴之仇。修母画荻以教子，谁不称贤；廉颇负荆以请罪，善能悔过。弥子瑕常恃宠，将馀桃以啖君；秦商鞅欲行令，使徙木以立信。王戎卖李钻核，不胜鄙吝；成王翦桐封弟，因无戏言。齐景公以二桃杀三士，杨再思谓莲花似六郎。

倒啖蔗，渐入佳境；蒸哀梨，大失本真。煮豆燃萁，比兄残弟；砍竹遮笋，弃旧怜新。元素致江陵之柑，吴刚伐月中之桂。捐资济贫，当仿尧夫之助麦；以物申敬，聊效野人之献芹。冒雨翦韭，郭林宗款友情殷，踏雪寻梅，孟浩然自娱兴雅。商太戊能修德，祥桑自死；寇莱公有深仁，枯竹复生。

王母蟠桃，三千年开花，三千年结子，故人借以祝寿诞；上古大椿，八千岁为春，八千岁为秋，故人托以比严君。去稂莠，正以植嘉禾；沃枝叶，不如培根本。世路之蓁芜当剔，人心之茅塞须开。

[增]姚黄魏紫，牡丹颜色得人怜；雪魄冰姿，茉莉芬芳随我爱。雪梅乍放，月明魂梦美人来，玉蕊齐开，风动佩环仙子至。

尼父试弹琴，发泗水坛前之杏；渔郎频鼓枻，寻武陵源里之桃。九烈君原为异柳；支离叟必属乔松。

丈夫进学骎骎，弗效黄杨厄闰；男子为人卓卓，必如老桧参天。龙刍茂时，周穆王备供马料；水萍聚处，樊千里用作鸭茵。灵运诗成，已入西堂之梦；

江淹赋就，更闻南浦之歌。生成钩弋之拳，西山嫩蕨；剖出庄姜之齿，北苑佳瓠。

曾言水藻绿于蓝，始信山菇红似血。元修蚕豆，自古称佳；诸葛蔓菁，迄今犹赖。生姜盗母荽留子，尽付园丁；芦菔生儿芥有孙，频充鼎味。

(六)《名贤集》

《名贤集》为中国昔时流传很广的启蒙读物。其作者不详,从内容上分析,当是南宋以后儒家学者所撰辑。书中汇集了孔、孟以来历代名人贤士的嘉言善行,以及民间流传的为人处世、待人接物、治学修德等方面的格言、成语、谚语,加以选择提炼编缀而成。句式对偶齐整,不拘字数,错落有致,句句韵语,读来顺口,听来悦耳,易于记诵。有四字为句,五字为句,七字为句,如“得荣思辱,处安思危”“积善之家,必有余庆;积恶之家,必有余殃”“敏而好学,不耻下问”“人无远虑,必有近忧”“君子坦荡荡,小人长戚戚”“将相本无种,男儿当自强”“成人不自在,自在不成人”“家贫知孝子,国乱识忠臣”“临崖勒马收缰晚,船到江心补漏迟”“良言一句三冬暖,恶语伤人六月寒”“贫居闹市无人问,富在深山有远亲”“一字千金价不多,会文会算有谁过;身小会文国家用,大汉空长做什么”,这些格言、名言、谚语、成语都富有哲理性,耐人寻味,给人以启迪。由于时代的局限性,书中有不少消极、没落的内容,如“万般全在命,半点不由人”“官满如花谢,势败奴欺主”“命强人欺鬼,运衰鬼欺人”“有钱便使用,死后一场空”等,宣扬命由天定或因果报应,及时行乐或消极处世,逆来顺受或明哲保身,以及圆滑世故的市侩处世哲学的部分,阅读时应避免其消极影响。

四言集

但行好事,莫问前程。
与人方便,自己方便。
善与人交,久而敬之。
人贫志短,马瘦毛长。
人心似铁,官法如炉。
谏之双美,毁之两伤。
赞叹福生,作念恶生。
积善之家,必有余庆。
积恶之家,必有余殃。
休争闲气,日有平西。
来之不善,去之亦易。

人平不语,水平不流。
得荣思辱,处安思危。
羊羔虽美,众口难调。
事要三思,免劳后悔。
太子入学,庶民同例。
官至一品,万法依条。
得之有本,失之无本。
凡事从实,积福自厚。
无功受禄,寝食不安。
财高语壮,势大欺人。
言多语失,食多伤心。

送朋友酒，日食三餐。
酒要少吃，事要多知。
相争告人，万种无益。
礼下于人，必有所求。
敏而好学，不耻下问。
居必择邻，交必良友。
顺天者存，逆天者亡。
人为财死，鸟为食亡。
得人一牛，还人一马。
老实常在，脱空常败。
三人同行，必有我师。
人无远虑，必有近忧。
寸心不昧，万法皆明。
明中施舍，暗里填还。
人间私语，天闻若雷。
暗室亏心，神目如电。
肚里跷蹊，神道先知。
人离乡贱，物离乡贵。
杀人可恕，情理难容。
人情可断，天理可循。
心要忠恕，意要诚实。
狎昵恶少，久必受累。
屈志老诚，急可相依。
施惠无念，受恩莫忘。
勿营华屋，勿谋良田。
宗祖虽远，祭祀宜诚。
子孙虽愚，诗书宜读。
刻薄成家，理无久享。

五言集

黄金浮世在，白发故人稀。多金非为贵，安乐值钱多。
休争三寸气，白了少年头。百年随时过，万事转头空。
耕牛无宿草，仓鼠有余粮。万事分已定，浮生空自忙。
结有德之朋，绝无义之友。常怀克己心，法度要谨守。
君子坦荡荡，小人长戚戚。见事知长短，人面识高低。
心高遮甚事，地高偃水流。水深流去慢，贵人语话迟。
道高龙虎伏，德重鬼神钦。人高谈今古，物高价出头。
休倚时来势，提防运去年。藤萝绕树生，树倒藤萝死。
官满如花谢，势败奴欺主。命强人欺鬼，运衰鬼欺人。
但得一步地，何须不为人。人无千日好，花无百日红。
人有十年壮，鬼神不敢傍。厨中有剩饭，路上有饥人。
饶人不是痴，过后得便宜。量小非君子，品高是丈夫。
路遥知马力，日久见人心。长存君子道，须有称心时。
雁飞不到处，人被名利牵。地有三江水，人无四海心。

有钱便使用，死后一场空。为仁不富矣，为富不仁矣。
君子喻于义，小人喻于利。贫而无怨难，富而无骄易。
万般全在命，半点不由人。在家敬父母，何须远烧香。
家和贫也好，不义富如何。晴干开水道，须防暴雨时。
寒门生贵子，白屋出公卿。将相本无种，男儿当自强。
欲要夫子行，无可一日清。三千徒众立，七十二贤人。
成人不自在，自在不成人。国正天必顺，官清民自安。
妻贤夫祸少，子孝父心宽。白云朝朝过，青天日日闲。
自家无运至，却怨世界难。有钱能解语，无钱语不明。
时间风火性，烧了岁寒衣。人生不满百，常怀千岁忧。
来说是非者，便是是非人。积善有善报，积恶有恶报。
报应有早晚，祸福自不错。花有重开日，人无长少年。
人无害虎心，虎有伤人意。上山擒虎易，开口告人难。
忠臣不怕死，怕死不忠臣。从前多少事，过去一场空。
满怀心腹事，尽在不言中。既在矮檐下，怎敢不低头。
家贫知孝子，国乱识忠臣。但是登途者，都是福薄人。
命贫君子拙，时来小人强。命好心也好，富贵直到老。
命好心不好，中途夭折了。心命都不好，穷苦直到老。
年老心未老，人穷行莫穷。自古皆有死，民无信不立。

六言集

长将好事于人，祸不临身害己。既读孔孟之书，必达周公之礼。
君子敬而无失，与人恭而有礼。事君数斯辱矣，朋友数斯疏矣。
人无酬天之力，天有养人之功。一马不备双鞍，忠臣不事二主。
长想有力之奴，不念无为之子。人有旦夕祸福，天有昼夜阴晴。
君子当权积福，小人仗势欺人。人将礼乐为先，树将枝叶为圆。
马有垂缰之义，狗有湿草之恩。运去黄金失色，时来铁也争光。
怕人知道休做，要人敬重勤学。泰山不却微尘，积小垒成高大。
人道谁无烦恼，风来浪也白头。

七言集

贫居闹市无人问，富在深山有远亲。人情当慎初相见，到老终无怨恨心。
白马红缨彩色新，不是亲家强来亲。一朝马死黄金尽，亲者如同陌路人。
青草发时便盖地，运通何须觅故人。但能依理求生计，何必欺心作恶人。
才与人交辨人心，高山流水向古今。莫做亏心侥幸事，自然灾患不来侵。
人着人死天不肯，天着人死有何难。我见几家贫了富，几家富了又还贫。
三寸气在千般用，一旦无常万事休。人见利而不见害，鱼见食而不见钩。
是非只为多开口，烦恼皆因强出头。平生正直无私曲，问甚天公饶不饶。
猛虎不在当道卧，困龙也有上天时。临崖勒马收缰晚，船到江心补漏迟。
家业有时为来往，还钱长记借钱时。金风未动蝉先觉，暗算无常死不知。
青山只会明今古，绿水何曾洗是非。常将有日思无日，莫到无时思有时。
善恶到头终有报，只争来早与来迟。蒿蓬隐着灵芝草，淤泥陷着紫金盆。
劝君莫做亏心事，古往今来放过谁。山寺日高僧未起，算来名利不如闲。
欺心莫赌洪誓愿，人与世情朝朝随。人生稀有七十余，多少风光不同居。
长江一去无回浪，人老何曾再少年。大道劝人三件事，戒酒除花莫赌钱。
言多语失皆因酒，义断亲疏只为钱。有事但逢君子说，是非休听小人言。
妻贤何愁家不富，子孝何须父向前。心好家门生贵子，命好何须靠祖田。
侵人田土骗人钱，荣华富贵不多年。莫道眼前无报应，分明折在子孙边。
酒逢知己千杯少，话不投机半句多。衣服破时宾客少，识人多处是非多。
草怕严霜霜怕日，恶人自有恶人磨。月过十五光明少，人到中年万事和。
良言一句三冬暖，恶语伤人六月寒。雨里深山雪里烟，看事容易做事难。
无名草木年年发，不信男儿一世穷。若不与人行方便，念尽弥陀总是空。
少年休笑白头翁，花开能有几时红。越奸越狡越贫穷，奸狡原来天不容。
富贵若从奸狡得，世间呆汉吸西风。忠臣不事二君王，烈女不嫁二夫郎。
小人狡猾心肠歹，君子公平托上苍。一字千金价不多，会文会算有谁过。
身小会文国家用，大汉空长作什么。

(七)《弟子规》

《弟子规》初名《训蒙文》,清康熙年间山西学者李毓秀(字子潜),根据朱熹《童蒙须知》改编而成,后经山西平阳儒生贾存仁(字木斋)修订而更名为《弟子规》。

《弟子规》全书以孔子《论语·学而》中“弟子入则孝,出则悌,谨而信,泛爱众,而亲仁,行有余力,则以学文”为总纲,分为数节,各选择《论语》《孟子》《礼记》《孝经》和朱熹语录纂辑而成。主要讲述处世做人的道理,其中对待人接物,侍奉父母,尊重师长,生活起居等各方面都有明确的叙述。它是以学规、学则的形式对童蒙进行学习指导和品德修养的启蒙读物。它仿《三字经》体例,三言韵语,通俗易懂,句法灵活,通畅可读,便于背诵记忆。所以几百年来,《弟子规》在城乡私塾为必读之书,在祠堂、茶楼、市井广为流传,被誉为是“便于诵读讲解而皆切于实用”的“开蒙养正之最上乘”。

《弟子规》中夹杂着不少封建主义的说教,多不可取。但如“衣贵洁,不贵华”“年方少,勿饮酒”“借人物,及时还”“凡出言,信为先”“市井气,切戒之”之类,今天仍值得借鉴。

一、总　　叙

弟子规,圣人训,首孝悌,次谨信。
泛爱众,而亲仁,有余力,则学文。

二、入则孝出则悌

父母呼,应勿缓,父母命,行勿懒。
父母教,须敬听,父母责,须顺承。
冬则温,夏则凊,晨则省,昏则定。
出必告,返必面,居有常,业无变。
事虽小,勿擅为,苟擅为,子道亏。
物虽小,勿私藏,若私藏,亲心伤。
亲所好,力为具,亲所恶,谨为去。
身有伤,贻亲忧,德有伤,贻亲羞。

亲爱我，孝何难，亲憎我，孝方贤。
亲有过，谏使更，怡吾色，柔吾声。
谏不入，悦复谏，号泣随，挞无怨。
亲有疾，药先尝，昼夜侍，不离床。
丧三年，常悲咽，居处变，酒肉绝。
丧尽礼，祭尽诚，事死者，如事生。
兄道友，弟道恭，兄弟睦，孝在中。
财物轻，怨何生，言语忍，忿自泯。
或饮食，或坐走，长者先，幼者后。
长呼人，即代叫，人不在，己即到。
称尊长，勿呼名，对尊长，勿见能。
路遇长，疾趋辑，长无言，退恭立。
骑下马，乘下车，过犹待，百步余。
长者立，幼勿坐，长者坐，命乃坐。
尊长前，声要低，低不闻，却非宜。
进必趋，退必迟，问起对，视勿移。
事诸父，如事父，事诸兄，如事兄。

三、谨而信

朝起早，夜眠迟，老易至，惜此时。
晨必盥，兼漱口，便溺回，辄净手。
冠必正，纽必结，袜与履，俱紧切。
置冠服，有定位，勿乱顿，致污秽。
衣贵洁，不贵华，上循分，下称家。
对饮食，勿拣择，食适可，勿过则。
年方少，勿饮酒，饮酒醉，最为丑。
步从容，立端正，揖深圆，拜恭敬。
勿践阈，勿跛倚，勿箕踞，勿摇髀。
缓揭帘，勿有声，宽转弯，勿触棱。
执虚器，如执盈，入虚室，如有人。

事勿忙，忙多错，勿畏难，勿轻略。
斗闹场，绝勿近，邪僻事，绝勿问。
将入门，问孰存，将上堂，声必扬。
人问谁，对以名，吾与我，不分明。
用人物，须明求，倘不问，即为偷。
借人物，及时还，后有急，借不难。
凡出言，信为先，诈与妄，奚可焉。
话说多，不如少，惟其是，勿佞巧。
奸巧语，秽污词，市井气，切戒之。
见未真，勿轻信，知未的，勿轻传。
事非宜，勿轻诺，苟轻诺，进退错。
凡道字，重且舒，勿急疾，勿模糊。
彼说长，此说短，不关己，莫闲管。
见人善，即思齐。纵去远，以渐跻。
见人恶，即内省。有则改，无加警。
唯德学，唯才艺。不如人，当自励。
若衣服，若饮食。不如人，勿生戚。
闻过怒，闻誉乐。损友来，益友却。
闻誉恐，闻过欣。直谅士，渐相亲。
无心非，名为错，有心非，名为恶。
过能改，归于无，倘掩饰，增一辜。

四、泛爱众而亲仁

凡是人，皆须爱，天同覆，地同载。
行高者，名自高，人所重，非貌高。
才大者，望自大，人所服，非言大。
己有能，勿自私，人所能，勿轻訾。
勿谄富，勿骄贫，勿厌故，勿喜新。
人不闲，勿事搅，人不安，勿话扰。
人有短，切莫揭，人有私，切莫说。

道人善，即是善，人知之，愈思勉。
扬人恶，即是恶，疾之甚，祸且作。
善相劝，德皆建，过不规，道两亏。
凡取与，贵分晓，与宜多，取宜少。
将加人，先问己，己不欲，即速已。
恩欲报，怨欲忘，报怨短，报恩长。
待婢仆，身贵端，虽贵端，慈而宽。
势服人，心不然，理服人，方无言。
同是人，类不齐，流俗众，仁者稀。
果仁者，人多畏，言不讳，色不媚。
能亲仁，无限好，德日进，过日少。
不亲仁，无限害，小人进，百事坏。

五、行有余力则以学文

不力行，但学文，长浮华，成何人。
但力行，不学文，任己见，昧理真。
读书法，有三到，心眼口，信皆要。
方读此，勿慕彼，此未终，彼勿起。
宽为限，紧用功，工夫到，滞塞通。
心有疑，随札记，就人问，求确义。
房室清，墙壁净，几案洁，笔砚正。
墨磨偏，心不端，字不敬，心先病。
列典籍，有定处，读看毕，还原处。
虽有急，卷束齐，有缺坏，就补之。
非圣书，屏勿视，蔽聪明，坏心志。
勿自暴，勿自弃，圣与贤，可训致。

(八)《小儿论》

孔子,名丘,字仲尼,设教于鲁国之西。一日,孔子率诸弟子,御车出游,路逢数儿嬉戏,中有一儿不戏,孔子乃驻车问曰:“独汝不戏何也?”

小儿答曰:“儿戏无益。衣破难缝,上辱父母,下及门中,必有斗争,劳而无功,岂为好事?故乃不戏。”言罢,低头以瓦片作城。

孔子责之曰:“何不避车乎?”

小儿答曰:“自古及今,为当车避于城,不当城避于车。”

孔子乃勒车论道,下车而问焉:“汝年尚幼,何多诈乎?”

小儿答曰:“人生三岁,分别父母;兔生三日,走地畎亩;鱼生三日,游于江湖;天生自然,岂谓诈乎?”

孔子曰:“汝居何乡、何里、何姓、何名、何字?”

小儿答曰:“吾居敝乡、贱地、姓项、名橐,未有字也。”

孔子曰:“吾欲其汝同游,汝意下如何?”

小儿答曰:“家有严父,须当事之;家有慈母,须当养之;家有贤兄,须当顺之;家有弱弟,须当教之;家有明师,须当学之。何暇同游也。”

孔子曰:“吾车中有三十二棋子,与汝弈博,汝意下如何?”

小儿答曰:“天子好博,四海不理;诸侯好博,有妨政纪;士儒好博,学问废弛;小人好博,输却家计;奴婢好博,必受鞭扑;农夫好博,耕种失时;是故不博也。”

孔子曰:“吾欲与汝平却天下,汝意下如何?”

小儿答曰:“天下不可平也。或有高山,或有江湖,或有王侯,或有奴婢。平却高山,鸟兽无倚;填却江湖,鱼鳖无归;除却王侯,民多是非;绝却奴婢,君子使谁?天下荡荡,岂可平乎?”

孔子曰:“汝知天下,何火无烟?何水无鱼?何山无石?何树无枝?何人无妇?何女无夫?何牛无犊?何马无驹?何雄无雌?何雌无雄?何为君子?何为小人?何为不足?何为有余?何城无市?何人无字?”

小儿答曰:“萤火无烟,井水无鱼,土山无石,枯树无枝,仙人无妇,玉女无夫,土牛无犊,木马无驹,孤雄无雌,孤雌无雄,贤为君子,愚为小人,冬日不足,夏日有余,皇城无市,小人无字。”

孔子问曰："汝知天地之纲纪，阴阳之终始，何为左？何为右？何为表？何为里？何为父？何为母？何为夫？何为妇？风从何来？雨从何至？云从何出？雾从何起？天地相去几千万里？"

小儿答曰："九九还归八十一，是天地之纲纪，八九七十二，是阴阳之始终。天为父，地为母，日为夫，月为妇，东为左，西为右，外为表，内为里，风从苍梧，雨从郊市。云从东山出，雾从地起，天地相去，有千千万万余里。东西南北，皆有寄耳。"

孔子问曰："汝言父母是亲，夫妇是亲？"

小儿答曰："父母是亲，夫妇不亲。"

孔子曰："夫妇生则同衾，死则同穴，何得不亲？"

小儿答曰："人生无妇，如车无轮。无轮再造，必得其新。妇死更索，又得其新。贤家之女，必配贵夫。十间之室，须得栋梁。三窗之牖，不如一户之光；众星朗朗，不如孤月独明。父母之恩，奚可失也。"

孔子叹曰："贤哉，贤哉。"

小儿问孔子曰："适来问橐，橐一一答之，橐今欲求教夫子一言，明以诲橐，幸请勿弃。"

孔子曰："请言之。"

小儿曰："鹅鸭何以能浮？鸿雁何以能鸣？松柏何以冬青？"

孔子答曰："鹅鸭能浮，皆因足方；鸿雁能鸣，皆因颈长；松柏冬青，皆因心坚。"

小儿答曰："不然，鱼鳖能浮，岂皆足方？虾蟆能鸣，岂因颈长？绿竹冬青，岂因心坚？"

孔子无言。小儿又问曰："天上零零有几星？"

孔子答："适来问地，何必谈天？"

小儿曰："地下碌碌有几屋？"

孔子曰："且论眼前之事，何必谈天说地？"

小儿曰："若论眼前之事，眉毛有几根？"

孔子笑而不答。顾谓诸弟子曰："后生可畏，焉能求者之不如今也。"于是登车而去。诗曰：

休欺年少聪明子，广有英才智过人。

谈论世间无限事，分明古圣现其身。

(九)《神童诗》

《神童诗》是以诗歌形式对儿童进行品德、知识教育的蒙学教材,也是教儿童习作诗歌的示范教材。据明末学者朱国祯在《涌幢小品》中考证,宋朝汪洙(字德温),浙江鄞县(今宁波)人,官至观文殿大学士。据说他在八九岁时就善诗赋,所以有"神童"的美称。后有人将他幼年诗作汇编成集,题名《汪神童诗》,在流传过程中省掉了"汪"字,直称《神童诗》。其实《神童诗》并非汪洙一人之作,也非全部出自童子之手,如《登山》《对菊》这两首诗就是唐代大诗人李白的作品,《帝都》一诗则是南朝陈国末代皇帝陈叔宝的作品。确切地说,《神童诗》是以汪洙诗为基础,杂采他诗诠补而成的。按诗的内容分类,包括劝学、得第、为官,以及四季景物、节日礼仪等的描写,全部选用五言绝句,篇幅短小,诗味浓郁,格律严谨,音韵和谐,对仗工整,平仄准确,读来朗朗上口,情趣盎然,易于背诵,因而久传不衰。但其中渗透着不少封建社会的文化意识,宣扬了封建正统思想,必须细心辨识,尤其当少年儿童阅读时,学校教师和学生家长应加以指导,避免消极影响。

长　春

长占四时春,
花红日日新。
摘来同寿酒,
堂上献双亲。

荷　花

一种灵苗异,
天然休自虚。
叶如斜界纸,
心似倒抽书。

桃　花

人在艳阳中,
桃花映面红。
年年二三月,
底事笑春风。

牡　丹

倾国姿容别,
多开富贵家。
临轩一赏后,
轻薄万千花。

荷 钱

买有清和景，
团团贴水心。
贪夫虽着眼，
不解济贫人。

兰 花

一种生深谷，
清标压众芳。
下须纫作佩，
入室自幽香。

梅 花

墙角数枝梅，
凌寒独自开。
遥知不是雪，
为有暗香来。

丹 桂

自是月中种，
人间无此香。
郄林今寂寞，
多负绿衣郎。

芳 草

一岁一荣枯，
春来满地生。
萋萋南浦路，
凝望最关情。

萱 草

散作堂前彩，
花浓茎正修。
宜男曾入咏，
底事不忘忧。

梨 花

院落沉沉静，
花开白云香。
一枝轻带雨，
泪湿贵妃妆。

杏 花

枝缀霜葩白，
无言笑好风。
清芳谁是侣，
色开小桃红。

榴 花

炎日榴如火，
繁英簇绛绡。
佳人斜插处，
疑把绿鬓烧。

绿 竹

居可无君子，
交情耐岁寒。
清风频动处，
日日报平安。

葵 花

向日层层折，
深红间浅红。
无心驻车马，
开落任薰风。

潮

涨落几时休，
从春复到秋。
烟波千万里，
名利两悠悠。

言 志

小儿何所爱，
爱者芝兰室。
更欲附飞龙，
上天看红日。

云

出岫本无心，
油然散晓阴。
从龙今有便，
愿作傅岩霖。

风

解落三秋叶，
能开二月花。
过江千尺浪，
入竹万竿斜。

雪

尽道丰年瑞，
丰年瑞若何。
长安有贫者，
宜瑞不宜多。

月

团圆离海峤，
渐渐出云衢。
此夜一轮满，
清光何处无。

安 分

寿夭莫非命，
穷通各有时。
迷途空役役，
安分是便宜。

雷

括括风云起，
晴空陡作阴。
一声天欲裂，
胆破不平心。

仁 义

圣治先人意，
施为日月新。
渐摩今既熟，
孰不荷陶钧。

恢　复

三箭天山定，
中兴再颂歌。
抚绥新境土，
整顿旧山河。

华　山

只有天在上，
更无山与齐。
举头红日近，
回首白云低。

待　时

韩侯曾寄食，
宜尼亦厄陈。
固穷千古事，
君子岂常贫。

道　院

道院通仙客，
书堂隐相儒。
庭栽栖凤竹，
池养化龙鱼。

劝　学

天子重英豪，
文章教尔曹。
万般皆下品，
惟有读书高。

劝　学

少小须勤学，
文章可立身。
满朝朱紫贵，
尽是读书人，

劝　学

学问勤中得，
萤窗万卷书。
三冬今足用，
谁笑腹空虚。

劝　学

自小多才学，
平生志气高。
别人怀宝剑，
我有笔如刀。

劝　学

朝为田舍郎，
暮登天子堂。
将相本无种，
男儿当自强。

劝　学

学乃身之宝，
儒为席上珍。
君看为宰相，
必用读书人。

劝 学

莫道儒冠误，
诗书不负人。
达而相天下，
穷则善其身。

劝 学

遗子黄金宝，
何如教一经。
姓名书锦轴，
朱紫佐朝廷。

劝 学

古有千文义，
须知后学通。
圣贤俱间出，
以此发蒙童。

劝 学

神童衫子短，
袖大惹春风。
未去朝天子，
先来谒相公。

劝 学

大比因时举，
乡书以类升。
名题仙桂籍，
天府快先登。

劝 学

喜中青钱选，
才高压众英。
萤窗新脱迹，
雁塔早题名。

劝 学

年少初登第，
皇都得意回。
禹门三汲浪，
平地一声雷。

劝 学

一举登科日，
双亲未老时。
锦衣归故里，
端的是男儿。

状 元

玉殿传金榜，
君恩与状头。
英雄三百辈，
随我步瀛洲。

言 忠

慷慨丈夫志，
生当忠孝门。
为官须作相，
及第必争先。

帝　都

宫殿岧峣耸，
街衢竞物华。
风云今际会，
千古帝王家。

帝　都

日月光天德，
山河壮帝居。
太平无以报，
愿上万言书。

四　喜

久旱逢甘雨，
他乡遇故知。
洞房花烛夜，
金榜挂名时。

早　春

土脉阳和动，
韶华满眼新。
一枝梅破腊，
万象渐回春。

春　游

柳色侵衣绿，
桃花映酒红。
长安游冶子，
日日醉春风，

暮　春

淑景余三月，
莺花已半稀。
浴沂谁氏子，
三叹咏而归。

寒　食

数点雨余雨，
一番寒食寒。
杜鹃花发处，
血泪染成丹。

清　明

春到清明好，
晴添锦绣文。
年年当此节，
底事雨纷纷。

纳　凉

风阁黄昏雨，
开轩纳晚凉。
月华当户白，
何处递荷香。

秋　夜

漏尽金风冷，
堂虚玉露清。
穷经谁氏子，
独坐对寒檠。

中秋

秋景今宵半，
天高月倍明。
南楼谁宴赏，
丝竹奏清音。

秋凉

一雨初收霁，
金风特送凉。
书窗应自爽，
灯火夜偏长。

七夕

庭下陈瓜果，
云端望彩车。
争如郝隆子，
只晒腹中书。

登山

九日龙山饮，
黄花笑逐臣。
醉看风落帽，
舞爱月留人。

对菊

昨日登高罢，
今朝再举觞。
菊花何太苦，
遭此两重阳。

冬初

帘外三竿日，
新添一线长。
登台观气象，
云物望中祥。

季冬

时值嘉平候，
年华又欲催。
江南先得暖，
梅蕊已先开。

除夜

冬去更筹尽，
春随斗柄回。
寒暄一夜隔，
客鬓两年催。

(十)《朱柏庐治家格言》

《朱柏庐治家格言》又名《朱子治家格言》《朱子家训》《治家格言》，为明末清初朱用纯所著。朱用纯，字致一，号柏庐，江苏昆山人。他以我国儒家的正统思想，总结古代立身、治家、处事之道，写成这篇五百余字的治家格言，劝诫人们勤俭持家、安分守命。有许多名言警句包含着不少治家处世的质朴哲理和有益启示，成为昔时治家教子的名言。旧时人们多以工笔写成条幅，悬于厅、堂、屋、室，成为影响较大的我国家教名篇。也有些地方作为私塾蒙学教材，对启蒙教育有较深广的影响。文中的"黎明即起，洒扫庭除""一粥一饭，当思来处不易""自奉必须俭约"的节俭持家思想；"居身务期质朴""莫贪意外之财""见贫苦亲邻，须多温恤""施惠勿念，有恩莫忘"的处世哲理，均反映了我国人民的传统美德，许多治家原则仍值得借鉴。但该文属于封建文化的范围，其局限性和落后性自不能免，对于它宣扬的"安分守命，顺时听天"及因果报应等封建糟粕，应予扬弃。

黎明即起，洒扫庭除，要内外整洁。既昏便息，关锁门户，必亲自检点。一粥一饭，当思来处不易；半丝半缕，恒念物力维艰。宜未雨而绸缪，毋临渴而掘井。自奉必须俭约，宴客切勿流连。器具质而洁，瓦缶胜金玉。饮食约而精，园蔬愈珍馐。勿营华屋，勿谋良田。三姑六婆，实淫盗之媒。婢美妾娇，非闺房之福。童仆勿用俊美，妻妾切忌艳妆。祖宗虽远，祭祀不可不诚。子孙虽愚，经书不可不读。居身务期质朴，教子要有义方。莫贪意外之财，勿饮过量之酒。与肩挑贸易，毋占便宜。见贫苦亲邻，须多温恤。刻薄成家，理无久享。伦常乖舛，立见消亡。兄弟叔侄，须分多润寡。长幼内外，宜法肃辞严。听妇言，乖骨肉，岂是丈夫？重赀财，薄父母，不成人子！嫁女择佳婿，毋索重聘。娶媳求淑女，毋计厚奁。见富贵而生谄容者，最可耻。遇贫穷而作骄态者，贱莫甚。居家戒争讼，讼则终凶。处世戒多言，言多必失。毋恃势力而凌逼孤寡。毋贪口腹而恣杀牲禽。乖僻自是，悔误必多。颓惰自甘，家道难成。狎昵恶少，久必受其累。屈志老成，急则可相依。轻听发言，安知非人之谮诉，当忍耐三思。因事相争，安知非我之不是，须平心暗想。施惠无念，受恩莫忘。凡事当留余地，得意不宜再往。人有喜庆，不可生妒忌心。人有祸患，不可生喜幸心。善欲人见，不是真善。恶恐人知，便是大恶。见色而起淫心，报在妻女。匿怨而用暗箭，祸延子孙。家门和顺，虽饔飧不继，亦有余欢。国课早完，即囊橐无余，自得至乐。读书志在圣贤，非徒科第；为官心存君国，岂计身家。守分安命，顺时听天。为人若此，庶乎近焉。

(十一)《小儿语》

《小儿语》为明代学者吕得胜所撰。书中选取流行的格言、谚语，均为白话字构成整齐而有韵律的警语，分四言、六言和杂言，讲述了人们立身、处世、待人的道理，语言通俗易懂，童子乐闻喜读。《小儿语》为古代很有影响的儿童启蒙读物。其中的许多内容对今人教子仍有着启发和借鉴作用。有些观点迂腐陈旧，甚至宣扬了封建的伦理道德，应予以批判、鉴别。

四　言

一切言动，都要安详，
十差九错，只为慌张。
沉静立身，从容说话，
不要轻薄，惹人笑骂。
先学耐烦，快休使气，
性躁心粗，一生不济。
能有几句，见人胡讲？
洪钟无声，满瓶不响。
自家过失，不消遮掩，
遮掩不得，又添一短。
无心之失，说开罢手，
一差半错，哪个没有？
宁好认错，休要说谎，
教人识破，谁肯作养？
要成好人，须寻好友，
引酵若酸，哪得甜酒。
与人讲话，看人面色，
意不相投，不须强说。
当面说人，话休峻厉，
谁是你儿，受你闲气。
当面破人，惹祸最大，
是与不是，尽他说罢。
造言生事，谁不怕你？
也要提防，王法天理。
我打人还，自打几下，
我骂人还，换口自骂。
既做生人，便有生理，
个个安闲，谁养活你？
世间生艺，要会一件，
有时贫穷，救你患难。
饱食足衣，乱说闲耍，
终日昏昏，不如牛马。
担头车尾，穷汉营生，
日求升合，休与相争。
兄弟分家，含糊相让；
子孙争家，厮打告状。
强取巧图，只嫌不够，
横来之物，要你承受。

六 言

儿小任情娇惯，大来负了亲心；
费尽千辛万苦，分明养个仇人。
自打一下偏疼，人说一句偏怨；
口嗆一个娇儿，断送坏了乾看。
老子终日浮水，儿子做了溺鬼；
老子偷瓜盗果，儿子杀人放火。
为人若肯学好，羞甚担柴卖草？
为人若不学好，夸甚尚书阁老。
人生丧家亡身，言语占了八分；
任你心术奸险，哄瞒不过天眼。
使他不辨不难，要他心上无言；
人言未必皆真，听言只听三分。
自家认了不是，人再不好说你，
自家倒在地下，人再不好踢你。
慌忙倒不得济，安详走在头地。
话多不如话少，话少不如话好。
小辱不肯放下，惹起大辱倒罢。
走路休走岔了，说话休说发了。
乞儿口干力尽，终日不得一钱；
败子羹肉满桌，吃着只恨不甜。
世间第一好事，莫如救难怜贫；
人若不遭天祸，舍施能费几文？
蜂蛾也害饥寒，蝼蚁都知疼痛；
谁不怕死求活，休要杀生害命。
气恼他家富贵，畅快人有灾殃；
一些不由自己，可惜坏了心肠。

(十二)《二十四孝图说》

《二十四孝》中大部分孝行故事都有封建色彩，宣扬因果报应、天赐神功。如大舜"孝感动天""耕于历山，象为之耕，鸟为之耘"；董永"卖身葬父""仙姬陌上迎，织缣偿债主，孝感动天庭"；郭巨"为母埋儿""掘地三尺余，天赐黄金"；孟宗"哭竹生笋""孝感天地，须臾地裂出笋数茎"。还有些故事浸透了道学先生"存天理"的说教，充满了残害人性、不近人情的情节，如郭巨埋儿、吴猛饱血、黔娄尝粪、王裒泣墓等。今天的人们要涤除《二十四孝》中封建性的污垢，发扬中华民族淳朴美好的敬老养亲的思想感情和传统美德。

孝感动天

队队春耕象，纷纷耘草禽。嗣尧登宝位，孝感动天心。

虞舜，瞽瞍之子。性至孝，父顽，母嚚，弟象傲。舜耕于历山，有象为之耕，鸟为之耘。其孝感如此。帝尧闻之，事以九男，妻以二女，遂以天下让焉。

戏彩娱亲

戏舞学娇痴，春风动彩衣。双亲开口笑，喜色满庭闱。

周老莱子，至孝，奉二亲。极其甘脆，行年七十，言不称老。常着五色斑斓之衣，为婴儿戏于亲侧。又尝取水上堂，诈跌卧地，作婴儿啼，以娱亲意。

鹿乳奉亲

亲老思鹿乳，身挂褐毛衣。若不高声语，山中带箭归。

周剡子，性至孝。父母年老，俱患双眼，思食鹿乳，剡子乃衣鹿皮，去深山，入鹿群之中，取鹿乳供亲。猎者见而欲射之，剡子具以情告，乃免。

为亲负米

负米供旨甘，宁辞百里遥。身荣亲已殁，犹念旧劬劳。

周仲由，字子路，家贫。常食藜藿之食。为亲负米百里之外。亲殁，南游于楚，从车百乘，积粟万钟。累茵而坐，列鼎而食，乃叹曰：虽欲食藜藿，为亲负米，不可得也。

尝粪忧心

到县未旬日，椿庭遗疾深。愿将身代死，北泾起忧心。

南齐庾黔娄，为孱陵令。到县未旬日，忽心惊汗流。即弃官归。时父疾始二日，医曰：欲知瘥剧，但尝粪苦则佳。黔娄尝之甜，心甚忧之。至夕，稽颡北辰求以身代父死。

乳姑不怠

孝敬崔家妇，乳姑晨盥梳。此恩无以报，愿得子孙如。

唐崔山南，曾祖母长孙夫人。年高无齿，祖母唐夫人每日栉洗。升堂乳其姑，姑不粒食，数年而康。一日病，长幼咸集，乃宣言曰：无以报新妇恩，愿子孙妇如新妇孝敬足矣。

亲涤溺器

贵显闻天下，平生孝事亲。亲自涤溺器，不用婢妾人。

宋黄庭坚，元佑中为太史。性至孝，身虽贵显，奉母尽诚。每夕，亲自为母涤溺器。未尝一刻不供子职。

弃官寻母

七岁生离母，参商五十年。一朝相见面，喜气动皇天。

宋朱寿昌，年七岁。生母刘氏，为嫡母所妒。出嫁，母子不相见者五十年。神宗朝，弃官入秦，与家人诀。誓不见母，不复还。后行次同州，得之，时母年七十余矣。

哭竹生笋

泪滴朔风寒，萧萧竹数竿。须臾冬笋出，天意报平安。

晋孟宗，少丧父。母老，病笃，冬日思笋煮羹食。宗无计可得。乃往竹林中，抱竹而泣，孝感天地。须臾，地裂，出笋数茎。持归作羹奉母，食毕，病愈。

卧冰求鲤

继母人间有，王祥天下无。至今河水上，一片卧冰模。

晋王祥，字休征。早丧母，继母朱氏，不慈。父前，数谮之，由是失爱于父母。尝欲食生鱼，时天寒地冻，祥解衣卧冰求之。冰忽自解，双鲤跃出，持归供母。

搤虎救亲

深山逢白虎,努力搏腥风。父子俱无恙,脱离馋口中。

晋杨香,年十四岁。尝随父丰往田获杰粟。父为虎曳去,时香手无寸铁。惟知有父而不知有身,踊跃向前。搤持虎颈,虎亦靡然而逝。父才得免于害。

恣蚊饱血

夏夜无帷帐,蚊多不敢挥。恣渠膏血饱,免使入亲帏。

晋吴猛,年八岁。事亲至孝,家贫,榻无帷帐。每夏夜,蚊多攒肤。恣渠膏血之饱,虽多,不驱之。恐去已而噬其亲也,爱亲之心至矣。

怀橘遗亲

孝悌皆天性，人间六岁儿。袖中怀绿橘，遗母报乳哺。

后汉陆绩，年六岁。于九江见袁术，术出橘待之。绩怀橘二枚，及归。拜辞堕地，术曰：陆郎作宾客而怀橘乎？绩跪答曰：吾母性之所爱，欲归以遗母，术大奇之。

扇枕温衾

冬月温衾暖，炎天扇枕凉。儿童知予职，知古一黄香。

后汉黄香，年九岁。失母，思慕惟切，乡人称其孝。躬执勤苦，事父尽孝。夏天暑热，扇凉其枕簟。冬天寒冷，以身暖其被席。太守刘护，表而异之。

行佣供母

负母逃危难，穷途贼犯频。哀求俱得免，佣力以供亲。

后汉江革，少失父。独与母居。遭乱，负母逃难。数遇贼，或欲劫将去。革辄泣告有老母在，贼不忍杀，转客，下邳。贫穷裸跣，行佣供母。母便身之物，莫不毕给。

刻木事亲

刻木为父母，形容在日时。寄言诸子侄，各要孝亲闱。

汉丁兰，幼丧父母。未得奉养，而思念劬劳之恩。刻木为像，事之如生，其妻久而不敬。以针戏刺其指，血出。木象见兰，眼中垂泪，兰问得其情，遂将妻弃之。

涌泉跃鲤

舍侧甘泉出，一朝双鲤鱼。子能事其母，妇更孝于姑。

汉姜诗，事母至孝。妻庞氏，奉姑尤谨。母性好饮江水，去舍六七里。妻出汲以奉之。又嗜鱼脍，夫妇常作。又不能独食，召邻母共食。舍侧忽有涌泉，味如江水，日跃双鲤，取以供。

为母埋儿

郭巨思供给，埋儿愿母存。黄金天所赐，光彩照寒门。

汉郭巨，家贫。有子三岁，母尝减食与之。巨谓妻曰，贫乏不能供母。子又分母之食，盍埋此子，儿可再有，母不可复得。妻子不敢违。巨遂掘坑三尺余，忽见黄金一釜，上云，天赐孝子郭巨。官不得取，民不得夺。

卖身葬父

葬父贷孔兄，仙姬陌上逢。织缣偿债主，孝感动苍穹。

汉董永，家贫。父死，卖身贷钱而葬。及去偿工，途遇一妇，求为永妻。俱至主家。令织缣三百匹乃回。一月完成，归至槐阴会所，遂辞永而去。

事母至孝

母指才方啮，儿心痛不禁。负薪归来晚，骨肉至情深。

周曾参，字子舆。事母至孝，参尝采薪山中，家有客至，母无措。望参不还，乃啮其指。参忽心痛，负薪以归，跪问其故。母曰，有急客至。吾啮指以悟汝尔。

单衣顺母

闵氏有贤郎，何曾怨晚娘。尊前贤母在，三子免风霜。

周闵损，字子骞。早丧母，父娶后母，生二子。衣以棉絮，妒损，衣以芦花。父令损御车，体寒，失纼。父察知故，欲出后母。损曰，母在，一子寒，母去，三子单。母闻，悔改。

亲尝汤药

仁孝临天下，巍巍冠百王。莫庭事贤母，汤药必亲尝。

前汉文帝，名恒。高祖第三子，初封代王。生母薄太后，帝奉养无怠。母常病，三年，帝目不交睫，衣不解带。汤药，非口亲尝，弗进。仁孝闻天下。

拾葚供亲

黑葚奉萱闱，啼饥泪满衣。赤眉知孝顺，牛米赠君归。

汉蔡顺，少孤。事母至孝。遭王莽乱，岁荒，不给，拾桑葚。以异器盛之，赤眉贼见而问之，顺曰，黑者奉母，赤者自食。贼悯其孝，以白米二斗牛蹄一只与之。

闻雷泣墓

慈母怕闻雷，冰魂宿夜台。阿香时一震，到墓绕千回。

魏王裒，事亲至孝。母存日，性怕雷，既卒。殡葬于山林，每遇风雨。闻阿香响震之声，即奔至墓所。拜跪泣告曰：裒在此，母亲勿惧。

(十三)《千家诗》

《千家诗》是中国昔时流传久广的一部儿童启蒙读物。全书分“七言千家诗”和“五言千家诗”,前者明末清初人谢枋得选,后者为同时代的王相选,大多选录唐宋诗人的律诗、绝句,总计二百多首。全书内容广泛,题材多样,而以描绘四时风光、咏物言志为主,思想感情较为纯洁健康,大多于儿童有益无害。入选的诗篇短小精悍,意境优美,韵味浓郁,生动形象,浅显易解。其中有不少脍炙人口的名篇,读来朗朗上口,便于记忆背诵。全诗在启迪童心、开发儿童智力、陶冶性情方面,都具有积极作用,是前人给我们留下的一份优秀遗产。

七言千家诗

信州　谢枋得　叠山选

卷上　七言绝句

春日偶成

程颢

云淡风轻近午天,
傍花随柳过前川。
时人不识余心乐,
将谓偷闲学少年。

春日

朱熹

胜日寻芳泗水滨,
无边光景一时新。
等闲识得东风面,
万紫千红总是春。

春宵

苏轼

春宵一刻值千金,
花有清香月有阴。
歌管楼台声细细,
秋千院落夜沉沉。

城东早春

杨巨源

诗家清景在新春,
绿柳才黄半未匀。
若待上林花似锦,
出门俱是看花人。

春　夜

王安石

金炉香尽漏声残，
剪剪轻风阵阵寒。
春色恼人眠不得，
月移花影上栏干。

初春小雨

韩愈

天街小雨润如酥，
草色遥看近却无。
最是一年春好处，
绝胜烟柳满皇都。

元　日

王安石

爆竹声中一岁除，
春风送暖入屠苏。
千门万户曈曈日，
总把新桃换旧符。

上元侍宴

苏轼

淡月疏星绕建章，
仙风吹下御炉香。
侍臣鹄立通明殿，
一朵红云捧玉皇。

立春偶成

张栻

律回岁晚冰霜少，
春到人间草木知。
便觉眼前生意满，
东风吹水绿参差。

打毬图

晁说之

间阖千门万户开，
三郎沉醉打毬回。
九龄已老韩休死，
无复明朝谏疏来。

宫词(其一)

林洪

金殿当头紫阁重，
仙人掌上玉芙蓉。
太平天子朝元日，
五色云车驾六龙。

宫词(其二)

前人

殿上衮衣明日月，
砚中旗影动龙蛇。
纵横礼乐三千字，
独对丹墀日未斜。

咏华清宫

杜常

行尽江南数十程，
晓星残月入华清。
朝元阁上西风急，
都入长杨作雨声。

清平调词

李白

云想衣裳花想容，
春风拂槛露华浓。
若非群玉山头见，
会向瑶台月下逢。

题邸间壁

郑会

酴醾香梦怯春寒，
翠掩重门燕子闲。
敲断玉钗红烛冷，
计程应说到常山。

绝　句

杜甫

两个黄鹂鸣翠柳，
一行白鹭上青天。
窗含西岭千秋雪，
门泊东吴万里船。

海　棠

苏轼

东风袅袅泛崇光，
香雾空蒙月转廊。
只恐夜深花睡去，
故烧高烛照红妆。

清　明

杜牧

清明时节雨纷纷，
路上行人欲断魂。
借问酒家何处有，
牧童遥指杏花村。

清　明

王禹

无花无酒过清明，
兴味萧然似野僧。
昨日邻家乞新火，
晓窗分与读书灯。

社　日

张演

鹅湖山下稻粱肥，
豚栅鸡栖半掩扉。
桑柘影斜春社散，
家家扶得醉人归。

寒 食

韩翃

春城无处不飞花，
寒食东风御柳斜。
日暮汉宫传蜡烛，
轻烟散入五侯家。

江南春

杜牧

千里莺啼绿映红，
水村山郭酒旗风。
南朝四百八十寺，
多少楼台烟雨中。

上高侍郎

高蟾

天上碧桃和露种，
日边红杏倚云栽。
芙蓉生在秋江上，
不向东风怨未开。

绝 句

僧志安

古木阴中系短蓬，
杖藜扶我过桥东。
沾衣欲湿杏花雨，
吹面不寒杨柳风。

游小园不值

叶适

应嫌屐齿印苍苔，
小扣柴扉久不开。
春色满园关不住，
一枝红杏出墙来。

客中行

李白

兰陵美酒郁金香，
玉碗盛来琥珀光。
但使主人能醉客，
不知何处是他乡。

题 屏

刘季孙

呢喃燕子语梁间，
底事来惊梦里闲？
说与旁人浑不解，
杖藜携酒看芝山。

漫兴(其五)

杜甫

肠断春江欲尽头，
杖藜徐步立芳洲。
颠狂柳絮随风舞，
轻薄桃花逐水流。

庆全庵桃花

谢枋得

寻得桃源好避秦，
桃红又是一年春。
花飞莫遣随流水，
怕有渔郎来问津。

玄都观桃花

刘禹锡

紫陌红尘拂面来，
无人不道看花回。
玄都观里桃千树，
尽是刘郎去后栽。

再游玄都观

刘禹锡

百亩庭中半是苔，
桃花净尽菜花开。
种桃道士归何处，
前度刘郎今又来。

滁州西涧

韦应物

独怜幽草涧边生，
上有黄鹂深树鸣。
春潮带雨晚来急，
野渡无人舟自横。

花　影

苏轼

重重叠叠上瑶台，
几度呼童扫不开。
刚被太阳收拾去，
却教明月送将来。

北　山

王安石

北山输绿涨横波，
直堑回塘滟滟时。
细数落花因坐久，
缓寻芳草得归迟。

湖　上

徐元杰

花开红树乱莺啼，
草上平湖白鹭飞。
风日晴和人意好，
夕阳箫鼓几船归。

漫兴(其七)

杜甫

糁径杨花铺白毡，
点溪荷叶叠青钱。
笋根稚子无人见，
沙上凫雏傍母眠。

春晴

王驾

雨前初见花间蕊，
雨后全无叶底花。
蜂蝶纷纷过墙去，
却疑春色在邻家。

春暮

曹豳

门外无人问落花，
绿阴冉冉遍天涯。
林莺啼到无声处，
青草池塘独听蛙。

落花

朱淑贞

连理枝头花正开，
妒花风雨便相摧。
愿教青帝常为主，
莫遣纷纷点翠苔。

春暮游小园

王淇

一从梅粉褪残妆，
涂抹新红上海棠。
开到荼蘼花事了，
丝丝天棘出莓墙。

莺梭

刘克庄

掷柳迁乔太有情，
交交时作弄机声。
洛阳三月花如锦，
多少工夫织得成？

暮春即事

叶采

双双瓦雀行书案，
点点杨花入砚池。
闲坐小窗读周易，
不知春去几多时。

登山

李涉

终日昏昏醉梦间，
忽闻春尽强登山。
因过竹院逢僧话，
又得浮生半日闲。

蚕妇吟

谢枋得

子规啼彻四更时，
起视蚕稠怕叶稀。
不信楼头杨柳月，
玉人歌舞未曾归。

晚　春

韩愈

草树知春不久归，
百般红紫斗芳菲。
杨花榆荚无才思，
惟解漫天作雪飞。

伤　春

杨万里

准拟今春乐事浓，
依然枉却一东风。
年年不带看花眼，
不是愁中即病中。

送　春

王令

三月残花落更开，
小檐日日燕飞来。
子规半夜犹啼血，
不信东风唤不回。

三月晦日送春

贾岛

三月正当三十日，
风光别我苦吟身。
共君今夜不须睡，
未到晓钟犹是春。

客中初夏

司马光

四月清和雨乍晴，
南山当户转分明。
更无柳絮因风起，
惟有葵花向日倾。

有　约

赵师秀

黄梅时节家家雨，
青草池塘处处蛙。
有约不来过夜半，
闲敲棋子落灯花。

初夏睡起

杨万里

梅子流酸溅齿牙，
芭蕉分绿上窗纱。
日长睡起无情思，
闲看儿童捉柳花。

三衢道中

曾几

梅子黄时日日晴，
小溪泛尽却山行。
绿阴不减来时路，
添得黄鹂四五声。

即 景

朱淑贞

竹摇清影罩幽窗，
两两时禽噪夕阳。
谢却海棠飞尽絮，
困人天气日初长。

夏 日

戴复古

乳鸭池塘水浅深，
熟梅天气半阴晴。
东园载酒西园醉，
摘尽枇杷一树金。

晚楼闲坐

黄庭坚

四顾山光接水光，
凭栏十里芰荷香。
清风明月无人管，
并作南来一味凉。

山亭夏日

高骈

绿树阴浓夏日长，
楼台倒影入池塘。
水晶帘动微风起，
满架蔷薇一院香。

田 家

范成大

昼出耘田夜绩麻，
村庄儿女各当家。
童孙未解供耕织，
也傍桑阴学种瓜。

村居即事

范成大

绿遍山原白满川，
子规声里雨如烟。
乡村四月闲人少，
才了蚕桑又插田。

题榴花

朱熹

五月榴花照眼明，
枝间时见子初成。
可怜此地无车马，
颠倒苍苔落绛英。

村 晚

雷震

草满池塘水满陂，
山衔落日浸寒漪。
牧童归去横牛背，
短笛无腔信口吹。

茅 簷

王安石

茅檐常扫净无苔，
花木成畦手自栽。
一水护田将绿绕，
两山排闼送青来。

乌衣巷

刘禹锡

朱雀桥边野草花，
乌衣巷口夕阳斜。
旧时王谢堂前燕，
飞入寻常百姓家。

送元二使安西

王维

渭城朝雨浥轻尘，
客舍青青柳色新。
劝君更尽一杯酒，
西出阳关无故人。

题北榭碑

李白

一为迁客去长沙，
西望长安不见家。
黄鹤楼中吹玉笛，
江城五月落梅花。

题淮南寺

程颢

南去北来休便休，
白苹吹尽楚江秋。
道人不是悲秋客，
一任晚山相对愁。

秋 月

程颢

清溪流过碧山头，
空水澄鲜一色秋。
隔断红尘三十里，
白云红叶两悠悠。

七 夕

杨朴

未会牵牛意若何，
须邀织女弄金梭。
年年乞与人间巧，
不道人间巧已多。

立 秋

刘武子

乳鸦啼散玉屏空，
一枕新凉一扇风。
睡起秋声无觅处，
满阶梧叶月明中。

七　夕

杜牧

银烛秋光冷画屏，
轻罗小扇扑流萤。
天阶夜色凉如水，
卧看牵牛织女星。

中秋月

苏轼

暮云收尽溢清寒，
银汉无声转玉盘。
此生此夜不长好，
明月明年何处看?

江楼有感

赵嘏

独上江楼思悄然，
月光如水水如天。
同来望月人何处，
风景依稀似去年。

题临安邸

林升

山外青山楼外楼，
西湖歌舞几时休。
暖风熏得游人醉，
直把杭州作汴州。

晓出净慈寺送林子方

杨万里

毕竟西湖六月中，
风光不与四时同。
接天莲叶无穷碧，
映日荷花别样红。

饮湖上初晴后雨(其二)

苏轼

水光潋滟晴方好，
山色空蒙雨亦奇。
欲把西湖比西子，
淡妆浓抹总相宜。

入　直

周必大

绿槐夹道集昏鸦，
敕使传宣坐赐茶。
归到玉堂清不寐，
月钩初上紫薇花。

水　亭

蔡确

纸屏石枕竹方床，
手倦抛书午梦长。
睡起莞然成独笑，
数声渔笛在沧浪。

禁　锁

洪咨夔

禁门深锁寂无哗，
浓墨淋漓两相麻。
唱彻五更天未晓，
一墀月浸紫薇花。

竹　楼

李嘉祐

傲吏身闲笑五侯，
西江取竹起高楼。
南风不用蒲葵扇，
纱帽闲眠对水鸥。

直中书省

白居易

丝纶阁下文章静，
钟鼓楼中刻漏长。
独坐黄昏谁是伴，
紫薇花对紫薇郎。

观书有感

朱熹

半亩方塘一鉴开，
天光云影共徘徊。
问渠哪得清如许，
为有源头活水来。

泛　舟

朱熹

昨夜江边春水生，
艨艟巨舰一毛轻。
向来枉费推移力，
此日中流自在行。

冷泉亭

林稹

一泓清可沁诗脾，
冷暖年来只自知。
流出西湖载歌舞，
回头不似在山时。

冬　景

苏轼

荷尽已无擎雨盖，
菊残犹有傲霜枝。
一年好景君须记，
最是橙黄橘绿时。

枫桥夜泊

张继

月落乌啼霜满天，
江枫渔火对愁眠。
姑苏城外寒山寺，
夜半钟声到客船。

寒　夜

杜小山

寒夜客来茶当酒，
竹炉汤沸火初红。
寻常一样窗前月，
才有梅花便不同。

霜　月

李商隐

初闻征雁已无蝉，
百尺楼台水接天。
青女素娥俱耐冷，
月中霜里斗婵娟。

梅

王淇

不受尘埃半点侵，
竹篱茅舍自甘心。
只因误识林和靖，
惹得诗人说到今。

早　春

白玉蟾

南枝才放两三花，
雪里吟香弄粉些。
淡淡著烟浓著月，
深深笼水浅笼沙。

雪　梅(其一)

卢梅坡

梅雪争春未肯降，
骚人阁笔费评章。
梅须逊雪三分白，
雪却输梅一段香。

雪　梅(其二)

卢梅坡

有梅无雪不精神，
有雪无诗俗了人。
日暮诗成天又雪，
与梅并作十分春。

答钟弱翁

牧童

草铺横野六七里，
笛弄晚风三四声。
归来饱饭黄昏后，
不脱蓑衣卧月明。

秦淮夜泊

杜牧

烟笼寒水月笼沙，
夜泊秦淮近酒家。
商女不知亡国恨，
隔江犹唱后庭花。

归雁

钱起

潇湘何事等闲回，
水碧沙明两岸苔。
二十五弦弹夜月，
不胜清怨却飞来。

题壁

无名氏

一团茅草乱蓬蓬，
蓦地烧天蓦地空。
争似满炉煨榾柮，
漫腾腾地暖烘烘。

卷下　七言律诗

早朝大明宫

贾至

银烛朝天紫陌长，
禁城春色晓苍苍。
千条弱柳垂青琐，
百啭流莺绕建章。
剑佩声随玉墀步，
衣冠身惹御炉香。
共沐恩波凤池上，
朝朝染翰侍君王。

和贾舍人早朝

王维

绛帻鸡人报晓筹，
尚衣方进翠云裘。
九天阊阖开宫殿，
万国衣冠拜冕旒。
日色才临仙掌动，
香烟欲傍衮龙浮。
朝罢须裁五色诏，
佩声归到凤池头。

和贾舍人早朝

杜甫

五夜漏声催晓箭，
九重春色醉仙桃。
旌旗日暖龙蛇动，
宫殿风微燕雀高。
朝罢香烟携满袖，
诗成珠玉在挥毫。
欲知世掌丝纶美，
池上于今有凤毛。

和贾舍人早朝

岑参

鸡鸣紫陌曙光寒，
莺啭皇州春色阑。
金阙晓钟开万户，
玉阶仙仗拥千官。
花迎剑佩星初落，
柳拂旌旗露未干。
独有凤凰池上客，
阳春一曲和皆难。

上元应制

蔡襄

高列千峰宝炬森，
端门方喜翠华临。
宸游不为三元夜，
乐事还同万众心。
天上清光留此夕，
人间和气阁春阴。
要知尽庆华封祝，
四十余年惠爱深。

上元应制

王珪

雪消华月满仙台，
万烛当楼宝扇开。
双凤云中扶辇下，
六鳌海上驾山来。
镐京春酒霑周宴，
汾水秋风陋汉才。
一曲升平人尽乐，
君王又进紫霞杯。

侍 宴

（安乐公主新宅应制）

沈佺期

皇家贵主好神仙，
别业初开云汉边。
山出尽如鸣凤岭，
池成不让饮龙川。
妆楼翠幌教春住，
舞阁金铺借日悬。
敬从乘舆来此地，
称觞献寿乐钧天。

答丁元珍

欧阳修

春风疑不到天涯，
二月山城未见花。
残雪压枝犹有橘，
冻雷惊笋欲抽芽。
夜闻啼雁生乡思，
病入新年感物华。
曾是洛阳花下客，
野芳虽晚不须嗟。

插花吟

邵雍

头上花枝照酒卮，
酒卮中有好花枝。
身经两世太平日，
眼见四朝全盛时。
况复筋骸粗康健，
那堪时节正芳菲。
酒涵花影红光溜，
争忍花前不醉归。

寓 意

晏殊

油壁香车不再逢，
峡云无迹任西东。
梨花院落溶溶月，
柳絮池塘淡淡风。
几日寂寥伤酒后，
一番萧索禁烟中。
鱼书欲寄何由达，
水远山长处处同。

寒　食

赵元镇

寂寞柴门村落里，
也教插柳记年华。
禁烟不到粤人国，
上冢亦携庞老家。
汉寝唐陵无麦饭，
山溪野径有梨花。
一樽径籍青苔卧，
莫管城头奏暮笳。

清　明

黄庭坚

佳节清明桃李笑，
野田荒冢只生愁。
雷惊天地龙蛇蛰，
雨足郊原草木柔。
人乞祭余骄妾妇，
士甘焚死不公侯。
贤愚千载知谁是，
满眼蓬蒿共一丘。

清　明

高翥

南北山头多墓田，
清明祭扫各纷然。
纸灰飞作白蝴蝶，
泪血染成红杜鹃。
日落狐狸眠塚上，
夜归儿女笑灯前。
人生有酒须当醉，
一滴何曾到九泉。

郊行即事

程颢

芳原绿野恣行时，
春入遥山碧四围。
兴逐乱红穿柳巷，
困临流水坐苔矶。
莫辞盏酒十分劝，
只恐风花一片飞。
况是清明好天气，
不妨游衍莫忘归。

秋　千

洪觉范

画架双裁翠络偏，
佳人春戏小楼前。
飘扬血色裙拖地，
断送玉容人上天。
花板润霑红杏雨，
彩绳斜挂绿杨烟。
下来闲处从容立，
疑是蟾宫谪降仙。

曲江(其一)

杜甫

一片花飞减却春，
风飘万点正愁人。
且看欲尽花经眼，
莫厌伤多酒入唇。
江上小堂巢翡翠，
苑边高冢卧麒麟。
细推物理须行乐，
何用浮荣绊此身。

曲江(其二)

杜甫

朝回日日典春衣，
每日江头尽醉归。
酒债寻常行处有，
人生七十古来稀。
穿花蛱蝶深深见，
点水蜻蜓款款飞。
传与风光共流转，
暂时相赏莫相违。

黄鹤楼

崔颢

昔人已乘黄鹤去，
此地空余黄鹤楼。
黄鹤一去不复返，
白云千载空悠悠。
晴川历历汉阳树，
芳草萋萋鹦鹉洲。
日暮乡关何处是?
烟波江上使人愁。

旅　怀

崔涂

水流花谢两无情，
送尽东风过楚城。
蝴蝶梦中家万里，
杜鹃枝上月三更。
故园书动经年绝，
华发春催两鬓生。
自是不归归便得，
五湖烟景有谁争。

答李儋

韦应物

去年花里逢君别，
今日花开又一年。
世事茫茫难自料，
春愁黯黯独成眠。
身多疾病思田里，
邑有流亡愧俸钱。
闻道欲来相问讯，
西楼望月几回圆。

江　村

杜甫

清江一曲抱村流，
长夏江村事事幽。
自去自来梁上燕，
相亲相近水中鸥。
老妻画纸为棋局，
稚子敲针作钓钩。
但有故人供禄米，
微躯此外更何求?

夏　日

张耒

长夏江村风日清，
檐牙燕雀已生成。
蝶衣晒粉花枝舞，
蛛网添丝屋角晴。
落落疏帘邀月影，
嘈嘈虚枕纳溪声。
久斑两鬓如霜雪，
直欲樵渔过此生。

辋川积雨

王维

积雨空林烟火迟，
蒸藜炊黍饷东菑。
漠漠水田飞白鹭，
阴阴夏木啭黄鹂。
山中习静观朝槿，
松下清斋折露葵。
野老与人争席罢，
海鸥何事更相疑。

新　竹

陆游

插棘编篱谨护持，
养成寒碧映涟漪。
清风掠地秋先到，
赤日行天午不知。
解箨时闻声簌簌，
放梢初见影离离。
归闲我欲频来此，
枕簟仍教到处随。

表兄话旧

窦叔向

夜合花开香满庭，
夜深微雨醉初醒。
远书珍重何曾答，
旧事凄凉不可听。
去日儿童皆长大，
昔年亲友半凋零。
明朝又是孤舟别，
愁见河桥酒幔青。

偶　成

程颢

闲来无事不从容，
睡觉东窗日已红。
万物静观皆自得，
四时佳兴与人同。
道通天地有形外，
思入风云变态中。
富贵不淫贫贱乐，
男儿到此是豪雄。

游月陂

程颢

月陂堤上四徘徊，
北有中天百尺台。
万物已随秋气改，
一樽聊为晚凉开。
水心云影闲相照，
林下泉声静自来。
世事无端何足计，
但逢佳节约重陪。

秋兴(其一)

杜甫

玉露凋伤枫树林，
巫山巫峡气萧森。
江间波浪兼天涌，
塞上风云接地阴。
丛菊两开他日泪，
孤舟一系故园心。
寒衣处处催刀尺，
白帝城高急暮砧。

秋兴(其三)

杜甫

千家山郭静朝晖，
日日江楼坐翠微。
信宿渔人还泛泛，
清秋燕子故飞飞。
匡衡抗疏功名薄，
刘向传经心事违。
同学少年多不贱，
五陵裘马自轻肥。

秋兴(其五)

杜甫

蓬莱宫阙对南山，
承露金茎霄汉间。
西望瑶池降王母，
东来紫气满函关。
云移雉尾开宫扇，
日绕龙鳞识圣颜。
一卧沧江惊岁晚，
几回青琐点朝班。

秋兴(其七)

杜甫

昆明池水汉时功，
武帝旌旗在眼中。
织女机丝虚夜月，
石鲸鳞甲动秋风。
波漂菰米沉云黑，
露冷莲房坠粉红。
关塞极天惟鸟道，
江湖满地一渔翁。

月夜舟中

戴复古

满船明月浸虚空，
绿水无痕夜气冲。
诗思浮沉樯影里，
梦魂摇曳橹声中。
星辰冷落碧潭水，
鸿雁悲鸣红蓼风。
数点渔灯依古岸，
断桥垂露滴梧桐。

长安秋望

赵嘏

云物凄凉拂曙流，
汉家宫阙动高秋。
残星几点雁横塞，
长笛一声人倚楼。
紫艳半开篱菊静，
红衣落尽渚莲愁。
鲈鱼正美不归去，
空戴南冠学楚囚。

新　秋

杜甫

火云犹未敛奇峰，
欹枕初惊一叶风。
几处园林萧瑟里，
谁家砧杵寂寥中。
蝉声断续悲残月，
萤焰高低照暮空。
赋就金门期再献，
夜深搔首叹飞蓬。

中　秋

李朴

皓魄当空宝镜升，
云间仙籁寂无声。
平分秋色一轮满，
长伴云衢千里明。
狡兔空从弦外落，
妖蟆休向眼前生。
灵槎拟约同携手，
更待银河彻底清。

九日蓝田崔氏庄

杜甫

老去悲秋强自宽，
兴来今日尽君欢。
羞将短发还吹帽，
笑倩旁人为正冠。
蓝水远从千涧落，
玉山高并两峰寒。
明年此会知谁健，
醉把茱萸仔细看。

秋　思

陆游

利欲驱人万火牛，
江湖浪迹一沙鸥。
日长似岁闲方觉，
事大如天醉亦休。
衣杵相望深巷月，
井桐摇落故园秋。
欲舒老眼无高处，
安得元龙百尺楼。

与朱山人

杜甫

锦里先生乌角巾，
园收芋栗未全贫。
惯看宾客儿童喜，
得食阶除鸟雀驯。
秋水才深四五尺，
野航恰受两三人。
白沙翠竹江村暮，
相送柴门月色新。

闻　笛

赵嘏

谁家吹笛画楼中，
断续声随断续风。
响遏行云横碧落，
清和冷月到帘栊。
兴来三弄有桓子，
赋就一篇怀马融。
曲罢不知人在否，
余音嘹亮尚飘空。

冬　景

刘克庄

晴窗早觉爱朝曦，
竹外秋声渐作威。
命仆安排新暖阁，
呼童熨贴旧寒衣。
叶浮嫩绿酒初熟，
橙切香黄蟹正肥。
蓉菊满园皆可羡，
赏心从此莫相违。

小至

杜甫

天时人事日相催，
冬至阳生春又来。
刺绣五纹添弱线，
吹葭六管动浮灰。
岸容待腊将舒柳，
山意冲寒欲放梅。
云物不殊乡国异，
教儿且覆掌中杯。

山园小梅二首(其一)

林逋

众芳摇落独暄妍，
占尽风情向小园。
疏影横斜水清浅，
暗香浮动月黄昏。
霜禽欲下先偷眼，
粉蝶如知合断魂。
幸有微吟可相狎，
不须檀板共金樽。

左迁至蓝关示侄孙湘

韩愈

一封朝奏九重天，
夕贬潮阳路八千。
欲为圣明除弊事，
肯将衰朽惜残年！
云横秦岭家何在？
雪拥蓝关马不前。
知汝远来应有意，
好收吾骨瘴江边。

干戈

王中

干戈未定欲何之，
一事无成两鬓丝。
踪迹大纲王粲传，
情怀小样杜陵诗。
鹡鸰音断人千里，
乌鹊巢寒月一枝。
安得中山千日酒，
酩然直到太平时。

归隐

陈抟

十年踪迹走红尘，
回首青山入梦频。
紫绶纵荣怎及睡，
朱门虽富不如贫。
愁闻剑戟扶危主，
闷听笙歌聒醉人。
携取琴书归旧隐，
野花啼鸟一般春。

时世行

杜荀鹤

夫因兵乱守蓬茅，
麻苎衣衫鬓发焦。
桑柘废来犹纳税，
田园荒后尚征苗。
时挑野菜和根煮，
旋斫生柴带叶烧。
任是深山更深处，
也应无计避征徭。

送天师

朱权

霜落芝城柳影疏，
殷勤送客出鄱湖。
黄金甲锁雷霆印，
红锦韬缠日月符。
天上晓行骑只鹤，
人间夜宿解双凫。
匆匆归到神仙府，
为问蟠桃熟也无。

送毛伯温

朱厚熜

大将南征胆气豪，
腰横秋水雁翎刀。
风吹鼍鼓山河动，
电闪旌旗日月高。
天上麒麟原有种，
穴中蝼蚁岂能逃。
太平待诏归来日，
朕与先生解战袍。

五言千家诗

琅玡　王相　晋升选

卷上　五言绝句

春　眠

孟浩然

春眠不觉晓，
处处闻啼鸟。
夜来风雨声，
花落知多少。

送郭司仓

王昌龄

映门淮水绿，
留骑主人心。
明月随良椽，
春潮夜夜深。

洛中访袁拾遗不遇

孟浩然

洛阳访才子，
江岭作流人。
闻说梅花早，
何如此地春。

洛阳道五首献吕四郎中（其三）

储光羲

大道直如发，
春日佳气多。
五陵贵公子，
双双鸣玉珂。

独坐敬亭山

李白

众鸟高飞尽，
孤云独去闲。
相看两不厌，
只有敬亭山。

登鹳雀楼

王之涣

白日依山尽，
黄河入海流。
欲穷千里目，
更上一层楼。

同洛阳李少府观永乐公主入蕃

孙逖

边地莺花少，
年来未觉新。
美人天上落，
龙塞始应春。

春　怨

金昌绪

打起黄莺儿，
莫教枝上啼。
啼时惊妾梦，
不得到辽西。

左掖梨花

丘为

冷艳全欺雪，
余香乍入衣。
春风且莫定，
吹向玉阶飞。

思君恩

令狐楚

小苑莺歌歇，
长门蝶舞多。
眼看春又去，
翠辇不曾过。

题袁氏别业

贺知章

主人不相识，
偶坐为林泉。
莫谩愁沽酒，
囊中自有钱。

夜送赵纵

杨炯

赵氏连城璧，
由来天下传。
送君还旧府，
明月满前川。

竹里馆

王维

独坐幽篁里，
弹琴复长啸。
深林人不知，
明月来相照。

送朱大入秦

孟浩然

游人五陵去，
宝剑值千金。
分手脱相赠，
平生一片心。

杂曲歌辞·长干曲四首

崔颢

君家何处住，
妾住在横塘。
停舟暂借问，
或恐是同乡。

咏　史

高适

尚有绨袍赠，
应怜范叔寒。
不知天下士，
犹作布衣看。

罢相作

李适之

避贤初罢相，
乐圣且衔杯。
为问门前客，
今朝几个来。

逢侠者

钱起

燕赵悲歌士，
相逢剧孟家。
寸心言不尽，
前路日将斜。

江行望匡庐

钱起

咫尺愁风雨，
匡庐不可登。
只疑云雾窟，
犹有六朝僧。

答李浣

韦应物

林中观易罢，
溪上对鸥闲。
楚俗饶词客，
何人最往还。

秋风引

刘禹锡

何处秋风至，
萧萧送雁群。
朝来入庭树，
孤客最先闻。

秋夜寄邱员外

韦应物

怀君属秋夜，
散步咏凉天。
空山松子落，
幽人应未眠。

秋日

耿沣

返照入闾巷，
忧来谁共语。
古道少人行，
秋风动禾黍。

秋日湖上

薛莹

落日五湖游，
烟波处处愁。
浮沉千古事，
谁与问东流。

宫中题

李昂

辇路生秋草，
上林花满枝。
凭高何限意，
无复侍臣知。

寻隐者不遇

贾岛

松下问童子，
言师采药去。
只在此山中，
云深不知处。

汾上惊秋

苏颋

北风吹白云，
万里渡河汾。
心绪逢摇落，
秋声不可闻。

蜀道后期

张说

客心争日月，
来往预期程。
秋风不相待，
先至洛阳城。

静夜思

李白

床前明月光，
疑是地上霜。
举头望明月，
低头思故乡。

秋浦歌

李白

白发三千丈，
缘愁似个长。
不知明镜里，
何处得秋霜。

赠乔侍御

陈子昂

汉庭荣巧宦，
云阁薄边功。
可怜骢马使，
白首为谁雄。

答武陵太守

王昌龄

仗剑行千里，
微躯敢一言。
曾为大梁客，
不负信陵恩。

行军九日思长安故园

岑参

强欲登高去，
无人送酒来。
遥怜故园菊，
应傍战场开。

婕妤怨

皇甫冉

花枝出建章，
凤管发昭阳。
借问承恩者，
双蛾几许长。

题竹林寺

朱放

岁月人间促，
烟霞此地多。
殷勤竹林寺，
更得几回过！

过三闾庙

戴叔伦

沅湘流不尽，
屈子怨何深。
日暮秋风起，
萧萧枫树林。

易水送别

骆宾王

此地别燕丹，
壮士发冲冠。
昔时人已没，
今日水犹寒。

别卢秦卿

司空曙

知有前期在，
难分此夜中。
无将故人酒，
不及石尤风。

答　人

太上隐者

偶来松树下，
高枕石头眠。
山中无历日，
寒尽不知年。

卷下　五言律诗

幸蜀西至剑门

李隆基

剑阁横云峻，
銮舆出狩回。
翠屏千仞合，
丹嶂五丁开。
灌水萦旗转，
仙云拂马来。
乘时方在德，
嗟尔勒铭才。

和晋陵陆丞早春游望

杜审言

独有宦游人，
偏惊物候新。
云霞出海曙，
梅柳渡江春。
淑气催黄鸟，
晴光转绿苹。
忽闻歌古调，
归思欲沾巾。

蓬莱三殿侍宴奉敕咏终南山应制

杜审言

北斗挂城边，
南山倚殿前。
云标金阙迥，
树杪玉堂悬。
半岭通佳气，
中峰绕瑞烟。
小臣持献寿，
长此戴尧天。

春夜别友人

陈子昂

银烛吐青烟，
金樽对绮筵。
离堂思琴瑟，
别路绕山川。
明月隐高树，
长河没晓天。
悠悠洛阳道，
此会在何年。

侍宴长宁公主东庄应制

李峤

别业临青甸，
鸣銮降紫霄。
长筵鹓鹭集，
仙管凤凰调。
树接南山近，
烟含北渚遥。
承恩咸已醉，
恋赏未还镳。

恩制赐食于丽正殿书院宴赋得林字

张说

东壁图书府，
西园翰墨林。
诵诗闻国政，
讲易见天心。
位窃和羹重，
恩叨醉酒深。
缓歌春兴曲，
情竭为知音。

送友人

李白

青山横北郭，
白水绕东城。
此地一为别，
孤蓬万里征。
浮云游子意，
落日故人情。
挥手自兹去，
萧萧班马鸣。

送友人入蜀

李白

见说蚕丛路，
崎岖不易行。
山从人面起，
云傍马头生。
芳树笼秦栈，
春流绕蜀城。
升沉应已定，
不必问君平。

次北固山下

王湾

客路青山外，
行舟绿水前。
潮平两岸阔，
风正一帆悬。
海日生残夜，
江春入旧年。
乡书何处达？
归雁洛阳边。

苏氏别业

祖咏

别业居幽处，
到来生隐心。
南山当户牖，
沣水映园林。
屋覆经冬雪，
庭昏未夕阴。
寥寥人境外，
闲坐听春禽。

春宿左省

杜甫

花隐掖垣暮，
啾啾栖鸟过。
星临万户动，
月傍九霄多。
不寝听金钥，
因风想玉珂。
明朝有封事，
数问夜如何。

题玄武禅师屋壁

杜甫

何年顾虎头，
满壁画沧州。
赤日石林气，
青天江海流。
锡飞常近鹤，
杯渡不惊鸥。
似得庐山路，
真随惠远游。

终南山

王维

太乙近天都，
连山接海隅。
白云回望合，
青霭入看无。
分野中峰变，
阴晴众壑殊。
欲投人处宿，
隔水问樵夫。

寄左省杜拾遗

岑参

联步趋丹陛，
分曹限紫微。
晓随天仗入，
暮惹御香归。
白发悲花落，
青云羡鸟飞。
圣朝无阙事，
自觉谏书稀。

登总持阁

岑参

高阁逼诸天，
登临近日边。
晴开万井树，
愁看五陵烟。
槛外低秦岭，
窗中小渭川。
早知清净理，
常愿奉金仙。

登兖州城楼

杜甫

东郡趋庭日，
南楼纵目初。
浮云连海岱，
平野入青徐。
孤嶂秦碑在，
荒城鲁殿馀。
从来多古意，
临眺独踌躇。

杜少府之任蜀州

王勃

城阙辅三秦，
风烟望五津。
与君离别意，
同是宦游人。
海内存知己，
天涯若比邻。
无为在歧路，
儿女共沾巾。

送崔融

杜审言

君王行出将，
书记远从征。
祖帐连河阙，
军麾动洛城。
旌旗朝朔气，
笳吹夜边声。
坐觉烟尘扫，
秋风古北平。

扈从登封途中作

宋之问

帐殿郁崔嵬，
仙游实壮哉。
晓云连幕卷，
夜火杂星回。
谷暗千旗出，
山鸣万乘来。
扈游良可赋，
终乏掞天才。

题大禹寺义公禅房

孟浩然

义公习禅寂，
结宇依空林。
户外一峰秀，
阶前众壑深。
夕阳连雨足，
空翠落庭阴。
看取莲花净，
方知不染心。

醉后赠张九旭

高适

世上谩相识，
此翁殊不然。
兴来书自圣，
醉后语尤颠。
白发老闲事，
青云在目前。
床头一壶酒，
能更几回眠？

玉台观

杜甫

浩劫因王造，
平台访古游。
彩云萧史驻，
文字鲁恭留。
宫阙通群帝，
乾坤到十洲。
人传有笙鹤，
时过此山头。

观李固清司马弟山水图三首（其一）

杜甫

方丈浑连水，
天台总映云。
人间长见画，
老去恨空闻。
范蠡舟偏小，
王乔鹤不群。
此生随万物，
何处出尘氛。

旅夜书怀

杜甫

细草微风岸，
危樯独夜舟。
星垂平野阔，
月涌大江流。
名岂文章著，
官应老病休。
飘飘何所似，
天地一沙鸥。

登岳阳楼

杜甫

昔闻洞庭水，
今上岳阳楼。
吴楚东南坼，
乾坤日夜浮。
亲朋无一字，
老病有孤舟。
戎马关山北，
凭轩涕泗流。

宿龙兴寺

綦毋潜

香刹夜忘归，
松清古殿扉。
灯明方丈室，
珠系比丘衣。
白日传心净，
青莲喻法微。
天花落不尽，
处处鸟衔飞。

江南旅情

祖咏

楚山不可极，
归路但萧条。
海色晴看雨，
江声夜听潮。
剑留南斗近，
书寄北风遥。
为报空潭橘，
无媒寄洛桥。

题破山寺后禅院

常健

清晨入古寺，
初日照高林。
曲径通幽处，
禅房花木深。
山光悦鸟性，
潭影空人心。
万籁此俱寂，
惟闻钟磬音。

题松汀驿

张祜

山色远含空，
苍茫泽国东。
海明先见日，
江白迥闻风。
鸟道高原去，
人烟小径通。
那知旧遗逸，
不在五湖中。

圣果寺

释处默

路自中峰上，
盘回出薜萝。
到江吴地尽，
隔岸越山多。
古木丛青霭，
遥天浸白波。
下方城郭近，
钟磬杂笙歌。

野　望

王绩

东皋薄暮望，
徙倚欲何依？
树树皆秋色，
山山唯落晖。
牧人驱犊返，
猎马带禽归。
相顾无相识，
长歌怀采薇。

送著作佐郎崔融等从梁王东征

陈子昂

金天方肃杀，
白露始专征。
王师非乐战，
之子慎佳兵。
海气侵南部，
边风扫北平。
莫卖卢龙塞，
归邀麟阁名。

陪诸贵公子丈八沟携妓纳凉晚际遇雨(其一)

杜甫

落日放船好，
轻风生浪迟。
竹深留客处，
荷净纳凉时。
公子调冰水，
佳人雪藕丝。
片云头上黑，
应是雨催诗。

携妓纳凉晚际(其二)

杜甫

雨来沾席上，
风急打船头。
越女红裙湿，
燕姬翠黛愁。
缆侵堤柳系，
幔卷浪花浮。
归路翻萧飒，
陂塘五月秋。

宿云门寺阁

孙逖

香阁东山下，
烟花象外幽。
悬灯千嶂夕，
卷幔五湖秋。
画壁余鸿雁，
纱窗宿斗牛。
更疑天路近，
梦与白云游。

秋登宣城谢朓北楼

李白

江城如画里，
山晚望晴空。
两水夹明镜，
双桥落彩虹。
人烟寒橘柚，
秋色老梧桐。
谁念北楼上，
临风怀谢公。

临洞庭

孟浩然

八月湖水平，
涵虚混太清。
气蒸云梦泽，
波撼岳阳城。
欲济无舟楫，
端居耻圣明。
坐观垂钓者，
徒有羡鱼情。

过香积寺

王维

不知香积寺，
数里入云峰。
古木无人径，
深山何处钟？
泉水咽危石，
日色冷青松。
薄暮空潭曲，
安禅制毒龙。

送郑侍御谪闽中

高适

谪去君无恨，
闽中我旧过。
大都秋雁少，
只是夜猿多。
东路云山合，
南天瘴疠和。
自当逢雨露，
行矣慎风波。

秦州杂诗

杜甫

凤林戈未息，
鱼海路常难。
候火云峰峻，
悬军幕井干。
风连西极动，
月过北庭寒。
故老思飞将，
何时议筑坛。

禹　庙

杜甫

禹庙空山里，
秋风落日斜。
荒庭垂橘柚，
古屋画龙蛇。
云气生虚壁，
江声走白沙。
早知乘四载，
疏凿控三巴。

望秦川

李颀

秦川朝望迥，
日出正东峰。
远近山河净，
逶迤城阙重。
秋声万户竹，
寒色五陵松。
有客归欤叹，
凄其霜露浓。

同王徵君

张谓

八月洞庭秋，
潇湘水北流。
还家万里梦，
为客五更愁。
不用开书帙，
偏宜上酒楼。
故人京洛满，
何日复同游。

渡扬子江

丁仙芝

桂楫中流望，
空波两岸明。
林开扬子驿，
山出润州城。
海尽边阴静，
江寒朔吹生。
更闻枫叶下，
淅沥度秋声。

幽州夜饮

张说

凉风吹夜雨，
萧瑟动寒林。
正有高堂宴，
能忘迟暮心。
军中宜剑舞，
塞上重笳音。
不作边城将，
谁知恩遇深！

四

韬略名篇

(一)《孙子兵法》

《孙子兵法》是中国现存最早、最著名的兵书,也是世界上最早的军事著作。它是春秋末期客居吴国的齐人孙武所著。

据史籍记载,孙武是当时吴国(今江苏苏州)的一位卓越的军事将领,不论治军或指挥打仗,都表现出非凡的才能。孙武出身于军事世家,成长于从奴隶制向封建制过渡的时代,这些都给了他深刻的思想影响。他顺应历史潮流,运用朴素的辩证法和唯物论观点和方法,总结出了自己丰富的治军打仗经验,研究和吸收了他人优秀的军事理论,撰写出《孙子兵法》这部博大精深的书。

《孙子兵法》全书有始计篇、作战篇、谋攻篇、军形篇、兵势篇、虚实篇、军争篇、九变篇、行军篇、地形篇、九地篇、火攻篇、用间篇共十三篇,是一部在中外军事学术中占有重要地位的杰出著作。两千五百多年来,它以强大的生命力,跨越时空,长期为人们所推崇、所重视,被人们称为"兵学圣典",奉为"百世兵学之师"。

现在,《孙子兵法》已被译成日、英、法、德、俄、捷等十几种文字,广泛流传于世界各地。《孙子兵法》不仅被应用于军事、政治、外交等领域,还有人用它来指导商业经济活动。

计　篇

(一)孙子曰:兵者,国之大事,死生之地,存亡之道,不可不察也。

(二)故经之以五事,校之以计,而索其情:一曰道,二曰天,三曰地,四曰将,五曰法。道者,令民与上同意也,故可以与之死,可以与之生,而不畏危。天者,阴阳、寒暑、时制也。地者,远近、险易、广狭、死生也。将者,智、信、仁、勇、严也。法者,曲制、官道、主用也。凡此五者,将莫不闻,知之者胜,不知者不胜。故校之以计,而索其情。曰:主孰有道?将孰有能?天地孰得?法令孰行?兵众孰强?士卒孰练?赏罚孰明?吾以此知胜负矣。

(三)将听吾计,用之必胜,留之;将不听吾计,用之必败,去之。

(四)计利以听,乃为之势,以佐其外。势者,因利而制权也。

(五)兵者,诡道也。故能而示之不能,用而示之不用,近而示之远,远而示之近;利而诱之,乱而取之,实而备之,强而避之,怒而挠之,卑而骄之,佚而劳之，亲而离之。攻其无备，出其不意。此兵家之胜，不可先传也。

（六）夫未战而庙算胜者，得算多也；未战而庙算不胜者，得算少也。多算胜，少算不胜，而况于无算乎？吾以此观之，胜负见矣。

作战篇

（七）孙子曰：凡用兵之法，驰车千驷，革车千乘，带甲十万，千里馈粮，内外之费，宾客之用，胶漆之材，车甲之奉，日费千金，然后十万之师举矣。其用战也胜，久则钝兵挫锐，攻城则力屈，久暴师则国用不足。夫钝兵挫锐，屈力殚货，则诸侯乘其弊而起，虽有智者，不能善其后矣。故兵闻拙速，未睹巧之久也。夫兵久而国利者，未之有也。故不尽知用兵之害者，则不能尽知用兵之利也。

（八）善用兵者，役不再籍，粮不三载。取用于国，因粮于敌，故军食可足也。

（九）国之贫于师者远输，远输则百姓贫；近于师者贵卖，贵卖则百姓财竭，财竭则急于丘役。力屈财殚，中原内虚于家。百姓之费，十去其七；公家之费，破车罢马，甲胄矢弩，戟楯蔽橹，丘牛大车，十去其六。

（十）故智将务食于敌，食敌一钟，当吾二十钟；萁杆一石，当吾二十石。

（十一）故杀敌者，怒也；取敌之利者，货也。车战得车十乘以上，赏其先得者，而更其旌旗，车杂而乘之，卒善而养之，是谓胜敌而益强。

（十二）故兵贵胜，不贵久。

（十三）故知兵之将，民之司命，国家安危之主也。

谋攻篇

（十四）孙子曰：凡用兵之法，全国为上，破国次之，全军为上，破军次之；全旅为上，破旅次之；全卒为上，破卒次之；全伍为上，破伍次之。是故百战百胜，非善之善者也；不战而屈人之兵，善之善者也。

（十五）故上兵伐谋，其次伐交，其次伐兵，其下攻城。攻城之法为不得已。修橹轒辒，具器械，三月而后成，距闉，又三月而后已。将不胜其忿而蚁附之，杀士卒三分之一而城不拔者，此攻之灾也。故善用兵者，屈人之兵而非战也，拔人之城而非攻也。毁人之国而之非久也，必以全争于天下，故兵不顿而利可全，此谋攻之法也。

（十六）故用兵之法，十则围之，五则攻之，倍则分之，敌则能战之，少则能逃之，不若则能避之。故小敌之坚，大敌之擒也。

（十七）夫将者，国之辅也。辅周，则国必强，辅隙，则国必弱。

（十八）故君之所以患于军者三：不知军之不可以进而谓之进，不知军之不可以退而谓之退，是为縻军。不知三军之事，而同三军之政者，则军士惑矣。不知三军之权，而同三军之任，则军士疑矣。三军既惑且疑，则诸侯之难至矣，是谓乱军引胜。

（十九）故知胜有五：知可以战与不可以战者胜，识众寡之用者胜，上下同欲者胜，以虞待不虞者胜，将能而君不御者胜。此五者，知胜之道也。

（二十）故曰：知彼知己，百战不殆。不知彼而知己，一胜一负。不知彼不知己，每战必殆。

写形篇

（二十一）孙子曰：昔之善战者，先为不可胜，以待敌之可胜。不可胜在己，可胜在敌。故善战者，能为不可胜，不能使敌之可胜。故曰：胜可知，而不可为。不可胜者，守也；可胜者，攻也。守则不足，攻则有余。善守者，藏于九地之下；善攻者，动于九天之上，故能自保而全胜也。

（二十二）见胜不过众人之所知，非善之善者也；战胜而天下曰善，非善之善者也。故举秋毫不为多力，见日月不为明目，闻雷霆不为聪耳。古之所谓善战者，胜于易胜者也。故善战者之胜也，无智名，无勇功，故其战胜不忒。不忒者，其所措胜，胜已败者也，故善战者，立于不败之地，而不失敌之败也。是故胜兵先胜而后求战，败兵先战而后求胜。善用兵者，修道而保法，故能为胜败之政。

（二十三）兵法：一曰度，二曰量，三曰数，四曰称，五曰胜。地生度，度生量，量生数，数生称，称生胜。

（二十四）故胜兵若以镒称铢，败兵若以铢称镒。

（二十五）胜者之战，民也，若决积水于千仞之溪者，形也。

兵势篇

（二十六）孙子曰：凡治众如治寡，分数是也；斗众如斗寡，形名是也；三军之众，可使必受敌而无败者，奇正是也；兵之所加，如以碫投卵者，虚实是也。

（二十七）凡战者以正合，以奇胜。故善出奇者，无穷如天地，不竭如江海。

终而复始，日月是也。死而复生，四时是也。声不过五，五声之变，不可胜听也。色不过五，五色之变，不可胜观也。味不过五，五味之变，不可胜尝也。战势不过奇正，奇正之变，不可胜穷也。奇正相生，如循环之无端，孰能穷之哉！

(二十八)激水之疾，至于漂石者，势也。鸷鸟之疾，至于毁折者，节也。故善战者，其势险，其节短。势如扩弩，节如发机。

(二十九)纷纷纭纭，斗乱而不可乱；浑浑沌沌，形圆而不可败。

(三十)乱生于治，怯生于勇，弱生于强。治乱，数也；勇怯，势也；强弱，形也。

(三十一)故善动敌者，形之，敌必从之；予之，敌必取之。以利动之，以卒待之。

(三十二)故善战者，求之于势，不责于人故能择人而任势。任势者，其战人也，如转木石。木石之性，安则静，危则动，方则止，圆则行。故善战人之势，如转圆石于千仞之山者，势也。

虚实篇

(三十三)孙子曰：凡先处战地而待敌者佚，后处战地而趋战者劳。故善战者，致人而不致于人。

(三十四)能使敌人自至者，利之也；能使敌人不得至者，害之也，故敌佚能劳之，饱能饥之，安能动之。

(三十五)出其所不趋，趋其所不意。行千里而不劳者，行于无人之地也。攻而必取者，攻其所不守也。守而必固者，守其所不攻也。

(三十六)故善攻者，敌不知其所守；善守者，敌不知其所攻。

(三十七)微乎微乎，至于无形。神乎神乎，至于无声。故能为敌之司命。

(三十八)进而不可御者，冲其虚也。退而不可追者，速而不可及也。故我欲战，敌虽高垒深沟，不得不与我战者，攻其所必救也。我不欲战，画地而守之，敌不得与我战者，乖其所之也。

(三十九)故形人而我无形，则我专而敌分。我专为一，敌分为十，是以十攻其一也，则我众敌寡。能以众击寡，则吾之所与战者约矣。吾所与战之地不可知，不可知，则敌所备者多，敌所备者多，则吾所与战者寡矣。

(四十)故备前则后寡，备后则前寡，备左则右寡，备右则左寡，无所不备，则无所不寡。寡者，备人者也。众者，使人备己者也。

（四十一）故知战之地，知战之日，则可千里而会战。不知战地，不知战日，则左不能救右，右不能救左，前不能救后，后不能救前，而况远者数十里，近者数里乎。

（四十二）以吾度之，越人之兵虽多，亦奚益于胜败哉！

（四十三）故曰：胜可为也，敌虽众，可使无斗。

（四十四）故策之而知得失之计，作之而知动静之理，形之而知生死之地，角之而知余不足之处。

（四十五）故形兵之极，至于无形。无形，则深间不能窥，智者不能谋。

（四十六）因形而措胜于众，众不能知。人皆知我所以胜之形，而莫知吾所以制胜之形。故其战胜不复，而应形于无穷。

（四十七）夫兵形象水，水之形，避高而趋下，兵之形避实而击虚。水因地而制流，兵因敌而制胜。故兵无常势，水无常形，能因敌变化而取胜者，谓之神。

（四十八）故五行无常胜，四时无常位，日有短长，月有死生。

军争篇

（四十九）孙子曰：凡用兵之法，将受命于君，合军聚众，交和而舍，莫难于军争。军争之难者，以迂为直，以患为利。故迂其途，而诱之以利，后人发，先人至，此知迂直之计者也。

（五十）军争为利，军争为危。举军而争利则不及，委军而争利则辎重捐。是故卷甲而趋，日夜不处，倍道兼行，百里而争利，则擒三将军，劲者先，疲者后，其法十一而至；五十里而争利，则蹶上将军，其法半至；三十里而争利，则三分之二至。是故军无辎重则亡，无粮食则亡，无委积则亡。

（五十一）故不知诸侯之谋者，不能豫交；不知山林、险阻、沮泽之形者，不能行军；不用乡导者，不能得地利。

（五十二）故兵以诈立，以利动，以分合为变者也。

（五十三）故其疾如风，其徐如林，侵掠如火，不动如山，难知如阴，动如雷霆。

（五十四）掠乡分众，廓地分利，悬权而动。

（五十五）先知迂直之计者胜，此军争之法也。

(五十六)《军政》曰:“言不相闻,故为之金鼓;视不相见,故为旌旗”。夫金鼓旌旗者,所以一人之耳目也。人既专一,则勇者不得独进,怯者不得独退,此用众之法也。故夜战多金鼓,昼战多旌旗,所以变人之耳目也。

(五十七)三军可夺气,将军可夺心。是故朝气锐,昼气惰,暮气归。善用兵者,避其锐气,击其惰归,此治气者也。以治待乱,以静待哗,此治心者也。以近待远,以佚待劳,以饱待饥,此治力者也。无邀正正之旗,勿击堂堂之阵,此治变者也。

(五十八)故用兵之法,高陵勿向,背丘勿逆,佯北勿从,锐卒勿攻,饵兵勿食,归师勿遏,围师必阙,穷寇勿迫,此用兵之法也。

九变篇

(五十九)孙子曰:凡用兵之法,将受命于君,合军聚众,圮地无舍,衢地交合,绝地无留,围地则谋,死地则战。

(六十)途有所不由,军有所不击,城有所不攻,地有所不争,君命有所不受。

(六十一)故将通于九变之地利者,知用兵矣。将不通九变之利,虽知地形,不能得地之利矣。治兵不知九变之术,虽知五利,不能得而用之矣。

(六十二)是故智者之虑,必杂于利害,杂于利而务可信也,杂于害而患可解也。

(六十三)是故屈诸侯者以害,役诸侯者以业,趋诸侯者以利。

(六十四)故用兵之法,无恃其不来,恃吾有以待之;无恃其不攻,恃吾有所不可攻也。

(六十五)故将有五危,必死可杀,必生可虏,忿速可侮,廉洁可辱,爱民可烦。凡此五者,将之过也,用兵之灾也。覆军杀将,必以五危,不可不察也。

行军篇

(六十六)孙子曰:凡处军相敌:绝山依谷,视生处高,战隆无登,此处山之军也。绝水必远水;客绝水而来,勿迎之于水内,令半渡而击之,利;欲战者,无附于水而迎客;视生处高,无迎水流,此处水上之军也。绝斥泽,惟亟去无留;若交军于斥泽之中,必依水草而背众树,此处斥泽之军也。平陆处易,右背高,前死后生,此处平陆之军也。凡此四军之利,黄帝之所以胜四帝也。

（六十七）凡军好高而恶下，贵阳而贱阴，养生处实，军无百疾，是谓必胜。丘陵堤防，必处其阳，而右背之，此兵之利，地之助也。

（六十八）上雨水沫至，欲涉者，待其定也。

（六十九）凡地有绝涧、天井、天牢、天罗、天陷、天隙，必亟去之，勿近也。吾远之，敌近之。吾迎之，敌背之。

（七十）军旁有险阻、潢井、葭苇、山林、蘙荟者，必谨覆索之，此伏奸之所处也。

（七十一）敌近而静者，恃其险也。远而挑战者，欲人之进也。其所居易者，利也。

（七十二）众树动者，来也。众草多障者，疑也。鸟起者，伏也；兽骇者，覆也；尘高而锐者，车来也；卑而广者，徒来也；散而条达者，樵采也；少而往来者，营军也。

（七十三）辞卑而益备者，进也；辞强而进驱者，退也；轻车先出居其侧者，陈也；无约而请和者，谋也；奔走而陈兵车者，期也；半进半退者，诱也。

（七十四）杖而立者，饥也；汲而先饮者，渴也；见利而不进者，劳也；鸟集者，虚也；夜呼者，恐也；军扰者，将不重也；旌旗动者，乱也；吏怒者，倦也；杀马肉食者，军无粮也；悬缻不返其舍者，穷寇也；谆谆翕翕，徐与人言者，失也众；数赏者，窘也；数罚者，困也；先暴而后畏其众者，不精之至也；来委谢者，欲休息也；兵怒而相迎，久而不合，又不相去，必谨察之。

（七十五）兵非益多也，惟无武进，足以并力，料敌取人而已。夫惟无虑而易敌者，必擒于人。

（七十六）卒未亲附而罚之，则不服，不服则难用。卒已亲附而罚不行，则不可用。故令之以文，齐之以武，是谓必取。令素行以教其民，则民服；令不素行以教其民，则民不服。令素行者，与众相得也。

地形篇

（七十七）孙子曰：地形有“通”者，有“挂”者，有“支”者，有“隘”者，有“险”者，有“远”者。我可以往，彼可以来，曰“通”；“通”形者，先居高阳，利粮道，以战则利。可以往，难以返，曰“挂”；“挂”形者，敌无备，出而胜之；敌若有备，出而不胜，难以返，不利。我出而不利，彼出而不利，曰“支”；“支”形者，敌虽利我，我无出也;引而去之,令敌半出而击之,利。"隘"形者,我先居之,必盈之以待敌;若敌先居之,盈而勿从,不盈而从之。"险"形者,我先居之,必居高阳以待敌;若敌先居之,引而去之,勿从也。"远"形者,势均,难以挑战,战而不利。凡此六者,地之道也,将之至任,不可不察也。

(七十八)故兵有"走"者,有"驰"者,有"陷"者,有"崩"者,有"乱"者,有"北"者。凡此六者,非天地之灾,将之过也。夫势均,以一击十,曰"走";卒强吏弱,曰"驰";吏强卒弱,曰"陷";大吏怒而不服,遇敌怼而自战,将不知其能,曰"崩";将弱不严,教道不明,吏卒无常,陈兵纵横,曰"乱";将不能料敌,以少合众,以弱击强,兵无选锋,曰"北"。凡此六者,败之道也,将之至任,不可不察也。

(七十九)夫地形者,兵之助也。料敌制胜,计险厄远近,上将之道也。知此而用战者必胜,不知此而用战者必败。

(八十)故战道必胜,主曰无战,必战可也;战道不胜,主曰必战,无战可也。故进不求名,退不避罪,唯民是保,而利合于主,国之宝也。

(八十一)视卒如婴儿,故可与之赴深溪。视卒如爱子,故可与之俱死。厚而不能使,爱而不能令,乱而不能治,譬若骄子,不可用也。

(八十二)知吾卒之可以击,而不知敌之不可击,胜之半也。知敌之可击,而不知吾卒之不可以击,胜之半也;知敌之可击,知吾卒之可以击,而不知地形之不可以战,胜之半也。故知兵者,动而不迷,举而不穷。故曰:知彼知己,胜乃不殆;知天知地,胜乃不穷。

九地篇

(八十三)孙子曰:用兵之法,有"散地",有"轻地",有"争地",有"交地",有"衢地",有"重地",有"圮地",有"围地",有"死地"。诸侯自战其地者,为"散地"。入人之地而不深者,为"轻地"。我得则利,彼得亦利者,为"争地"。我可以往,彼可以来者,为"交地"。诸侯之地三属,先至而得天下之众者,为"衢地"。入人之地深,背城邑多者,为"重地"。行山林、险阻、沮泽,凡难行之道者,为"圮地"。所由入者隘,所从归者迂,彼寡可以击吾之众者,为"围地"。疾战则存,不疾战则亡者,为"死地"。是故"散地"则无战,"轻地"则无止,"争地"则无攻,"交地"则无绝,"衢地"则合交,"重地"则掠,"圮地"则行,"围地"则谋,"死地"则战。

(八十四)所谓古之善用兵者,能使敌人前后不相及,众寡不相恃,贵贱不相救,上下不相收,卒离而不集,兵合而不齐,合于利而动,不合于利而止。敢问:“敌众整而将来,待之若何?”曰:“先夺其所爱,则听矣。”

(八十五)兵之情主速,乘人之不及,由不虞之道,攻其所不戒也。

(八十六)凡为客之道,深入则专,主人不克;掠于饶野,三军足食;谨养而勿劳,并气积力,运兵计谋,为不可测。投之无所往,死且不北,死焉不得,士人尽力。兵士甚陷则不惧,无所往则固,深入则拘。不得已则斗。是故其兵不修而戒,不求而得,不约而亲,不令而信,禁祥去疑,至死无所之。吾士无余财,非恶货也;无余命,非恶寿也。令发之日,士卒坐者涕沾襟,偃卧者涕交颐,投之无所往者,诸、刿之勇也。

(八十七)故善用兵者,譬如“率然”;“率然”者,常山之蛇也。击其首则尾至,击其尾则首至,击其中则首尾俱至。敢问:“兵可使如‘率然’乎?”曰:“可。”夫吴人与越人相恶也,当其同舟济而遇风,其相救也,如左右手。是故方马埋轮,未足恃也。齐勇若一,政之道也;刚柔皆得,地之理也。故善用兵者,携手若使一人,不得已也。

(八十八)将军之事:静以幽,正以治。能愚士卒之耳目,使之无知。易其事,革其谋,使人无识。易其居,迂其途,使人不得虑。帅与之期,如登高而去其梯;帅与之深入诸侯之地,而发其机,焚舟破釜,若驱群羊,驱而往,驱而来,莫知所之。聚三军之众,投之于险,此谓将军之事也。九地之变,屈伸之利,人情之理,不可不察也。

(八十九)凡为客之道:深则专,浅则散。去国越境而师者,绝地也;四达者,衢地也。入深者,重地也;入浅者,轻地也;背固前隘者,围地也;无所往者,死地也。

(九十)是故“散地”,吾将一其志;“轻地”,吾将使之属;“争地”,吾将趋其后;“交地”,吾将谨其守;“衢地”,吾将固其结;“重地”,吾将继其食;“圮地”,吾将进其途;“围地”,吾将塞其阙;“死地”,吾将示之以不活。

(九十一)故兵之情,围则御,不得已则斗,过则从。

(九十二)是故不知诸侯之谋者,不能预交;不知山林、险阻、沮泽之形者,不能行军;不用乡导者,不能得地利。四五者,不知一,非霸王之兵也。夫霸王之兵,伐大国,则其众不得聚;威加于敌,则其交不得合。是故不争天下之交,不养天下之权,信己之私,威加于敌。故其城可拔,其国可隳。施无法之赏,悬无政之令，犯三军之众，若使一人。犯之以事，勿告以言；犯之以利，勿告以害。

（九十三）投之亡地然后存，陷之死地然后生。夫众陷于害，然后能为胜败。

（九十四）故为兵之事，在顺详敌之意，并敌一向，千里杀将，此谓巧能成事者也。

（九十五）是故政举之日，夷关折符，无通其使，厉于廊庙之上，以诛其事。敌人开阖，必亟入之。先其所爱，微与之期。践墨随敌，以决战事。是故始如处女，敌人开户；后如脱兔，敌不及拒。

火攻篇

（九十六）孙子曰：凡火攻有五：一曰火人，二曰火积，三曰火辎，四曰火库，五曰火队。行火必有因，烟火必素具。发火有时，起火有日。时者，天之燥也。日者，月在萁、壁、翼、轸也。凡此四宿者，风起之日也。

（九十七）凡火攻，必因五火之变而应之。火发于内，则早应之于外。火发而其兵静者，待而勿攻，极其火力，可从而从之，不可从则止。火可发于外，无待于内，以时发之。火发上风，无攻下风。昼风久，夜风止。凡军必知五火之变，以数守之。

（九十八）故以火佐攻者明，以水佐攻者强。水可以绝，不可以夺。

（九十九）夫战胜攻取，而不修其功者凶，命曰“费留”。故曰：明主虑之，良将修之。非利不动，非得不用，非危不战。主不可以怒而兴师，将不可以愠而致战。合于利而动，不合于利而止。怒可以复喜，愠可以复悦，亡国不可以复存，死者不可以复生。故明君慎之，良将警之，此安国全军之道也。

用间篇

（一百）孙子曰：凡兴师十万，出征千里，百姓之费，公家之奉，日费千金；内外骚动，怠于道路，不得操事者，七十万家，相守数年，以争一日之胜，而爱爵禄百金，不知敌之情者，不仁之至也，非人之将也，非主之佐也，非胜之主也。故明君贤将，所以动而胜人，成功出于众者，先知也。先知者，不可取于鬼神，不可象于事，不可验于度，必取于人，知敌之情者也。

（一百零一）故用间有五：有因间、有内间、有反间、有死间、有生间。五间俱起，莫知其道，是谓神纪，人君之宝也。因间者，因其乡人而用之。内间者，因其官人而用之。反间者，因其敌间而用之。死间者，为诳事于外，令吾间知之，而传于敌间也。生间者，反报也。

（一百零二）故三军之事，莫亲于间，赏莫厚于间，事莫密于间。非圣智不能用间，非仁义不能使间，非微妙不能得间之实。微哉，微哉，无所不用间也。间事未发，而先闻者，间与所告者皆死。

（一百零三）凡军之所欲击，城之所欲攻，人之所欲杀，必先知其守将、左右、谒者、门者、舍人之姓名，令吾间必索知之。

（一百零四）必索敌间之来间我者，因而利之，导而舍之，故反间可得而用也。因是而知之，故乡间，内间可得而使也；因是而知之，故死间为诳事，可使告敌。因是而知之，故生间可使如期。五间之事，主必知之，知之必在于反间，故反间不可不厚也。

（一百零五）昔殷之兴也，伊挚在夏；周之兴也，吕牙在殷。故明君贤将，能以上智为间者，必成大功。此兵之要，三军之所恃而动也。

(二)《三十六计》

《三十六计》最早见于《南齐书·王敬则传》:“敬则仓卒东起,朝廷震惧。东昏候……使人上屋望,见征虏亭失火,谓敬则至,急装欲走。有告敬则者,敬则曰:‘檀公三十六策,走为上计,汝父子唯应急走耳。’”可见三十六计可称为“三十六策”。三十六个计名流传民间,凝结成三十六个成语,在广大群众中家喻户晓,所以我们今天对它并不陌生。其成文年代约在明末或清初。

《三十六计》全书结构按数序排列,先出计名,次作解语,再加按语;全计共六套,六套计又分胜战、攻战和并战三套为处于优势之计,敌战、混战和败战三套为处于劣势之计。这两类计多属兵家诙诡奇谲之谋,按照本文的说法,如能妥善运用,则能以弱敌强,转败为胜。因而可以说它集中了历代兵家“诡道”之大成。

由于古代兵家熟知《易经》,三十六个计的解语大多用深奥难懂的《易经》语辞完成,用《易经》中的阴阳变理,推演成兵法的刚柔、奇正、攻防、彼已、虚实、主客、劳逸等对立关系的相互转化,包含有朴素的军事辩证法的色彩。每计的按语,举了很多古代用兵的实例及该计的解释,通俗易懂,生动有趣。

《三十六计》的谋略和思想已传遍海内外,现在被广泛运用于军事、商业、管理、谈判、处世各个方面。这里介绍的是1941年成都兴华印刷所用土纸翻印的,书名为《三十六计》,旁注“秘本兵法”,作者不详。文内按语为原文。

总 说

六六三十六,数中有术,术中有数。阴阳燮理,机在其中。机不可设,设则不中。

[按]解语重数不重理。盖理,术语自明;而数,则在言外。若徒知术之为术,而不知术中有数,则术多不应。且诡谋权术,愿在事理之中,人情之内。倘事出不经,则诡异立见,诧世惑俗,而机谋泄矣。或曰:三十六计中,每六计成为一套。第一套为胜战计,第二套为敌战计,第三套为攻战计,第四套为混战计,第五套为并战计,第六套为败战计。

胜战计

第一计　瞒天过海　备周则意怠;常见则不疑。阴在阳之内,不在阳之对。

太阳，太阴。

[按] 阴谋作为，不能于背时秘处行之。夜半行窃，僻巷杀人，愚俗之行，非谋士之所为也。

昔孔融被围，太史慈将突围求救。乃带鞭弯弓，将两骑自从，各作一的持之。开门出，围内外观者并骇。慈竟引马至城下堑内，植所持的射之，射毕还。明日复然，围下人或起或卧。如是者再，乃无复起者。慈遂严行蓐食，鞭马直突其围。比敌觉，则驰去数里矣。

第二计　围魏救赵　共敌不如分敌，敌阳不如敌阴。

[按] 治兵如治水：锐者避其锋，如导流；弱者塞其虚，如筑堰。故当齐救赵时，孙子谓田忌曰："夫解杂乱纠纷者不控拳；救斗者不搏击。批亢捣虚，形格势禁，则自为解耳。"

第三计　借刀杀人　敌已明，友未定，引友杀敌，不自出力，以《损》推演。

[按] 敌象已露，而另一势力更张，将有所为，应借此力以毁敌人。如子贡之存鲁、乱齐、破吴、强晋。

第四计　以逸待劳　困敌之势，不以战；损刚益柔。

[按] 此即致敌之法也。兵书云："凡先处战地而待敌者佚，后处战地而趋战者劳。故善战者，致人而不致于人，"兵书论敌，此为论势。则其旨非择地以待敌，而在以简驭繁，以不变应变，以小变应大变，以不动应动，以小动应大动，以枢应环也。

第五计　趁火打劫　敌之害大，就势取利，刚决柔也。

[按] 敌害在内，则劫其地；敌害在外，则劫其民；内外交害，则劫其国。

第六计　声东击西　敌志乱萃，不虞，坤下兑上之象。利其不自主而取之。

[按] 西汉，七国反，周亚夫坚壁不战。吴兵奔壁之东南陬，亚夫使备西北；已而，吴王精兵果攻西北，遂不得入。此敌志不乱，能自主也。汉末，朱儁围黄巾于宛。起土山以临城内，鸣鼓攻其西南，黄巾悉众赴之；儁自将精兵五千，掩东北，遂乘城虚而入。此敌志乱萃，不虞也。然则声东击西之策，须视敌志乱否为定。乱则胜，不乱将自取败亡。险策也！

敌战计

第七计　无中生有　诳也，非诳也，实其所诳也。少阴，太阴，太阳。

[按] 无而示有,诳也。诳不可久而易觉,故无不可以终无。无中生有,则由诳而真,由虚而实矣。无不可以败敌;生有则败敌矣。如:令狐潮围雍丘,张巡缚藁为人千余,披黑衣,夜缒城下;潮兵争射之,得箭数十万。其后复夜缒人,潮兵笑,不设备;乃以死士五百砍潮营,焚垒墓,追奔十余里。

第八计 暗度陈仓 示之以动,利其静而有主,“益动而巽”。

[按] 奇出于正,无正则不能出奇。不明修栈道,则不能暗度陈仓。昔邓艾屯白水之北,姜维遣廖化屯白水之南而结营焉。艾谓诸将曰:“维令卒还,吾军少,法当来渡而不作桥;此维使化持吾,今不得还,必自东袭取洮城矣。”艾即夜潜军,径到洮城。维果来渡。而艾先至,据城,得以不破。此则是姜维不善用暗度陈仓之计,而艾察知其声东击西之谋也。

第九计 隔岸观火 阳乖序乱,阴以待逆。暴戾恣睢,其势自毙。顺以动豫,豫顺以动。

[按] 乖气浮张,逼则受击,退而远之,则乱自起。昔袁尚、袁熙奔辽东,尚有数千骑。初,辽东太守公孙康,恃远不服。及曹操破乌丸,或说操遂征之,尚兄弟可擒也。操曰:“吾方使康斩送尚、熙首来,不烦兵矣!”九月,操引兵自柳城还,康即斩尚、熙,传其首。诸将问其故,操曰:“彼素畏尚等,吾急之则并力,缓之则相图。其势然也。”或曰:此兵书火攻之道也。按:兵书《火攻篇》,前段言火攻之法,后段言慎动之理,与隔岸观火之意,亦相吻合。

第十计 笑里藏刀 信而安之,阴以图之;备而后动,勿使有变。刚中柔外也。

[按] 兵书云:“辞卑而益备者,进也……无约而请和者,谋也。”故:凡敌人之巧言令色,皆杀机之外露也。宋曹武穆玮知谓州,号令明肃,西人惮之。一日,方召诸将饮,会有叛卒数千,亡奔夏境。堠骑报至,诸将相顾失色,公言笑如平时。徐谓骑曰:“吾命也,汝勿显言!”西人闻之,以为袭己,尽杀之。此临机应变之用也。若勾践之事夫差,则竟使其久而安之矣。

第十一计 李代桃僵 势必有损,损阴以益阳。

[按] 我敌之情,各有长短。战争之事,难得全胜。而胜负之决,即在长短之相较,乃有以短胜长之秘诀。如“以下驷敌上驷,以上驷敌中驷,以中驷敌下驷”之类,则诚兵家独具之诡谋,非常理之可推测者也。

第十二计 顺手牵羊 微隙在所必乘;微利在所必得。少阴,少阳。

[按] 大军动处，其隙甚多；乘间取利，不必以战。胜固可用，败亦可用。

攻战计

第十三计　打草惊蛇　疑以叩实，察而后动；复者，阴之媒也。

[按] 敌力不露，阴谋深沉，未可轻进，应遍探其锋。兵书云："军旁有险阻、潢井、葭苇、山林、翳荟者，必谨复索之，此伏奸之所藏处也。"

第十四计　借尸还魂　有用者，不可借；不能用者，求借。借不能用者而用之，匪我求童蒙，童蒙求我。

[按] 换代之际，纷立亡国之后者，而代其攻守者，皆此用也。

第十五计　调虎离山　待天以困之，用人以诱之。往蹇来返。

[按] 兵书云："下政攻城。"若攻坚，则自取败亡矣。敌既得地利，则不可以争其地。且敌有主而势大：有主，则非利不来趋；势大，则非天人合用，不能胜。

汉末，羌率从数千，遮虞诩于陈仓崤谷。诩军不进，宣言上书请兵，须到当发，羌闻之，乃分抄旁县。诩因其兵散，日夜进道，兼行百余里。令军士各作两灶，日倍增之；羌不敢逼，遂大破之。兵到乃发者，利诱之也；日夜兼进者，用天时以困之也；倍增其灶者，惑之以人事也。

第十六计　欲擒故纵　逼则反兵；走则减势，紧随勿迫。累其气力，消其斗志；散而后擒，兵不血刃。需，有孚，光。

[按] 所谓"纵"者，非放之也，随之，而稍松之耳。"穷寇勿追"，亦即此意。盖不追者，非不随也，不迫之而已。武侯之七纵七擒，即纵而蹑之，故展转推进，至于不毛之地。武侯之七纵，其意在拓地，在借孟获以服诸蛮，非兵法也。若论战，则擒者不可复纵。

第十七计　抛砖引玉　类以诱之。击蒙也。

[按] 诱敌之法甚多，最妙之法，不在疑似之间，而在类同，以固其惑。以旌旗金鼓诱敌者，疑似也；以老弱粮草诱敌者，则类同也。

第十八计　擒贼擒王　摧其坚，夺其魁，以解其体。龙战于野，其道穷也。

[按] 攻胜则利不胜取。取小遗大：卒之利，将之累，帅之害，功之亏也。全胜而不摧坚擒王，是纵虎归山也。擒王之法，不可图辨旌旗，而当察其阵中之首动。

昔张巡与尹子奇战，直冲贼营，至子奇麾下。营中大乱，斩贼将五十余人，杀士卒五千余人。巡欲射子奇而不识，剡稿为矢。中者喜，谓巡矢尽，走白子奇。乃得其状，使霁云射之，中其左目，几获之。子奇乃收军退还。

混战计

第十九计　釜底抽薪　不敌其力，而消其势，兑下乾上之象。

［按］水沸者，力也，火之力也。阳中之阳也，锐不可当；薪者，火之魄也，即力之势也，阳中之阴也，近而无害。故力不可挡而势犹可消。尉缭子曰："气实则斗，气夺则走。"而夺气之法，则在攻心。

昔吴汉为大司马，尝有寇，夜攻汉营。军中惊扰，汉坚卧不动。军中闻汉不动，有顷乃定。乃选精兵夜击，大破之。此即不直挡其力而扑消其势力。

宋，薛长儒为汉州通判。戍卒开营门，放火杀入，谋杀如州、兵马监押。有来告者，知州、监押皆不敢出。长儒挺身出营，谕之曰："汝辈皆有父母妻子。何故作此？然不与谋者，各在一边。"于是不敢动。惟本谋者八人突门而出，散于诸村野，寻捕获。时谓非长儒，则一城涂炭矣。此即攻心夺气之用也。或曰：敌与敌对，捣强敌之虚，以败其将成之功也。

第二十计　混水摸鱼　乘其阴乱，利其弱而无主。随，以向晦入宴息。

［按］动荡之际，数力冲撞，弱者依违无主；敌蔽而不察，我随而取之。《六韬》曰："三军数惊，士卒不齐，相恐以敌强，相语以不利。耳目相属，妖言不止，众口相惑。不畏法令，不重其将：此弱征也。"是"鱼"，混战之际，择此而取之。如刘备之得荆州、取西川，皆此计也。

第二十一计　金蝉脱壳　存其形，完其势；友不疑，敌不动。巽而止，蛊。

［按］共友击敌，坐观其势。倘另有一敌，则须去而存势。则金蝉脱壳者，非徒走也，盖为分身之法也。故我大军转动，而旌旗金鼓，俨然原阵。使敌不敢动，友不生疑。待以摧他敌而返，而友敌始知，或犹且不知。然则金蝉脱壳者，在对敌之际，而抽精锐以袭别阵也。

第二十二计　关门捉贼　小敌困之。剥，不利有攸往。

［按］捉贼而必关门者，非恐其逸也，恐其逸而为他人所得也。且逸者不可复追，恐其诱也。贼者，奇兵也，游兵也，所以劳我者也。《吴子》曰："今使一死贼，伏于旷野，千人追之，莫不枭视狼顾。何者？恐其暴起而害己也。是以一人

投命，足惧千夫。”追贼者，贼有脱逃之机，势必死斗；若断其去路，则成擒矣！故小敌必困之；不能，则放之可也。

第二十三计　远交近攻　形禁势格，利从近取；害以远隔。上火下泽。

[按] 混战之局，纵横捭阖之中，各自取利。远不可攻，而可以利相结；近者交之，反而使变生肘腋。范雎之谋，为地理之定则，其理甚明。

第二十四计　假途伐虢　两大之间，敌胁以从，我假以势。困，有言不信。

[按] 假地用兵之举，非巧言可诳。必其势不受一方之胁从，则将受双方之夹击。如此境况之际，敌必迫之以威，我则诳之以不害，利其幸存之心，速得全势。彼将不能自阵，故不战而灭之矣。

并战计

第二十五计　偷梁换柱　频更其阵，抽其劲旅，待其自败，而后乘之。曳其轮也。

[按] 阵有纵横，天衡为梁，地轴为柱，梁、柱以精兵为之。故观其阵，则知其精兵之所在。共战他敌时，频更其阵，暗中抽换其精兵，或竟代其为梁柱，势成阵塌，遂兼其兵。并此敌以击他敌之首策也。

第二十六计　指桑骂槐　大凌小者，警以诱之。刚中而应，行险而顺。

[按] 率数未服者以对敌，若策之不行，而利诱之，又反启其疑。于是故为自误，责他人之失，以暗警之。警之者，反诱之也，此盖以刚险驱之也。或曰：此遣将法也。

第二十七计　假痴不癫　宁伪作不知不为，不伪作假知妄为。静不露机，云雷屯也。

[按] 假作不知而实知，假作不为而实不可为，或将有所为。司马懿之假病昏以诛曹爽，受巾帼，假请命以老蜀兵，所以成功。姜维九伐中原，明知不可为而妄为之，则似痴矣！所以破灭。兵书曰：“故善战者之胜也，无智名，无勇功。”当其机未发时，静屯似痴；若假癫，则不但露机，且乱动而群疑。故假痴者胜，假癫者败。或曰：“假痴可以对敌，并可以用兵。”

宋代，南俗尚鬼。狄青征侬智高时，大兵始出桂林之南，因佯祝曰：“胜负无以为据。”乃取百钱自持，与神约：“果大捷，则投此钱尽钱面也。”左右谏止：“倘不如意，恐沮师。”狄青不听。万众方耸视，已而挥手一掷，百钱皆面。于是举手欢呼，声震林野。狄青也大喜，顾左右，取百钉来，即随钱疏密，布地而帖钉之，加以青纱笼护，手自封焉。曰："俟凯旋，当酬神取钱。"其后平邕州还师，如言取钱，幕府士大夫共视，乃两面钱也。

第二十八计　上屋抽梯　假之以便，唆之使前，断其援应，陷之死地。遇毒，位不当也。

[按] 唆者，利使之也。利使之而不先为之便，或犹且不行。故抽梯之局，须先置梯；或示之以梯。

第二十九计　树上开花　借局布势，力小势大。鸿渐于陆，其羽可以为仪也。

[按] 此树本无花，而树则可以有花。剪彩粘之，不细察者不易觉。使花与树交相辉映，而成玲珑全局也。此盖布精兵于友军之阵，完其势以威敌也。

第三十计　反客为主　乘隙插足，扼其主机，渐之进也。

[按] 为人驱使者为奴，为人尊处者为客；不能立足者为暂客，能立足者为久客；客久而不能主事者为贱客，能主事则可渐握机要，而为主矣。故反客为主之局，第一步须争客位，第二步须乘隙，第三步须插足，第四步须握机，第五步乃成为主。为主，则并人之宰矣。此渐进之阴谋也。

败战计

第三十一计　美人计　兵强者，攻其将；将智者，伐其情。将弱兵颓，其势自萎。利用御寇，顺相保也。

[按] 兵强将智，不可以敌，势必事之。事之以土地，以增其势，如六国之事秦，策之最下者也；事之以布帛，以增其富，如宋之事辽、金，策之下者也；惟事之以美人，以佚其志，以弱其体，以增其下之怨，如勾践之事夫差，乃可转败为胜。

第三十二计　空城计　虚者虚之，疑中生疑。刚柔之际，奇而复奇。

[按] 虚虚实实，兵无常势。虚而示虚，诸葛而后，不乏其人。如吐蕃陷瓜州，王君焕死，河西汹惧。以张守珪为瓜州刺史。领余众，方复筑州城。板干裁立，敌又暴至，略无守御之具，城中相顾失色，莫有斗志。守珪曰："彼众我寡，又疮痍之后，不可以矢石相持，须以权道制之。"乃于城上置酒作乐，以会将士。敌疑城中有备，不敢攻而退。

又如齐祖珽，为北徐州刺史，至州，会有陈寇，百姓多反。珽不关城门，守陴者皆令下城，静坐街巷，禁断行人。鸡犬不乱鸣吠。贼无所见闻，不测所以。疑惑人走城空，不设警备。珽复令大叫，鼓噪聒天。贼大惊，登时走散。

第三十三计　反间计　疑中之疑。比之自内，不自失也。

[按] 间者，使敌自相疑忌也；反间者，因敌之间而间之也。如燕昭王薨，惠王自为太子时，不快于乐毅。田单乃纵反间曰："乐毅与燕王有隙；畏诛，欲连兵王齐。齐人未附，故且缓攻即墨，以待其事。齐人惟恐他将来，即墨残矣！"惠王闻之，即使骑劫代将。毅遂奔赵。如周瑜利用曹操间谍，以间其将，亦疑中之疑之局也。

第三十四计　苦肉计　人不自害，受害必真。假真真假，间以得行。童蒙之吉，顺以巽也。

[按] 间者，使敌人相疑也；反间者，因敌人之疑，而实其疑也。苦肉计者，盖假作自间以间人也。凡遣与己有隙者以诱敌人，约为响应，或约为其力者，皆苦肉计之类也。

第三十五计　连环计　将多兵众，不可以敌，使其自累，以杀其势。在师中吉，承天宠也。

[按] 庞统使曹操战舰勾连，而后纵火焚之，使不得脱。则连环计者，其法在使敌自累，而后图之。盖一计累敌，一计攻敌，两计扣用，以摧强势也。如宋毕再遇，尝引敌与战。且前且却，至于数四，视日已晚，乃以香料煮黑豆，布地上，复前搏战，佯败走。敌乘胜追逐，其马已饥，闻豆香就食，鞭之不前。遇率师反攻之，遂大胜。皆连环之计也。

第三十六计　走为上计　全师避敌。左次无咎，未失常也。

[按] 敌势全胜，我不能战，则必降、必和、必走。降则全败，和则半败，走则未败。未败者，胜之转机也。

如宋毕再遇与金人对垒，一夕拔营去，留旗帜于营，豫缚生羊悬之，置前二足于鼓上；羊不堪倒悬，则足击鼓有声。金人不觉，相持数日。始觉之，则已远矣。可谓善走者矣。

跋

夫战争之事，其道多端。强国、练兵、选将、择敌、战前、战后，一切施为，皆兵道也。惟比比者，大都有一定之规，有陈例可循，而其中变化万端、恢诡奇谲、光怪陆离、不可捉摸者，厥为对战之策。“三十六计”者，对战之策也，诚大将之要略也。闲尝论之：胜战、攻战、并战之计，优势之计也；敌战、混战、败战之计，劣势之计也。而每套之中，皆有首尾、次第。六套次序，亦可演以阴……（下缺）

五

民事应酬和万年历相

(一)直旁亲系表

直系亲

<table>
<tr><td colspan="4">旁系亲</td><td>高祖父母</td><td colspan="4">旁系亲</td></tr>
<tr><td colspan="3">旁系亲</td><td>曾伯(叔)祖母</td><td>曾祖父母</td><td>曾伯(叔)祖父</td><td colspan="3">旁系亲</td></tr>
<tr><td colspan="2">旁系亲</td><td>堂伯(叔)祖母</td><td>伯(叔)祖母</td><td>祖父母</td><td>伯(叔)祖父</td><td>堂伯(叔)祖父</td><td colspan="2">旁系亲</td></tr>
<tr><td>旁系亲</td><td>再堂伯(叔)母</td><td>堂伯(叔)母</td><td>伯(叔)母</td><td>父母</td><td>伯(叔)父</td><td>堂伯(叔)父</td><td>再堂伯(叔)父</td><td>旁系亲</td></tr>
<tr><td>三堂姐妹</td><td>二堂姐妹</td><td>堂姐妹</td><td>胞姐妹</td><td>己身</td><td>胞兄弟</td><td>堂兄弟</td><td>二堂兄弟</td><td>三堂兄弟</td></tr>
<tr><td></td><td>再堂侄女</td><td>堂侄女</td><td>胞侄女</td><td>子</td><td>胞侄男</td><td>堂侄男</td><td>再堂侄男</td><td></td></tr>
<tr><td colspan="2"></td><td>堂侄孙女</td><td>胞侄孙女</td><td>孙</td><td>胞侄孙男</td><td>堂侄孙男</td><td colspan="2"></td></tr>
<tr><td colspan="3"></td><td>曾侄孙女</td><td>曾孙</td><td>曾侄孙男</td><td colspan="3"></td></tr>
<tr><td colspan="4"></td><td>玄孙</td><td colspan="4"></td></tr>
</table>

直系亲

(二)常用称谓表

	对象	称呼	自称
长辈	老师 老师的妻子	老师 师母	学生
	父(母)亲的 同志或朋友	(老)伯伯、叔叔 姨姨(阿姨)	侄、侄女
	同志、朋友的父亲 同志、朋友的母亲	(老)伯伯、叔叔 (老)伯母、婶婶	侄、侄女
平辈	同志	同志(或称名字)	只称名字,不用自称
	朋友	同志、友(双方都是男性,也可尊称对方为兄,自己谦称为弟;双方都是女性,也可尊称对方为姐,自己谦称为妹)	只称名字,不用自称
	同学	同学(或称名字。双方都是男性,也可尊称对方为学兄,自己谦称为学弟;双方都是女性,也可尊称对方为学姐,自己谦称为学妹)	同学(或只称名字,不用自称)
晚辈	学生	同学	师、师母(或只称名字,不用自称)
	儿子、女儿的 同志、朋友	侄、侄女(对不太熟悉的,可称"同志")	只称名字,不用自称(或自称"伯""叔""伯母"、婶婶、阿姨)
	同志、朋友 的儿子、女儿	同上	同上

(三)立业二十要诀

能识人:知人善用,账目不负。

能接纳:礼义相待,交易日旺。

能守业:厌旧喜新,商贾切忌。

能整顿:货物整齐,夺人心目。

能敏捷:犹豫不决,终归无成。

能讨账:勤谨不怠,取讨自多。

勿卑陋:应纳无文,交阑不至。

勿优柔:胸无果敢,经营难振。

勿懒惰:取讨不力,帐欺不至。

勿轻出:货物轻出,血本必亏。

善争取:货品趋新,财源茂盛。

勿昧时:依时贮发,各有常道。

能用人:因才使用,大胆信任。

能辩论:生财有道,阐发愚蒙。

能辨货:远货不苛,蚀本便轻。

能知机:售贮随时,可称名哲。

能亲为:躬行以律,亲感自身。

能远数:多寡宽紧,酌中而行。

勿虚华:用度无节,破败之端。

勿强辩:暴以待人,祸患难免。

(四)古代年龄代称

我国古代,人从幼儿到一百岁,一般有下列代称。

总角 代表幼年。古代男女幼童的头发扎成两个髻。《诗经·氓》中有"总角之宴"的诗句。

垂髫(tiáo)、髫年 代表儿童。髫指儿童头上扎起来下垂的短发。

成童、束发 代表童年。十五岁以上的男孩头上扎成一个髻。

及笄(jī) 指十五岁左右的女子。笄,是古代妇女盘头发用的簪子。及笄即女子到十五岁左右,就要把头发簪起,表示已成年。

弱冠、冠岁 指刚刚二十岁(古代二十叫弱,指年少)的男子。古代男子到二十岁即戴成人帽子行冠礼,因未到壮年,故称"弱冠"。超过二十岁叫"已冠""巾冠"。

妙龄 指青少年时代。

桃李年 指年轻女子。唐代武元衡诗:"洛阳佳丽本神仙,冰雪容颜桃李年。"

而立 指三十岁。"三十而立",出自《论语·为政》,以后称三十岁为"而立之年"。

不惑 指四十岁。"四十而不惑",出自《论语·为政》,以后称四十岁为"不惑之年"。

知天命 指五十岁。"五十而知天命",出自《论语·为政》。五十岁又叫半百。

花甲 指六十岁。古人以六十年为一花甲子。

从心所欲年 指七十岁。谢觉哉诗句:"正是从心所欲年,名传环宇德齐天。"

古稀 已超过七十岁。杜甫《曲江》诗:"酒债寻常行处有,人生七十古来稀。"

耄耋 一般泛指老年。耄(mào)就是白发,指七十岁以上;耋,指八十岁。

期颐 指一百岁。《礼记·曲礼上》:"百年期颐。""期"是说已到百年,"颐"是养的意思。

(五)结婚各周年的名称和礼物

结婚周年	名称	传统礼物	新式礼物
1周年	纸婚	纸品	钟
2周年	棉婚	棉制品	瓷器
3周年	皮革婚	皮革制品	水晶制品或瓷器
4周年	果婚	水果或花卉	各种日用品
5周年	木婚	木器	银器
6周年	铁婚	糖果或铁器	木器
7周年	铜婚	羊毛制品或铜器	书桌用品
8周年	陶器婚	青铜制品或陶器	亚麻制品或花边
9周年	柳婚	陶器或柳制品	皮革制品
10周年	锡婚	锡器或铝器	钻石首饰
11周年	钢婚	钢制器皿	珠宝首饰
12周年	绕仁婚(华婚)	丝制品和亚麻制品	珍珠首饰
13周年	花边婚	各式花边	纺织品、毛皮制品
14周年	象牙婚	象牙制品	黄金首饰
15周年	水晶婚	水晶制品	表
20周年	瓷婚	瓷器	白金首饰
25周年	银婚	银器	银器
30周年	珍珠婚	珍珠首饰	钻石首饰
35周年	珊瑚婚	珊瑚	翡翠
40周年	红宝石婚	红宝石首饰	红宝石首饰
45周年	蓝宝石婚	蓝宝石首饰	蓝宝石首饰
50周年	金婚	金器	金器
55周年	翡翠婚	绿宝石首饰	绿宝石首饰
60周年	钻石婚	钻石首饰	钻石首饰

(六)书信用语

1. 书信的格式和用语

中国是礼仪之邦,文化历史悠久,人们相互通信来往,一向注重格式和用语。通信既要讲究修辞、文法,又要讲究文明礼节、礼貌。如果能够熟练使用书信的格式、用语,自然显得高雅、生动、鲜明,给人一种美的享受。

书信的格式一般要注意地位、抬头、分行、称谓、结尾。所谓地位,即收信人姓名称谓写于起首顶头第一行。发信人的署名在全张信笺的二分之一以下。抬头是指旧式书信,对年长的收信人空一格或另起一行,以示尊敬。目前已不太用了。但和一些老先生的来往书信还是十分讲究的。分行是在信中为避免杂乱无章而采用的分段陈述。每段开始前空一到两个字,述及不同内容时,分几段书写。称谓,不同身份有不同的用语。如对于父母用膝下、膝前;对于长辈用尊前、尊右、前鉴、钧鉴、侍右;对于平辈用台启、大鉴、惠鉴、台右;对于妇女用懿鉴、慈鉴;对于老师要用函丈、坛席等。现时多以同志、先生等作为尊称,如加上惠鉴、台鉴、赐鉴,也都未尝不可。

当你写好信以后,应加上结尾语,俗称“关门”。有如“即问近好”“敬颂钧安”“敬祝健康”,以及较古朴形式的春安、冬安、日祺、刻祉……在社交上用“专颂台安”。另有匆促草率语“匆匆不一”“草草不尽”“不尽欲言”“恕不多写”等。用于祝福问安的有“顺颂大安”“专此祝好”“即问近祺”“此请召绥”等。请教用语有“乞复候教”“伫候明教”“盼中赐教”“尚希裁答”“敬祈示知”等。结尾语要根据书信内容,运用自如。

按书信用语的不同用意,可分以下类别:

开头语 喜接来函,不胜欢慰。顷接手示,甚欣甚慰。顷接手示,如见故人。得书之喜,旷若复面。久不通函,至以为念。前上一函,谅已入鉴。顷奉惠函,谨悉一切。惠书敬悉,情意拳拳。昨得手书,反复读之,拳拳盛意,感莫能言。数奉手书,热挚之情,溢于言表。捧读惠书,欣慰无量。顷奉手教,敬悉康和,至为欣慰。久未闻消息,唯愿一切康适。手书已接多日,今兹略闲,率写数语。不日前曾奉一函，意其已抵左右。顷接手教，敬悉一切。接奉大札，敬悉种切。

思念语　分手多日，别来无恙？别后月余，殊深驰系。一别累月，思何可支？久疏通问，渴望殊深。别后萦思，愁肠日转。离情别怀，今犹耿耿。故园念切，梦寐神驰。心路咫尺，瞻言甚慨。岁月不居，时节如流。鸿雁传书，千里咫尺。海天在望，不尽依依。相距尚远，不能聚首。转托文墨，时通消息。别来良久，甚以为怀。何日重逢，登高延企。前上一函，谅达雅鉴，迄今未见复音，念与时积。近况若何，念念。握别以来，深感寂寞。久疏问候，多多见谅。何时获得晤叙机会，不胜企望之至。久疏问候，想必一切佳胜？多日未晤，系念殊殷。久仰大名，时深景慕。

钦佩语　奉读大示，向往尤深。大示拜读，心折殊深。大作拜读，敬佩之至。久钦鸿才，时怀渴想。德宏才羡，屡屡怀慕。喜接诲教，真解蒙矣。谨蒙诲语，用祛尘惑。顷读惠书，如闻金玉良言。蒙惠书并赐大著，拜服之至。

问候语　春寒料峭，善自珍重，春雨霏霏，思绪绵绵，近况如何？阳春三月，燕语雕梁，想必心旷神怡！当此春风送暖之际，料想身心均健。春日融融，可曾乘兴驾游？春光明媚，想必合家安康。时欲入夏，愿自保重。赤日炎炎，万请珍重。炎暑日蒸，千万珍爱。兹际炎暑，好自为之。盛暑之后，继以炎秋，务望珍摄为盼。入秋顿凉，幸自摄卫。秋色宜人，望养志和神。秋高气爽，希善自为乐。秋雨绵绵，万请自爱。秋风萧萧，至祈摄卫。秋风多厉，为国珍摄。近日天寒，谅已早自卫摄。渐入严寒，伏维自爱。日来寒威愈烈，伏维福恙躬无。严风极冷，请厚自珍爱。近来寒暑不常，恳祈珍重自爱。气候多变，希自珍卫。近来天气变化无常，请多珍重。值此盛夏之际，未知起居如何，请对身体多加珍重。近日天气渐渐寒冷，希望你多加保重。

问病语　大示细读，尊恙极念。闻君欠安，甚为悬念。闻病甚念，务请安心静养。顷闻您卧病数日，心甚念之。闻您抱恙，不胜悬念。知尊恙复发，甚念甚念。尊恙已有起色，甚以为慰。尊恙愈否？念念。尊恙大愈否？望珍摄自重。贵体新痊，诸唯珍重。前遇来函，知尊恙已痊可。重病新愈，望多休息。欣闻贵体康复，至为慰藉。

自述语　贱躯如常，眷属安健，聊可告慰。合家老小安好如常，请勿念为要。幸寓中均平善，勿念可也。阖寓无恙，请释悬念。惟寓中均平善，可请勿念。我微恙已愈，现顽健仍如往日，免念。偶然微恙，幸近已痊愈，希勿念为幸。日前患病，现已复原。贱体初安，承问极感。大示读悉，奖饰过分，实不敢当。

祝贺语　欣闻……谨寄数语，聊表祝贺。谨以至诚，恭贺你们……欣闻……匆致上函，诚表贺意。喜闻……由衷快慰，遥祝前程似锦。谨具刀笔书谒，恭贺嘉事吉礼。顷闻喜讯，再祝宏图大展。

祝新婚　忽鸣燕贺，且祝新禧。顷闻吉音，欣逢嘉礼。附呈微物，聊佐喜仪，勿弃是幸。欣闻足下花烛筵开，奉呈薄礼。谨呈不腆之仪，聊以志喜。得悉你俩有情终成眷属，至为快慰。欣闻你们喜结良缘，无限欣慰。喜闻足下燕尔新婚，特申祝贺。顷悉你合卺之喜，谨祝幸福，白头偕老。恭贺你们喜结百年之好。

祝生育　弄璋之喜，可庆可贺。弄瓦之庆，遥以致贺。闻育祥麟，谨此恭贺。弄璋之喜，符君夙愿，谨以为祝。闻尊夫妇喜添千金，热忱致贺。谨祝母子平安无恙，望代致拳拳。

祝寿　遥祝寿比南山，福如东海。恭贺延年寿千秋。心祷口祝，皆贺高寿。谨祝寿比南山，健康长寿。喜贺福寿双全，恭祝合家安好，寿星高照。

致谢语　承蒙关注，特此感谢。承蒙关照，不胜感激。请接受我的谢忱，费神之处，不胜感激，来示读悉，十分感谢。厚情盛意，应接不遑，切谢切谢。劳神为谢。费神之处，泥首以谢。感荷高情，非言语所能鸣谢。承赐忠言，心感何极。承蒙谆谆忠告，铭感铭感。承蒙见教，获益甚多。承示诚挚之言，佩其感甚。顷得惠函并照片种种，感谢之至。备荷关照，铭戢五内。承蒙惠赠，衷心感谢。前承馈赠……倾感不胜。承蒙存问，不胜感谢。如此厚赠，实深惶悚。日前既荷盛钱，复蒙躬送，感谢无既。

致歉语　惠书敬悉，甚感盛意，迟复为歉。惠书已悉，因为琐务，未即奉答为歉。久未通信，甚以为歉。久稽回答，幸原谅之。奉读惠书，久未作复，甚以为歉。数奉台函，未暇修复，抱歉良深。音问久疏，实深歉疚。惠书早日收到，因事纷繁，迟至今日奉复，甚歉。所询之事，目前尚难奉复。关于……之事，一时无以奉闻，歉甚。托付之事，未能尽如人意，尚请多多包涵。前言……因事繁忘却，歉甚愧甚。杂务缠身，故托付之事延误至今方作复，歉甚。疏失之处，请少垂宽恕之情。前事有负雅意，十分抱歉，尚希恕之。前事有逆尊意，不胜惭愧，万望海涵。

致哀语　惊悉××不幸逝世，不胜哀悼。顷接讣告，不胜伤悼。惊闻××作古，家失柱石，悲痛万分。尊×逝世，深致哀悼，尚望节哀顺变。前接×日信，知令×逝去，为之惨然。××逝去，实足哀伤。良友云逝，伤感自多，尚望珍重。闻悉××逝世，大出意外，望节哀释念。接××长逝之耗，凡在相好，无不同深惋惜。惊承讣告，悲悼不已，专函致唁，并慰哀衷。近闻××逝世，甚哀悼之。死者已矣，生者恳请多多保重。

请托语　冒昧干请，惟望幸许。拜托之处，乞费神代办，不胜感荷。谨布区区，尚希鉴察，费神相助。所恳之事，若蒙慨允，将不胜感激之至。特沥寸函布达，祈勿他言推诿。值此情形，望您能尽力相助。兹有……谨祈代为转交，费神感荷。倘蒙照佛，铭感无已。如承俯允，无任感荷。

承诺语　但有见示，愿效犬马。有何要求，请尽早示知，切勿客气。凡有可效劳之处，自当尽力而为。承嘱各事，皆一一照办，尽请放心。所言之事，当为设法，请释念。托付之事，时刻不敢忘怀。有蒙见托，敢不尽心尽力。为君效力，由衷所愿，岂有二话？

婉辞语　托付之事，因……不便应命，祈获谅解。能力所及，仅此而已。无法奉命，尚希鉴谅。因……故无法遵命，尚乞海涵。所托之事，实非绵力所能及。区区苦衷，尚祈鉴宥。盛意心领，然非不为也，实不能耳。前信所言，实爱莫能助，容日后再行设法，请谅。无以为之，实非得已，伏乞谅鉴为幸。我情况不明，亦无主张，请自行酌定为盼。所言之事，问题非小，一时殊难决定。所需之款，本当尽力筹借，唯我亦有困难，无以为助，殊深抱歉。蒙惠赠厚物，感谢之至，然实难拜受，尚祈原谅。

请教语　倘蒙见教，没齿不忘。如何之处，敬候卓裁。风雨同舟，愿闻明教。倘承不吝赐教，幸甚幸甚。得暇望时赐教言为祷！倘有所闻，尚祈见告，俾资改进，不胜盼祷！如有所得，祈随时赐示为盼。上述种种，尊意以为如何，请告。所言之事，尚希拨冗见示为幸。今冒昧呈上拙作，若蒙赐以修正，不胜感激。拙作幼稚，恳请大加斧正。尊处若有此类资料，希一查见示为感。

商讨语　厚蒙雅爱，沥胆直谏。叨在契末，斗胆直陈，伏维良照，不尽缕衷。种种尚需斟酌之处，尊意如何？吾敬先生，尤重真理，故直陈，希谅。微末之言，幸无见阔，不胜大愿。相见以诚，请恕不谦。肺腑之语，请恕直言。

赠物语　寄上薄物若干，尚望笑纳为幸。略表贺意，请笑纳。微物两包，聊供途中之需，即乞笑纳。兹奉上……聊表祝意，幸祈笑纳。所奉礼品虽微不足道，望勿嫌弃。千里鹅毛，聊表寸心。

邀约语　何日来此，愿得晤谈为幸。祈望一会，共叙友情。敬请光临，若蒙光临寒舍，当不胜荣幸之至。偶得一佳作，愿与君共赏，恳请光临。

催促语　立盼速复。请速示知。万望从速赐复为要。有暇希即函复为盼。如蒙速复，不胜感激。奉恳之事，乞速复为荷。余不尽言，唯乞速复为盼。上述之事，唯希从速示复。尊意如何，请即示知。

结束语　专此奉复。手此奉复。敬候回谕。匆此先复，余容后禀。临书仓卒，不尽欲言。书不尽意，余言后续。情长纸短，不尽依依。日来事忙，恕不多谈。草率书此，祈恕不恭。特此致候，不胜依依。谨申数字，用展寸诚。诸不具陈，谨申微意。言不尽思，再祈珍重。匆杂书复，见谅。

附言语　××附笔致意，不另。××嘱代笔问候。夫人小女均此请安。顺询合家安好，不一。

2. 书信祝颂问安语

同志之间通信，结尾常用“此致敬礼”四字，这样的用语虽简明、朴素，但稍嫌简单。不同界别人士之间的书信，其祝颂问安语应有所区别，可分为以下各类：

① 给尊长的书信祝颂问安语有：敬叩金安（“金”，贵也）、敬请福安（父母）、谨祝荣寿、恭祝健康长寿（亦可祝寿）、敬祝安好、敬祝健康、敬请康安、恭请示安、顺叩崇祺（“祺”，系吉祥之意）、虔请崇安、敬请钧安（“钧”，重，古制三十斤为钧）、恭请颐安（“颐”，保养）、恭请福绥、（以下对女长辈）恭叩慈安、恭请懿安、敬请坤安、敬请淑安。

② 给平辈的书信祝颂问安语有：祝你进步、祝你健康、祝你愉快、祝你成功、祝你安好、祝工作顺利；敬颂大安、顺颂时绥、即颂时祉、此颂近祺、敬候佳祉、即候日祉、顺候起居；顺祝曼福不尽、顺询起居健吉、顺询兴居安吉、此询康健精进、顺贺行止佳胜、此祝晨祺百益、此问鹏程万里、顺祝万事如意；敬候坤祺、并颂妆安（女辈）；顺颂侍安、并颂侍福（为兄、友父母寿致兄、友用）。

③ 给晚辈的书信祝颂问候语有：祝幸福、祝愉快、祝进步、祝健康、祝工作

好、望努力学习、顺询近祉、此询近佳、即问近好、即问日佳。

④ 给知识界的书信祝颂问安语有：敬请道安、并询文安；对教师常用即颂教安、恭请教祺；对写作者，常用顺候著安、敬请著福、敬颂撰安、敬请撰祺、即颂著祺、敬请文安、敬请文祺；对编辑，常用肃请编安、即颂编祺；对学生，常用并询学安、敬问学祺。

⑤ 给军商界的书信祝颂问安语有：谨请勋祺、即颂勋祉（“祉”，意为幸福）、敬问戎安、即颂戎绥；顺颂筹安、敬候筹绥、并颂财安、顺询筹祉。

⑥ 给旅行旅居者的书信祝颂问安语有：敬请旅安、顺请客安、并颂旅祺、顺候旅祉、此祝行安、谨问游安；此贺旅居多福、此问鹏程万里。

⑦ 贺婚的书信祝颂语有：祝俪安、敬候俪安、即颂俪祉、恭贺燕喜、顺贺大喜、祝新婚幸福快乐。

⑧ 贺年的书信祝颂语有：恭贺新禧、敬贺岁祺、敬贺年禧、顺贺新祺、并颂春禧，祝新年快乐。

⑨ 有关唁丧问病的书信问候语有：敬请礼安、即请卫安、顺候痊安、祝早日康复。

⑩ 对全家的书信祝颂问安语有：恭请阖府康福、祝全家安好。

⑪ 四季适用的书信祝颂问安语有：敬颂春祺、敬颂春安；肃请夏祺、即请夏安、敬候暑安、顺候夏祉；谨颂秋安、顺问秋祺；敬请冬安、敬颂冬绥。

⑫ 对领导的书信祝颂问安语有：请复示；请指正；请指示；请教正；妥否，请批复。

3. 书信末的启禀语

对尊长：叩、叩上、叩禀、谨上、敬禀、拜上、百拜、再拜。

对平辈：谨启、手肃、上言、上书、鞠躬、鞠启、脱帽、敬上、顿首、谨肃、谨复、敬启、亲笔、谨献（礼信用）。

对晚辈：示、字、白、谕、手白、手谕、手泐。

庆贺类：叩贺、拜贺、敬贺、恭贺、谨贺、同贺（多人）、序贺。

(七)养生十三宜

发宜常梳:清晨梳头110次,动作轻柔。可以明目祛风,使发根稳固。

面宜多擦:搓热双手,以中指沿鼻部两侧自下而上,带动其他手指擦到额部向两侧分开,经两颊轻轻下,计30次。可以去邪气,使脸部生光,少起皱纹。

目宜常运:双目从左转到右,再从右转到左,左右各缓慢地转14次,然后紧闭片刻,忽然大睁。可以防近视、远视。

耳宜常弹:两手掌心掩耳,食指压在中指上,轻轻叩动后脑部,24次咚咚响。可以防耳鸣、头晕,并益补丹田。

齿宜数叩:先叩大牙24次,再叩前齿24次。可以齿坚不痛。

舌宜舔腭:舌尖舔唇齿间,左右转动各30次,轻轻转动口水多,津宜数咽。古人称口水为金浆玉醴,是人身之宝。

津宜数咽:做舌宜舔腭,待满口唾液时,鼓漱36下,汩汩有声津咽下。可以灌溉五脏六腑,润泽肢节毛发。

浊宜常呵:停闭呼吸鼓胸膜,待胸腹全满时,抬头张口,浊气,做5～7次。可以消积聚,去胸膈满塞。

腹宜常摩:搓热两手再相叠,着肉或隔单衣,掌心以脐为心,顺时针方向按摩,小圈、中圈和大圈,各圈转摩12次。可以顺气消积。

谷道宜常提:吸气时稍用力,撮提肛门连会阴,稍停放下作呼气,5～7次为宜。可以升提阳气。

肢节宜常摇:两手握固连双肩,先左后右向前转,如转辘状各24次。接着平稳坐好,提起左脚,脚尖向上缓缓伸,快要伸直蹬脚跟,5次做好换右脚。可以舒展四肢关节。

足心宜常擦:赤足或着薄袜,手掌心缓缓擦动足心50～100次,先左后右,稍热为宜。可以固肾暖足,交通心肾,增进睡眠。

肤宜常干浴:一般从百会开始到面部,左肩右肩两臂膊,胸部腹部到两肋,两腰之后左右腿。可以使气血流畅,肌肤光莹。

以上十三宜中,发宜常梳可以在早晨为之;面宜多擦每天睡起时为之;足心宜常擦可在临睡前洗脚后为之;其余十节每日做两次。做的次序是:齿宜数叩、舌宜舔腭、津宜数咽、耳宜常弹、目宜常运、腹宜常摩、浊宜常呵、肢节宜常摇、谷道宜常提、肤宜常干浴。操作的姿势采取坐式，情绪安宁，思想集中，动作轻缓，心中记数。坚持常年锻炼，持之以恒，会收到保健强身、延年益寿的效果。

（八）万年历相

中国古代历史朝代简表

朝代（国号）		起讫年（年）	第一代帝王姓名	帝号或庙号	国都所在地	名号年号	干支
夏		约公元前21世纪至约公元前17世纪初	启		帝丘、安邑（今山西夏县西北）等地	王公名号	
商		约公元前16世纪至约公元前11世纪	汤		亳（今河南商丘北）殷（今河南安阳）等地	王公名号	
周	西周	约公元前1046—前771	姬发	（武王）	镐京（今西安西南）	王公名号	乙未
	东周	前770—前256	姬宜臼	（平王）	洛邑（今洛阳）	王公名号	辛未
	（春秋）	前770—前476				王公名号	
	（战国）	前475—前221				王公名号	
秦		前221—前207	嬴政	（始皇）	咸阳（今陕西咸阳东北）	王公名号	庚辰
汉	西汉	前206—公元25	刘邦	高祖	长安（今西安）	年号纪年	乙未
	东汉	25—220	刘秀	光武	洛阳	建武	乙酉
三国	魏	220—265	曹丕	文帝	洛阳	黄初	庚子
	蜀	221—263	刘备	昭烈	成都	章武	辛丑
	吴	222—280	孙权	大帝	建业（今南京）	黄武	壬寅
西晋		265—317	司马炎	武帝	洛阳	泰始	乙酉
东晋十六国	东晋	317—420	司马睿	元帝	建康（今南京）	建武	丁丑
	十六国	304—439 汉（前赵）、成（成汉）、代、前凉、后赵、前燕、冉魏、前秦、后秦、后燕、西燕、西秦、后凉、南凉、西凉、北凉、南燕、夏、北燕					

续表

朝代(国号)			起讫年(年)	第一代帝王姓名	帝号或庙号	国都所在地	名号年号	干支
南北朝	南朝	宋	420—479	刘裕	武帝	建康(今南京)	永初	庚申
		齐	479—502	萧道成	高帝	建康(今南京)	建元	己未
		梁	502—557	萧衍	武帝	建康(今南京)	天监	壬午
		陈	557—589	陈霸先	武帝	建康(今南京)	永定	丁丑
	北朝	北魏	386—534	拓跋珪	道武帝	平城(今大同),493年迁都洛阳	登国	丙戌
		东魏	534—550	元善见	孝静帝	邺(今河北临漳县南近漳河)	天平	甲寅
		北齐	550—577	高洋	文宣帝	邺(今河北临漳县南近漳河)	天保	庚午
		西魏	535—556	元宝炬	文帝	长安(今西安)	大统	乙卯
		北周	557—581	宇文觉	孝闵帝	长安(今西安)		丁丑
隋			581—618	杨坚	文帝	大兴(今西安)	开皇	辛丑
唐			618—907	李渊	高祖	长安(今西安)	武德	戊寅
五代十国	后梁		907—923	朱温	太祖	汴(今开封)	开平	丁卯
	后唐		923—936	李存勖	庄宗	洛阳	同光	癸未
	后晋		936—947	石敬瑭	高祖	汴(今开封)	天福	丙申
	后汉		947—950	刘知远	高祖	汴(今开封)	天福	丁未
	后周		951—960	郭威	太祖	汴(今开封)	广顺	辛亥
	十国		902—979	吴、前蜀、吴越、楚、闽、南汉、荆南(南平)、后蜀、南唐、北汉				
宋	北宋		960—1127	赵匡胤	太祖	开封	建隆	庚申
	南宋		1127—1279	赵构	高宗	临安(今杭州)	建炎	丁未
辽			907—1125	耶律阿保机	太祖	上京(今内蒙古巴林左旗附近)	神册	丁卯
西夏			1032—1227	李元昊	景宗	兴庆府(今银川)	显道	壬申
金			1115—1234	完颜旻阿骨打	太祖	会宁府(黑龙江阿城附近),后迁中都(今北京)	收国	乙未
元			1271—1368	忽必烈	世祖	大都(今北京)	中统	辛未
明			1368—1644	朱元璋	太祖	应天(今南京),1421年迁北京	洪武	戊申
清			1616—1911	爱新觉罗·努尔哈赤	太祖	北京	天命	丙辰

中国历史朝代名号歌

夏后殷商西东周，春秋战国秦皇收。

西汉东汉蜀魏吴，西晋东晋兼五胡。

匈奴羯氐羌慕容，拓跋代北后称雄。

宋齐梁陈是南朝，北魏齐周称北朝。

北周灭齐传于隋，隋又灭陈再统一。

隋灭唐兴称富强，五代十国各称王。

契丹兴起在北方，建号为辽入汴梁。

五代梁唐晋汉周，宋朝建国陈桥头。

女真建金先灭辽，打破汴京北宋消。

南宋偏安在江南，蒙古兴起国号元。

灭金灭宋归一统，元朝统治九十年。

明代共传十六君，满洲初起号后金。

后金国号改为清，入关称帝都北京。

公元甲子互检表

公元的千、百位	0 3 6 9 12 15 18	1 4 7 10 13 16 19	2 5 8 11 14 17 20	0	1	2	3	4	5	6	7	8	9	公元的个位
				辛 **庚**	庚 **辛**	己 **壬**	戊 **癸**	丁 **甲**	丙 **乙**	乙 **丙**	甲 **丁**	癸 **戊**	壬 **己**	天干
公元的十位	0,6	2,8	4	酉 **申**	申 **酉**	未 **戌**	午 **亥**	巳 **子**	辰 **丑**	卯 **寅**	寅 **卯**	丑 **辰**	子 **巳**	地支 公元后的甲子查黑体字 公元前的甲子查仿宋体字
	1,7	3,9	5	亥 **午**	戌 **未**	酉 **申**	申 **酉**	未 **戌**	午 **亥**	巳 **子**	辰 **丑**	卯 **寅**	寅 **卯**	
	2,8	4	0,6	丑 **辰**	子 **巳**	亥 **午**	戌 **未**	酉 **申**	申 **酉**	未 **戌**	午 **亥**	巳 **子**	辰 **丑**	
	3,9	5	1,7	卯 **寅**	寅 **卯**	丑 **辰**	子 **巳**	亥 **午**	戌 **未**	酉 **申**	申 **酉**	未 **戌**	午 **亥**	
	4	0,6	2,8	巳 **子**	辰 **丑**	卯 **寅**	寅 **卯**	丑 **辰**	子 **巳**	亥 **午**	戌 **未**	酉 **申**	申 **酉**	
	5	1,7	3,9	未 **戌**	午 **亥**	巳 **子**	辰 **丑**	卯 **寅**	寅 **卯**	丑 **辰**	子 **巳**	亥 **午**	戌 **未**	

注：由公元查甲子：先在左上角找出要查的公元年份的千、百位数，再在这一列中找出要查的公元年份的十位数，在十位数的这一行同右上角要查的公元年份的个位数相交的一点，就是这一公元年份的甲子（粗黑线以上是天干，以下各格是地支）。

例如要查公元424年的干支：先在左上角第二列找出4（百位），然后在这一列下方的第一行里找出2（十位），由这一列向右数列同右栏第7列4（个位）相交的一点，即为干支：甲（黑线以上）、子（黑线以下）。

由甲子查公元将上法倒转即可。

五千年星期查算表

世纪表

○四	5 六	10 一	15 三○	20 六	25 四	30 二	35○	40 六	45 四
1 三	6 五	11○	16 六	21 四	26 二	31○	36 六	41 四	46 二
2 二	7 四	12 六	17 四	22 二	27○	32 六	37 四	42 二	47○
3 一	8 三	13 五	18 二	23○	28 六	33 四	38 二	43○	48 六
4○	9 二	14 四	19○	24 六	29 四	34 二	39○	44 六	49 四

年表

00 × ○	10 五	20 • 四	30 二	40 • 一	50 六	60 • 五	70 三	80 • 二	90 ○
01 一	11 六	21 五	31 三	41 二	51 ○	61 六	71 四	81 三	91 一
02 二	12 • 一	22 六	32 • 五	42 二	52 • 二	62 ○	72 • 六	82 四	92 • 三
03 三	13 二	23 ○	33 六	43 四	53 三	63 一	73 ○	83 五	93 四
04 • 五	14 三	24 • 二	34 ○	44 • 六	54 四	64 • 三	74 一	84 • ○	94 五
05 六	15 四	25 三	35 一	45 ○	55 五	65 四	75 二	85 一	95 六
06 ○	16 • 六	26 四	36 • 三	46 一	56 • ○	66 五	76 • 四	86 二	96 • 一
07 一	17 ○	27 五	37 四	47 二	57 一	67 六	77 五	87 三	97 二
08 • 三	18 一	28 • ○	38 五	48 • 四	58 二	68 • 一	78 六	88 • 五	98 三
09 四	19 二	29 一	39 六	49 五	59 三	69 二	79 ○	89 六	99 四

月表

1 月一(○)	2 月四(三)	3 月四	4 月○	5 月二	6 月五
7 月○	8 月三	9 月六	10 月一	11 月四	12 月六

日表

1 一	2 二	3 三	4 四	5 五	6 六	7 七	8 一	9 二	10 三	11 四	12 五
13 六	14 七	15 一	16 二	17 三	18 四	19 五	20 六	21 七	22 一		
23 二	24 三	25 四	26 五	27 六	28 七	29 一	30 二	31 三			

星期表

星期日	星期一	星期二	星期三	星期四	星期五	星期六
一	二	三	四	五	六	七
八	九	十	十一	十二	十三	十四
十五	十六	十七	十八	十九	二十	二十一
二十二	二十三	二十四	二十五	二十六	二十七	二十八

① 本表从公历元年起至五千年止，若想知道这五千年内的某日为星期几，就此表一查即得。例如：查 1991 年 3 月 12 日为星期几，则先查出“世纪表”中的“19”，记住其旁注数为“○”；再查出“年表”中的“91”，记住其旁注数为“一”；再查出“月表”中的“3 月”，记住其旁注数为“四”，再查出“日表”的“12”，记住其旁数为“五”。把查出的四个数字“○、一、四、五”相加得十，最后查出“星期表”中“十”为“星期二”，即知

1991 年 3 月 12 日为星期二。

② "年表"中有"·"号者为闰年。凡闰年查"月表"中"1 月""2 月"时，须用括号中的数字即"○"或"三"。

③ "年表"中有"×"号者为整世纪之年。15 世纪前，凡遇"○○"都是闰年。自 16 世纪起，凡世纪的数目能用"4"除尽者为闰年，否则不是闰年。如"世纪表"中的"16""20"等为闰年，"17""18""19""21"等则不是闰年。闰年与非闰年查"1 月""2 月"时，所用数字不同，须加以注意。

④ 现行公历经 1582 年改正，其年日数省去十日（自 10 月 5 日到 10 月 14 日），"世纪表"内"15"之旁注有两个数字"三"和"○"。若所查的日期在 1582 年 10 月 4 日以前，就用"三"，在 10 月 15 日以后就用"○"。

近二百年中西纪年对照表

公历	年号	农历	属相	公历	年号	农历	属相
1801	嘉庆六年	辛酉	鸡	1828	道光八年	戊子	鼠
1802	嘉庆七年	壬戌	狗	1829	道光九年	己丑	牛
1803	嘉庆八年	癸亥(闰二月)	猪	1830	道光十年	庚寅(闰四月)	虎
1804	嘉庆九年	甲子	鼠	1831	道光十一年	辛卯	兔
1805	嘉庆十年	乙丑(闰六月)	牛	1832	道光十二年	壬辰(闰九月)	龙
1806	嘉庆十一年	丙寅	虎	1833	道光十三年	癸巳	蛇
1807	嘉庆十二年	丁卯	兔	1834	道光十四年	甲午	马
1808	嘉庆十三年	戊辰(闰五月)	龙	1835	道光十五年	乙未(闰六月)	羊
1809	嘉庆十四年	己巳	蛇	1836	道光十六年	丙申	猴
1810	嘉庆十五年	庚午	马	1837	道光十七年	丁酉	鸡
1811	嘉庆十六年	辛未(闰三月)	羊	1838	道光十八年	戊戌(闰四月)	狗
1812	嘉庆十七年	壬申	猴	1839	道光十九年	己亥	猪
1813	嘉庆十八年	癸酉	鸡	1840	道光二十年	庚子	鼠
1814	嘉庆十九年	甲戌(闰二月)	狗	1841	道光二十一年	辛丑(闰三月)	牛
1815	嘉庆二十年	乙亥	猪	1842	道光二十二年	壬寅	虎
1816	嘉庆二十一年	丙子(闰六月)	鼠	1843	道光二十三年	癸卯(闰七月)	兔
1817	嘉庆二十二年	丁丑	牛	1844	道光二十四年	甲辰	龙
1818	嘉庆二十三年	戊寅	虎	1845	道光二十五年	乙巳	蛇
1819	嘉庆二十四年	己卯(闰四月)	兔	1846	道光二十六年	丙午(闰五月)	马
1820	嘉庆二十五年	庚辰	龙	1847	道光二十七年	丁未	羊
1821	道光元年	辛巳	蛇	1848	道光二十八年	戊申	猴
1822	道光二年	壬午(闰三月)	马	1849	道光二十九年	己酉(闰四月)	鸡
1823	道光三年	癸未	羊	1850	道光三十年	庚戌	狗
1824	道光四年	甲申(闰七月)	猴	1851	咸丰元年	辛亥(闰八月)	猪
1825	道光五年	乙酉	鸡	1852	咸丰二年	壬子	鼠
1826	道光六年	丙戌	狗	1853	咸丰三年	癸丑	牛

续表

公历	年号	农历	属相	公历	年号	农历	属相
1827	道光七年	丁亥(闰五月)	猪	1854	咸丰四年	甲寅(闰七月)	虎
1855	咸丰五年	乙卯	兔	1885	光绪十一年	乙酉	鸡
1856	咸丰六年	丙辰	龙	1886	光绪十二年	丙戌	狗
1857	咸丰七年	丁巳(闰五月)	蛇	1887	光绪十三年	丁亥(闰四月)	猪
1858	咸丰八年	戊午	马	1888	光绪十四年	戊子	鼠
1859	咸丰九年	己未	羊	1889	光绪十五年	己丑	牛
1860	咸丰十年	庚申(闰三月)	猴	1890	光绪十六年	庚寅(闰二月)	虎
1861	咸丰十一年	辛酉	鸡	1891	光绪十七年	辛卯	兔
1862	同治元年	壬戌(闰八月)	狗	1892	光绪十八年	壬辰(闰六月)	龙
1863	同治二年	癸亥	猪	1893	光绪十九年	癸巳	蛇
1864	同治三年	甲子	鼠	1894	光绪二十年	甲午	马
1865	同治四年	乙丑(闰五月)	牛	1895	光绪二十一年	乙未(闰五月)	羊
1866	同治五年	丙寅	虎	1896	光绪二十二年	丙申	猴
1867	同治六年	丁卯	兔	1897	光绪二十三年	丁酉	鸡
1868	同治七年	戊辰(闰四月)	龙	1898	光绪二十四年	戊戌(闰三月)	狗
1869	同治八年	己巳	蛇	1899	光绪二十五年	己亥	猪
1870	同治九年	庚午(闰十月)	马	1900	光绪二十六年	庚子(闰八月)	鼠
1871	同治十年	辛未	羊	1901	光绪二十七年	辛丑	牛
1872	同治十一年	壬申	猴	1902	光绪二十八年	壬寅	虎
1873	同治十二年	癸酉(闰六月)	鸡	1903	光绪二十九年	癸卯(闰五月)	兔
1874	同治十三年	甲戌	狗	1904	光绪三十年	甲辰	龙
1875	光绪元年	乙亥	猪	1905	光绪三十一年	乙巳	蛇
1876	光绪二年	丙子(闰五月)	鼠	1906	光绪三十二年	丙午(闰四月)	马
1877	光绪三年	丁丑	牛	1907	光绪三十三年	丁未	羊
1878	光绪四年	戊寅	虎	1908	光绪三十四年	戊申	猴
1879	光绪五年	己卯(闰三月)	兔	1909	宣统元年	己酉(闰二月)	鸡
1880	光绪六年	庚辰	龙	1910	宣统二年	庚戌	狗
1881	光绪七年	辛巳闰七月	蛇	1911	宣统三年	辛亥(闰六月)	猪
1882	光绪八年	壬午	马	1912—1949年9月中华民国			
1883	光绪九年	癸未	羊	1949年10月1日　中华人民共和国成立			
1884	光绪十年	甲申(闰五月)	猴				